国家精品在线开放课程教材

国家"万人计划"教学名师特殊支持经费与兰州大学教材建设基金资助

地球历史及生命的奥秘

孙柏年　闫德飞　解三平　吴靖宇　杜宝霞　编著

科 学 出 版 社

北 京

内 容 简 介

本书是国家精品在线开放课程教材和国家一流本科课程教材,以地球历史的发展及生命进程为重点,吸取了当前国内外的最新资料和有关研究成果,讲述了从宇宙大爆炸到生命起源及生物的发展历程,将亿万年前至数十万年前丰富多彩的生命形式栩栩如生地展现在大家面前,通过既专业又通俗的语言和精美的图片使读者在引人入胜的学习中不知不觉步入史前生命王国,取材新颖,编排适当,图文并茂,便于教学。

本书论述范围较广,科学性和系统性较强,文字颇具趣味性,可为高等院校各学科和专业的通识课使用,也可供对地球科学和生物演化感兴趣的人员参考。

审图号:GS 京(2024)1132 号

图书在版编目(CIP)数据

地球历史及生命的奥秘 / 孙柏年等编著. -- 北京:科学出版社,2024.6. -- ISBN 978-7-03-078950-1

Ⅰ. P-49

中国国家版本馆 CIP 数据核字第 2024V56Z89 号

责任编辑:孟美岑 / 责任校对:何艳萍
责任印制:赵 博 / 封面设计:无极书装

科 学 出 版 社 出版
北京东黄城根北街 16 号
邮政编码:100717
http://www.sciencep.com

北京富资园科技发展有限公司印刷
科学出版社发行 各地新华书店经销

*

2024 年 6 月第 一 版 开本:787×1092 1/16
2025 年 1 月第二次印刷 印张:18 1/4
字数:430 000
定价:168.00 元
(如有印装质量问题,我社负责调换)

自　序

追溯源，地球如何形成？生命从哪里起源？

穿时空，从万籁俱寂的混沌世界至春意盎然的生物圈。

探奥秘，由天下第一鱼到长毛恐龙的惊人发现。

曾经有这样一个世界，烈焰熊熊，火光冲天；陨石随时呼啸而下，砸入大地，尘土如巨浪般卷起。在火海中蔓延的这颗星球，烈焰终于熄灭，喧嚣渐渐平息，混沌归于秩序，蔚蓝色世界旋即生机盎然。生命从单细胞生物开始，经过原始动物、生命大爆发、鱼类时代、两栖动物时代、爬行动物时代、恐龙（鸟类）时代、哺乳动物时代，直至人类时代的到来，跨过了 38 亿年的历史长河，才成就了当今地球的辉煌、人类的文明。那么，你是否有勇气随我们一起拨开时空的迷雾，进入地球科学与生命科学的交叉领域，回到太初，探寻地球与生命起源的传奇故事？

地球科学就是这么一个博大精深的学科体系，是对天地进行认知、释义的综合集成，是关于地球的物质组成、内部构造、外部特征、各层圈之间的相互作用和演变历史的知识体系。地球与生命演化的奥秘无穷无尽。地球科学让我们读懂地球的演化史，从 16 世纪哥白尼（Nicolaus Copernicus）的"日心说"，到 17 世纪牛顿（Isaac Newton）的"万有引力"，到 18 世纪德国哲学家康德（Immanuel Kant）、拉普拉斯（Pierre-Simon, de Laplace）的"地球起源"，再到 19 世纪英国地质学家莱伊尔（Charles Lyell）的"均变论"和达尔文（Charles Robert Darwin）的"物种起源"，直至 1912 年德国气象学家魏格纳（Alfred Lothar Wegener）提出"大陆漂移假说"，现已经发展成"板块构造理论"。地球自身的特殊构造和板块运动，造就了千姿百态的地貌景观，塑造了形态各异的地质遗迹。高耸入云的世界最高峰——珠穆朗玛峰海拔 8848.86m；深入地幔的世界最深海沟——马里亚纳海沟深约 11033m。它们在我们双眼里，呈现着绵延不断的崇山峻岭；在我们的大脑里，翻腾着"沧海桑田"的巨幅画卷。

我们将以简明扼要的方式，准确无误的解读，通俗有趣的语言，美轮美奂的图景，来重塑宇宙与生命演化的过程，揭示地球历史及生命的奥秘。一幅幅美丽的地球生命画卷，让我们领略地球历史之神奇，生命起源之奥妙、化石姿态之优美、史前动物之怪异、人类初始之可爱，从而警醒我们对天地、生命乃至万物的敬畏，触发我们保护环境、爱护地球、珍惜资源、呵护生命的义不容辞的责任。

前　言

"地球历史及生命的奥秘"是自然科学领域的一门综合性通识课程，内容涉及地球科学、生命科学、化学、物理学、天文学等多个学科的研究，并与博物馆学和历史学有一定的联系。近年来国内外地球与生命演化领域取得了一系列最新成果，把人类赖以生存的地球提高到前所未有的位置，"地球历史及生命的奥秘"的教材越发显示其重要性，因而是地球科学、生物科学和相关专业以及地球科学爱好者所选修的重要课程。

本书内容以地球历史的发展为主线，以气候变迁等环境变化对生命所产生的影响为重点，以地球发展历史中的生命进程为关键点，从宇宙大爆炸到生命起源的假说、生命的发展过程、地球海陆变迁、脊椎动物演化史的解读、龙族成员与从"龙"到鸟进化的过程、陆生植物的起源和发展、哺乳动物和人类崛起，将生活在数亿年前至几十万年前丰富多彩的各种生命形式栩栩如生地展现在学生面前，通过通俗的语言和优美的图片使他们在引人入胜的学习中不知不觉地步入史前生命王国，追寻 35 亿年来地球历史演变的进程，把生物渐进式和爆发式的演化模式有机地联系在一起，生物演化的奥妙和生物绝灭的突然更令人浮想联翩，从而使学生建立起辩证唯物主义的世界观。

撰写本书的目的是使学生获得终身学习与发展必备的自然科学知识，激励学生对生命和大自然的热爱以及保护地球的社会责任感，激发学生对科学的兴趣，增强学生探索钻研的创新精神。通过对本书的学习，增强人人爱护地球和保护生态的主观意识，深刻认识人与自然协调发展的规律。本书的编写特点是：①具备科学内容的新颖性、专业知识的系统性、语言文字的趣味性；②体现现代教育思想，符合科学性、先进性和教育教学的普遍规律；③主题突出，特色鲜明，格调别致，显示一流大学本科高水平的教学示范和辐射作用。因此，本书作为高等学校文、理、工、农、医、军各学科各专业大学生通识选修课教材非常合适。

本书由孙柏年、闫德飞、解三平、吴靖宇、杜宝霞等编著。其中序、前言、第 1、2、5 章由孙柏年执笔完成，第 3、6 章和第 8 章 8.5～8.7 节由闫德飞执笔完成，第 7、9 章由解三平执笔完成，第 4 章和第 8 章 8.1～8.4 节由吴靖宇执笔完成，第 10 章由杜宝霞执笔完成。书稿在撰写过程中得到兰州大学地质科学与矿产资源学院研究生韩磊、蔡恝浩、陈佳忆、唐德亮、李爱静的帮助。本书是在国家"万人计划"教学名师特殊支持经费（2020 年）、国家自然科学基金（41972010、42172005、41972008、42272002、42072014）、第二次青藏高原综合科学考察项目（2019QZKK0704）、甘肃省教学成果培育项目（2020-09）和兰州大学教育教学改革研究项目（重点项目）（2020025）支持下完成，在出版过程中得到兰州大学教材建设基金（2022-07）资助，在此表示感谢。

由于水平所限，书中不足之处敬请批评指正。

目　　录

第1章 地球起源与演化的传奇

从神话传说到宇宙大爆炸，地球经历了早期火光冲天、烈焰熊熊，到今日世界云蒸霞蔚、生机勃勃的变化。地球的内三圈——地壳、地幔和地核与外三圈——大气圈、水圈和生物圈是与生俱来的吗？它们是如何形成的？这些一直是人类最感兴趣和不懈探索的问题。地球有着漫长的演化历史，地质学家利用地质学定律和生物化石将这漫长的历史划分出若干演化阶段进行探索研究。

1.1 石破天惊——宇宙大爆炸

绵绵不尽的时间长河，谁会想到有一个源头？137亿年前的大爆炸导致了宇宙的起源。这是时间的起点，也是空间的源头，自此呈现了拥有美丽曲线外观的银河系和太阳系。

1.1.1 古老的美好神话

浩瀚无垠的宇宙空间，谁能想到是从无到有？什么是宇宙？地球从哪里来？地球在宇宙中处于什么位置？自古以来一直是人类最感兴趣和不懈探索的问题。地球科学家认识到开启未来的钥匙在于研究过去。地球的形成与演化，正是在这一无尽延续的时间中，无穷拓展的空间里，所发生的无数科学传奇之一。

宇宙是物质世界，"天地四方曰宇，往古来今曰宙"（《尸子》）。"宇"是无边无际的空间，"宙"是无始无终的时间。宇宙是无限空间和无限时间的统一。浩瀚的宇宙中漂浮着数千亿个星系，我们甚至无法想象这些数字的含义。在宇宙空间弥漫着形形色色的物质，如银河系、太阳系、恒星、行星、气体、尘埃、电磁波等，它们都在不停地运动、变化着。

千百年来，人类一直在探索地球与宇宙的奥秘：太阳的光、热与昼夜交替，月亮的柔和与相位变化，旋转的满天星斗，周而复始的寒暑变换，出没的流星，日月食的奇迹，彗星的来临等（图1-1）。历史上曾经流传过多种多样的神话故事。在中国，有一个关于地球与宇宙起源的神话传说——"盘古开天辟地"：很久很久以前，没有天，没有地，到处是混沌一片。这片混沌有一个中心，即人类的始祖——盘古氏，盘古氏在这片混沌中孕育了一万八千年。终于有一天他破壳而出，拿着自己制造的巨斧劈开了这个混沌世界，轻的上升为天，重的下降为地。盘古死后，他的左眼，变成了光辉夺目的太阳；右眼，变成了一轮美丽的月亮；头发和胡须，变成了天空密密麻麻的星辰；身体则化为江河山脉，花草树木。

人类对久远的过去充满了好奇。地球科学的出现和进步使人类能够隔着幽深的时空，回望已消失且久远的过去。对过去的回望，不仅仅洗脱了人类的愚昧，颠覆了宗教所构建的关于地球和人类起源的传说，而且也是人类力求领悟贯穿其中的大道和揭开巨大宇宙生命之谜的努力。

图 1-1　宇宙（图源：Pixabay）

（a）星系；（b）彗星；（c）日月食

　　然而宇宙的起源、地球的起源本身是科学问题，绝不会为神话所左右。神话毕竟是神话，想要知道地球的起源，必先要了解宇宙的起源。随着现代科学技术的发展，科学家利用先进的科学技术，对宇宙起源做了深入的研究，发现了许多关于宇宙起源的证据。目前被人们广为接受的一种宇宙起源学说是"宇宙大爆炸论"。宇宙万物都是由大爆炸产生的，是由最初几秒产生的物质构成的，大到每一颗行星、每一颗恒星，甚至每一个星系；小到每一株小草、每一滴水，甚至每一个原子。宇宙大爆炸决定了万物的形成（图 1-2），人类的过去和现在，甚至未来的秘密都凝聚在这一瞬间。

　　137 亿年前的宇宙还是一片混沌，大爆炸改变了一切，大爆炸是宇宙的起源，也是时间的起点，在过去的某一时刻，宇宙中所有物质应该是相互紧密地聚集在一起的！

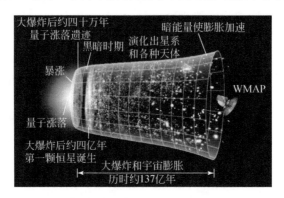

图 1-2　宇宙演化的时间线（图源：NASA/Wikimedia Commons）

WMAP 即美国"威尔金森微波各向异性探测器"（Wilkinson Microwave Anisotropy Probe）

1.1.2　最具影响力的宇宙大爆炸学说

　　20 世纪初人类认为宇宙是完全静止的、永恒不变的，但到了 20 世纪 20 年代，情况发生了重大的改变。1923 年美国科学家哈勃（Edwin Powell Hubble）通过对星云距离的测量，确认了河外星系的存在，1929 年又发现了普遍的星系红移，因此推测宇宙在膨胀，所有的星系并非静止不动，它们不但在移动，而且以难以置信的速度飞离地球，所有的一切都在远离我们而去，这就是著名的哈勃定律（Hubble，1929）。哈勃令人信服地证明了宇宙是不断膨胀的，发现宇宙在长大，其实也就是发现了宇宙曾经很小。哈勃定律告诉我们，一个不断膨胀的宇宙肯定是由单一的点开始的。这一结论意义深远，因为一直以来，天文学家都认为宇宙是静止的。为纪念哈勃对世界天文学所做出的丰功伟绩，哈勃空间望远镜就是以他的名字来命名的（图 1-3）。

1948 年俄裔美国科学家伽莫夫（George Gamow）和他的学生阿尔菲（Ralph Asher Alpher）以及物理学家贝特（Hans Albrecht Bethe）根据著名的哈勃定律，首先提出了宇宙起源于一次大爆炸（Alpher et al., 1948）。他们指出，宇宙是由很早时期温度极高且密度极大，体积极小的物质迅速膨胀形成的，这是一个由热到冷、由密到稀，不断膨胀的过程，犹如一次规模巨大的超级大爆炸（图 1-4）。

图 1-3　哈勃空间望远镜（图源：Pixabay）

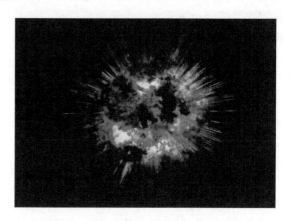
图 1-4　超级大爆炸（图源：Pixabay）

大约 137 亿年前，在一处我们无法想象的空间环境中，具有极高的温度、极大的密度，我们所处的宇宙全部以粒子的形式被挤压在一个令人遐想的奇点，一次突如其来的大爆炸使物质四散出击。在这个规模空前的大爆炸中宇宙从此诞生，有了时间和空间、物质和能量。宇宙才刚刚降生，便以不可思议的速度迅猛地膨胀起来，似乎在以这种方式庆祝自己的出生，以及刚刚获得了无限的能量。

人类计算出的宇宙大爆炸大约发生在 137 亿年前，一个温度高得不可思议的能量奇点突然爆裂，在它瞬间膨胀中，温度开始下降，能量演化出物质，包括所有的基本粒子和四种力（引力、电磁力、强核力、弱核力）。在这个过程中，唯一不受限制的引力一直收缩，而膨胀的宇宙力量就抗拒着这种收缩，从而使物质度过了极危险的阶段，也就是从引力的魔爪下逃生的阶段。

正由于大爆炸和引力的抗衡，物质才被和谐地分布在宇宙的各个角落。如果没有这个爆炸的原动力，宇宙将无法支撑起一个结构，引力将毁灭一切。因此，我们的宇宙必须膨胀，所有物质力量刚好在一种恰到好处的抗衡中实现最充分的物质演化。这的确是一个真正充满公平、公正的奥林匹克精神的宇宙。

伽莫夫预言：宇宙大爆炸既然曾经发生过，那么现今宇宙背景中就应当留有当初大爆炸残留下来的热辐射，又称微波背景辐射，这是大爆炸发生过的绝佳证据，即坑灰虽冷，余烬犹在。许多致力于研究宇宙起源的优秀学者，为探寻大爆炸的证据、为发现微波背景辐射付出了诸多的艰辛和努力，十几年过去了，他们的青春和智慧慷慨地献给了这一探究，但终究一无所获、遗憾万分。

1964 年 5 月，美国贝尔电话实验室两位无线电通信工程师彭齐亚斯（Arno Penzias）和威尔逊（Robert Woodrow Wilson），在寻找空间中存在的各种可能干扰通信的噪声源时，意外地发现了波长 7.35cm 的微波噪声，相当于 3.5K 的黑体辐射，起初他们怀疑是仪器出了问题，或是天线被飞鸟的排泄物所污染。当彭齐亚斯在普林斯顿大学（Princeton University）演讲他们所发现的迷惑不解的声音时，一位听讲人闻声而起，"你们不是发现了鸽子的粪便效应，而是发现了宇宙起源的秘密"。两人恍然大悟、喜不自胜。令无数研究者梦寐以求的天籁之音，竟然被他俩歪打正着，这真是"无心插柳柳成荫"。两人因此于 1978 年获得诺贝尔物理学奖而一举成名。诺奖颁奖辞称：这是一项具有根本意义的发现，它使我们能够获得很久以前、在宇宙创生时期所发生的信息。

现在，人类能证明宇宙开始于一个大爆炸。然而人类更确信的是，一个对万有引力特别青睐的宇宙，必须从一个大爆炸开始，一切才能有秩序。人类的出现，可以说是最终实现了宇宙由物质向精神的飞越。由大爆炸推动的 4 种力的相互作用，导致了我们幸运地成为宇宙物质运动的最大受益者，拥有这样一个组合的非常完美的体态。

1.1.3　银河系与太阳王国

大爆炸过后，宇宙又在黑暗中蛰伏了近十亿年，它宛如一个挂着黑色天鹅绒帷幕的巨大舞池，只见一团团半透明的气云在这个舞池中旋转着，这些分散的气云无休无止地舞动了几十亿年，才在万有引力的作用下慢慢地聚集到一起。黑暗中，光芒降临尘世。激情不减的云团们形成了一个个燃烧的星系，闪耀的星体和光彩夺目的星云缀满了空间。在那不计其数的星系之中，就有我们现在居住的地方——银河系。

银河系是星系的典型代表，是一个大约由 1500 亿～2000 亿颗恒星和大量星际物质组成的庞大天体系统。侧面看，银河系呈中间厚边缘薄的扁饼形；正面看，银河系是由银核向外伸出的四条旋臂组成的旋涡结构（图 1-5）。银河系的旋涡结构反映了自身存在的自转运动，即银河系中的恒星、星云和星际物质都绕银核旋转。

大约在距今 50 亿年，在银河系猎户臂的位置上，一块由气体和尘埃组成的巨大气云在万有引力的重压下崩塌瓦解。由于原子核发生熔化，云团中心处的温度变得非常高，密度也变得相当大。宇宙散布着微粒状的弥漫物质，在万有引力作用下，较大的微粒吸引较小的微粒，并逐渐聚集加速，结果在弥漫物质团的中心形成巨大的球体，一颗崭新的星体在这片火光中诞生了，这个星体就是我们的太阳，即原始太阳（图 1-6）。

高速旋转的云团在浓缩时释放出的气体和尘埃颗粒会在其周围形成一个圆盘。这些既相互碰撞又彼此吸引的粒子最终形成一些高密度的球体，其中既有坚硬的高温球体，也有巨大的气状球体，这些球体后来便成为太阳系中的八大行星。八大行星自形成之日起便一直沿着各自固定或不固定的轨道绕太阳旋转（图 1-7）。我们发现，在整个宇宙形成的历史过程中，宇宙似乎不愿意看到笔直的线条，所有宇宙物体都拥有美丽的曲线外观：星体是球形的，飞行轨道是椭圆形的，星系是漩涡形的，太空云团是旋转的。八大行星也各自具

图 1-5　旋臂结构的银河系
（图源：www.jpl.nasa.gov［2023-12-29］）

图 1-6　原始太阳（图源：Pixabay）

图 1-7　太阳系（图源：Pixabay）

有完美曲线的球形身躯。

今天我们肉眼看到的满天星辰都和我们的太阳一样，共同属于银河系。银河系是它们的摇篮，也是它们的墓穴。或者说，星系像是一个巨大的核工业体系，亿万颗恒星在这里聚变和生产元素，物质就在这个存在着巨大引力资源的地方生生灭灭地循环，包括生命所需要的所有原料、技术程序，都在这里完成。

银河系有 4 条物质格外稠密的旋臂，我们的太阳系以每秒 250km 的速度在旋臂中穿行，转一圈大约要 2 亿 5000 万年。太阳系平均 6000 万年在旋臂中，8000 万年在旋臂外，恐龙是在旋臂外灭绝的，而我们在旋臂中诞生。太阳系里的一切天体都朝着同一个方向、在同一个平面上运行，这说明太阳系里的八大行星都是由同一个旋转着的星云形成的。

距今 45 亿年，地球——这个现在被我们称作家园的星体还是一个烧得通红的火球，随后它便一跃成为这个新兴太阳王国中的第三颗行星。

1.2　天缘奇迹与"太空婚礼"

地球，作为目前人类已知的唯一孕育和支持生命的天体，是宇宙中汇集各种天缘奇迹的充满活力的行星，是宇宙生命宜居带中名副其实的骄子。

1.2.1 天缘奇迹中的宇宙骄子——地球

从大爆炸的尘埃中，谁会料到生命的出现？在太阳系的星云里，谁能预期地球的繁荣？冥冥宇宙中迸发出的勃勃生机，无疑是在一个无穷小的概率下，产生的一次"亿"载难逢的奇特机遇。对这样的机遇我们一方面感到万分庆幸，但另一方面又感到十分孤独。

我们存在的位置离其他的恒星很远，离最近的恒星也有 40 万亿 km。这种孤独，导致我们很晚才能看清恒星也是动的，并使人类一直到 400 年前才发现地球不是宇宙的中心，哥白尼临终前才颤抖地发表他的"日心说"，而哈勃气宇轩昂地宣读了他的定律。可以说，由于看不清天上的星辰，人类在黑暗中摸索了很长时间，但为了给地球生命创造 40 亿年的安全空间，我们宁愿人类的文明进程走一些弯路。

地球作为太阳系的独立行星大约形成于 45 亿年前（Manhes et al., 1980）。那时，原始地壳形成，地质时代从此开始。最初的地球只有岩石圈、大气圈和水圈，约 36 亿年前开始了生物圈的演化，但直到 35 亿年前才有可靠的化石记录。从 35 亿～34 亿年前的原核生物，25 亿年前的真核生物，直到今日五彩缤纷的生物世界，经历了漫长的地质历史。

有天空，有海洋，还有丰饶的大地，这就是地球——一颗栖息着生命的行星。在我们这些生活在地球上的人类看来，这一切都是"理所当然"的。如果将目光转向宇宙，我们就不得不庆幸身处一颗特殊的行星。地球上能够有生命是很多"奇迹"凑巧一同出现的结果。地球的身躯恰如其分，不大不小；地球的运行从容而稳定，不快不慢。地球有岩石质外壳，72%的面积被水体覆盖，为生命的生存与繁衍提供了广阔的空间；地球自转轴倾斜了 23.4°，使地球产生了春夏秋冬的季节性变化，形成了地球上各生物物种的周期性活动规律特征。

地月系统的形成，使地球拥有了太阳系中相对质量最大的卫星。月球优化了地球自转运行的稳定性；月球围绕地球运行，是地球的忠实伴侣和保卫者，它抵挡了一部分撞击地球的小天体，减少了小天体撞击地球诱发气候环境突变和生物物种灭绝事件发生的概率；月球掀起了汹涌澎湃的海洋潮汐，促进了地球生命物质的起源，增添了地球绚丽多姿的活力。

地球充满活力，是因为地球在不断旋转。这种旋转，保护生命自远古存在并一直推动生物进化到智能文明。但是，今天的智能文明，却并不需要地球旋转得太快，因为过快的旋转会引发频繁的飓风、地震、火山喷发，给人类带来灾难。我们的运气很好，地球有一颗天然卫星——月亮。它的质量只有地球的 1/81，由月球造成的海洋潮汐每时每刻都抚摸着大地，正是这个引力足以成为一个无形刹车，安放在地球这个转轮上，亿万次的摩擦不断给地球的自转减速。而月球也随着地球的转速减慢放松了对它的束缚，逐渐地离地球远去，远到当人类出现之后。从地球上看它的表面直径和太阳的表面直径正好吻合，这给人类观测太阳的活动规律带来极大的方便。

地球成为太阳辐射能的受益者，生命成为太阳能的受体，在地球幼年期开始了孕育和发展。38 亿年以来，太阳光和热成为最基本的原动力，推动着生命从简单向复杂转变。

在地球漫长的演化历程中，大气层、水体与生物的协调演化，呈现出一种完美的和谐。地球被磁层、电离层、臭氧层和大气层所包裹，层层设防让生命免于遭受宇宙辐射的损伤（图 1-8）。地球繁多的生物物种和智慧生命的起源与成长，是地球长期演化的产物，是机缘巧合所造就，是宇宙的奇迹！地球是一个汇集各种机缘巧合的行星，是名副其实的宇宙骄子。

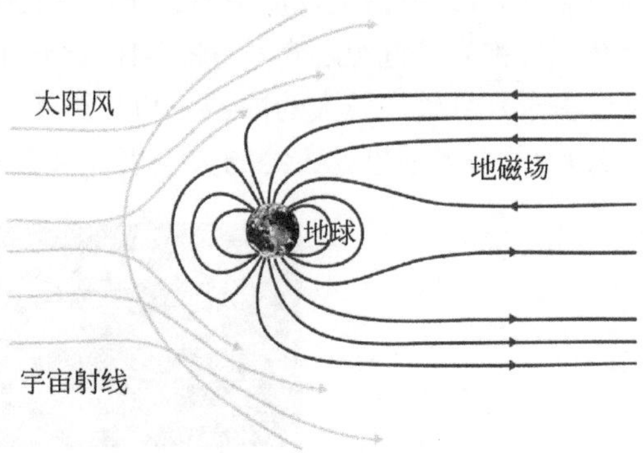

图 1-8 层层设防的地球

1.2.2 惊天动地的"太空婚礼"

月球是环绕地球运行的唯一的天然卫星（Morais and Morbidelli，2002），是太阳系中第五大卫星。月球的直径是地球的 1/4，质量是地球的 1/81，相对于所环绕的行星，它是质量最大的卫星，也是太阳系内密度第二高的卫星。从古至今，悬挂在夜空中的这轮明月，一直是人类心目中最亲近、最熟悉的天体。关于月球，我们有"嫦娥奔月"、"玉兔捣药"和"吴刚伐木"的神话传说；古希腊有"月桂女神"的故事；古印度人甚至认为月亮代表男性，地球代表女性。

月球在 45.6 亿年前通过大碰撞而形成，是目前最主要的成因假说。地球刚刚形成不久，整个宇宙犹如炼狱般恐怖，势如狂澜的大火在混沌初开的空间中无尽燃烧。此时一场惊天动地的"太空婚礼"开始了，一个质量约为地球质量的 0.14 倍、低速运动着的天体与刚刚成形的地球发生了"亲密接吻"（图 1-9），两星相撞的冲击力将地球掀掉了一大块。这场轰轰烈烈的"太空婚礼"虽然短暂，但"爱情"的结晶却永留九天，膨胀的气体以极大的速度挟带大量粉碎了的尘埃飞离地球，从地球上撕落下来的巨大熔岩体与惹祸星体的残片群溅落到太空中，这些飞离地球的块体、气体和尘埃，并没有完全脱离地球引力的控制，它一直在绕着地球飞行的轨道上不离不弃，通过相互吸积而结合起来，先形成一个

图 1-9 "太空婚礼"的开始（图源：Pixabay）

环，再逐渐吸积形成一个熔融的小星球——月球。月球是被小星体撞碎的一大块地球，这块被撞碎的球体随后便落在绕地球飞行的轨道上。之所以这么说，是因为科学家在月球上已经发现了地球的星体残片以及其他来自地球的物质。所以，月球确实是地球"母亲"身体的一部分。这就是月球成因撞击说。

1994 年 7 月 17～22 日，千千万万的人们亲眼看见了人类历史上一次壮观的宇宙事件，那就是苏梅克-列维九号彗星（Shoemaker-Levy 9）以 21 万 km/h 的速度连续撞上木星的南半球，这是人类首次能够直接观测到的太阳系天体撞击事件，形成了彗木相撞的天文奇观。

苏梅克-列维九号彗星排成千万公里、气壮寰宇的长阵，浩浩荡荡地去与木星相会，这一旷世奇观被称为"世纪之吻"。图 1-10 记录了撞击点转向地球一面时的景象，此时撞击时间仅过去十几分钟，巨大的冲击波和高温还在持续。假若木星上也有生命及生态系统的话，那么 6600 万年前恐龙灭绝的灾变事件又会重演。

图 1-10　彗木相撞（图源：www.jpl.nasa.gov［2023-12-29］）（NASA/JPL）

　　月球使地球自转变慢（Touma and Wisdom，1994）。太阳系天体中，由于地月间距离相对较近，月球对地球的潮汐作用约为太阳对地球潮汐作用的 2.2 倍，并远远大于其他天体对地球的潮汐作用。以月球为主的潮汐作用引起地球海水的潮起潮落，当月球的潮汐力作用于涨潮的海面，力的方向与地球自转方向相反，海水与海床的摩擦作用对地球的自转有牵制，长期积累的结果使地球的自转速度减慢，逐渐使每天时间变长；在以往的 40 多亿年里，月球至少使地球自转速度减慢了一半，使地球的转速逐渐地从每天 10 个小时的昼夜交替，减慢成 24 个小时。地球的反作用使月球从地球获得能量，使得月球缓慢向外做螺旋运动，当月球刚刚形成之际，它和地球之间的距离要比现在近得多。目前月球正以每年 3.8cm 的速度远离地球（Chapront et al.，2002）。

　　月球留给我们足够做美梦的温馨长夜，它赠给人类的最珍贵的礼物，是地球有史以来最稳定的地壳。月球离地球只有 38 万 km，因此人类可以看到它的表面轮廓。但无论人们怎样想象月球上的神话，月球却是一颗"死"星球（附图 1-1），月球和地球在同样的距离得到太阳的光辉，然而由于月球比地球小得多，它们的命运就完全不同。

　　地球作为人类赖以生存、发展的场所，为我们提供了能量物质来源，同时也是人类进一步探索宇宙的大本营。今天，多种探测器及人类都已亲自登临月球（附图 1-2），宇宙神秘的面纱已被徐徐掀开，而浩渺太空的过去和地球生命的孕育，还有更多的秘密等着人类去探索。

1.2.3　什么是生命宜居带？

　　超高度的真空、极端的温度、致命的宇宙射线、铺天盖地的陨石……。宇宙的大部分空间对生命来说是非常险恶之地，是不适宜生命存在的地区，只有非常稀少的地方才有可能成为生命的绿洲、生命的宜居带。

　　那么，什么是生命宜居带呢？

　　顾名思义，生命宜居带是生命适宜居住的地带，是一颗恒星周围距离适中的地带，在这一距离范围内的星球，它的温度不会太冷也不会太热，水能够以液态形式存在，由于液态水是生命生存所不可缺少的物质，如果一颗行星恰好落在这一范围内，那么它就有更大的机会拥有生命，或拥有生命可以生存的环境。

生命存在的一个宏观因素是行星到中心恒星的距离适中，比如地球到太阳的距离，不远不近。地球的姊妹星——金星，它距离太阳太近，其高温的表面不可能保存液态水（图1-11）；而在地球外侧的火星距离太阳又偏远，其表面的水常常冻结成冰，也不能保存液态水（图1-12）。

图 1-11　金星（图源：Pixabay）　　　　　　　图 1-12　火星（图源：Pixabay）

所以在太阳系内，能够存在液态水的区域，只限于金星公转轨道和火星公转轨道之间的这个狭窄环带，这就是太阳系的生命宜居带，位于这个环带内的行星表面才可能有液态水存在。而地球恰好就位于这个生命宜居带之内（图1-13），是太阳系八颗行星中唯一存在着大量液态水的星球。事实上，生命宜居带是包围着中心恒星的一个具有一定厚度的球形区域，不过，因为太阳系里这些行星的轨道都大致在一个平面上，所以可以用环带表示。

图 1-13　生命宜居带（图源：www.jpl.nasa.gov〔2023-12-29〕）（NASA/JPL-Caltech/Ames）
本图将开普勒 22 行星系统与太阳系进行对比，开普勒-22b 是首颗位于生命宜居带的系外行星

地球表面因覆盖着大量的液态水而属于"海洋型行星"，而金星和火星表面基本上全陆地覆盖，故属于"陆地型行星"。我们的"海洋型行星"距离太阳不远也不近，其公转轨道

正好落在一个最佳的位置上，真可谓是得天独厚!

　　除了考虑行星与恒星的距离外，我们还需知道母恒星的寿命与质量大小。太阳的寿命大约 100 亿年，目前年龄约 50 亿年，地球的年龄 46 亿年，地球诞生 8 亿年后才出现简单的生命，恒星的寿命要大于生命宜居带的寿命。母恒星的质量过大，寿命比较短，行星不足以演化出比较复杂的生命；母恒星过小，行星距离恒星过近，生存条件险恶，恒星的引潮效应致使行星一面朝向太阳，温度极高，另一面温度极低，生命难以生存和繁衍。

　　地球是太阳系家族的一分子，太阳系又是银河系大家庭的成员，太阳处于银河系的什么位置呢？银河系有 4 条旋臂结构，直径约 10 万光年。银河系拥有上千亿颗恒星，其中有容易形成生命的"银河系生命宜居带"，这个生命宜居带距离银河系中心不能太近，也不能太远。太阳系距离银河系核心 2.5 万光年，不远不近，正处于银河系的生命宜居带。

　　关于生命宜居带，还需要考虑恒星在不同年龄段的亮度变化。46 亿年前的早期太阳要比现在的太阳大约暗 30%，那么早期地球有相当长的时期处于冰冻状态。后来冰冻化开，地球陆地能够自动调节行星的气温，地球表面的水长期保持循环，因此构成了生机勃勃的生物大世界。

　　如果能够在银河系的生命宜居带上发现一颗类似地球的星球，那就可为人类未来的星际旅行做规划了，但十分遗憾，目前在地球之外还没有发现这样的行星。可以说，我们的地球是一颗"奇迹行星"。

1.3　"煮熟的鸡蛋"——地球内部圈层

　　原始地球最初阶段的各种物质混杂在一起，没有圈层结构。而今日地球内部圈层可以划分为地壳、地幔、地核。科学家利用地震波穿越地球内部，探明了地壳、地幔、地核的性质及其岩石圈、软流圈的状态。

1.3.1　原始地球的熔融与圈层分异

　　许多电视节目、教学视频、书籍和论文介绍地球时，都通俗地把地球比作一个"煮熟的鸡蛋"，地球从诞生就是这样吗？地球是怎样形成了一个类似鸡蛋的结构呢？

　　这要从地球诞生之初说起。46 亿年前，地球刚刚从太阳星云中分化而成，地质学家称之为原始地球。原始地球最初阶段的各种物质混杂在一起，没有圈层结构。此时温度低，轻重元素浑然一体，各种不同物质均以固态存在，它们不可能在重力作用下自由地运动。此时的地球是一个相对均匀、尚无分层结构的行星。

　　原始地球一旦形成，就会吸收、聚集更多星云物质，从而体积和重量逐渐增大，地球保存热能的能力也就不断增强了。这些热能使地球内部温度逐渐升高。另外，地球内部放射性物质的衰变又产生了大量的热能。

　　温度升高使地内物质具有越来越高的可塑性，并逐渐趋向于熔融状态。地内物质一旦达到熔融状态，这时的地球就成为一个炽热的岩浆火球。在地球重力作用下圈层分异就不可避免地发生了。密度大的亲铁元素缓慢下沉至地心，成为铁镍地核。密度小的亲石元素逐渐上浮组成地幔，顶部冷却后形成地壳。更轻的液态和气态成分，逐渐上浮至地壳，通过火山喷发溢出地表，进入原始的水圈和大气圈，实现了核、幔、壳的分异。在这个过程中，重力分异、放射性元素衰变和早期的星体撞击使地球增温。周而复始，增温又加速了圈层分异的过程。

现在我们可以描绘一下，45 亿年前，地球不是宇宙中千姿百态的锦绣河山，而是太阳系内千疮百孔下的人间地狱。温度超过了 1200℃，没有氧气，只有二氧化碳、氮气和水蒸气。这些货真价实的高温毒气会让地球生灵数秒内窒息而亡。原始的地球乌烟瘴气、满目疮痍，既没有云蒸霞蔚的蓝天，也没有山清水秀的大地。原始的地球是一团沸腾的熔岩，没有坚硬的地面，只有无边无际的熔岩海。

时间来到了 42 亿年前，地球初始圈层分异的过程已经持续相当一段时间了，这时最外部圈层的地壳，就像牛奶冷却后表面凝结的一层奶皮一样。地表开始冷却了，这些奶皮样的岩浆开始固化了（图 1-14），成为构成地壳的固体岩石。虽然长年累月的火山喷发和旷日持久的风侵雨蚀让破解谜团的证据寥寥无几，但科学家还是从数十亿年历史长河的蛛丝马迹中，发现了一种非常古老的结晶矿物——锆石。这种坚硬的矿物至少在距今 40 亿年就已经出现在地球上了（Wilde et al.，2001）。因此我们可以认定，至少在 40 亿年前就有了古老岩石组成的固体地壳。

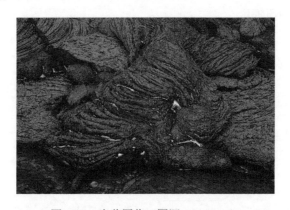

图 1-14　岩浆固化（图源：Pixabay）

地壳的形成和发展直接涉及和影响到壳幔相互作用的物质循环。壳幔相互作用方式的主要表现是，通过地幔顶部熔融岩浆上侵构成新生地壳，地壳可通过俯冲、拆沉等不同方式回返地幔，回返地幔的地壳又融熔成为岩浆，上侵再循环进入地壳。圈层分异导致地球最终分为薄薄的固体地壳、厚厚的地幔和温度极高的地核。这时的地球是真正的固体星球了，可以和煮熟的鸡蛋相类比了。

1.3.2　照亮地球内部圈层的明灯

随着现代科学技术的飞速发展，人类上天的梦早已实现，人类的足迹留在了太空，而入地似乎比登天还要难。地球内部的结构到底什么样？是由什么物质构成的呢？科学家利用了不同的方法来探索地球内部。最初的办法是挖地表、钻地球。目前，已经有 13 个国家打了约 100 口深浅不一的科学钻探井，其中 4000～5000m 以上的深井有 20 个。俄罗斯科拉半岛（Kola Peninsula）上的科学钻探井至今保持着 12262m 的世界纪录。德国有一口 9100m

的科学钻探井。我国江苏省东海县科学钻探井超过 5000m。通过这些科学钻探井，人们了解了一些地球最外部圈层——地壳的情况，地壳与人类活动的关系也是最密切的。但遗憾的是，目前最深的钻井也仅 1 万多米，只相当于地球半径的 1/600。若将地球比作鸡蛋，这眼井连蛋壳都还未穿透。要想了解半径达 6371km 的地球内部情况简直是望尘莫及。

科学家也用地震的方法，来划分地球内部结构。现代地震学的创始人之一戈利岑（Boris Borisovich Golitsyn）说：可以把一次地震比作一盏灯，它点燃的时间很短，却为我们照亮了地球内部。地震就像深入地下的千里眼，使我们知道在地球内部发生了什么。地震是一把双刃剑，在给人类造成可怕灾难的同时，也为我们带来了地球内部的重要信息。

当发生地震的时候，会由地震震源向四处传播振动，从震源产生向四周辐射的弹性波，就是地震波。按传播方式可将地震波分为纵波、横波和面波（面波包括瑞利波和勒夫波等）三种类型（图 1-15）。纵波和横波在地球内部的同一种物质中通过时，速度各不相同。纵波的速度快，像声波一样，振动的方向与波的传递方向一致，它先一步被地震仪记录到。纵波既能在固体中传播，也能在液体中传播。横波的传播速度慢，如同光波一样，振动的方向与波的传播方向垂直，只能在固体中传播，不能在液体中传播（图 1-16）。两种波传播速度还受传播物质密度的影响，在不同密度的物质界面上都会产生反射和折射现象，这就是地震能照亮地球内部的原理。

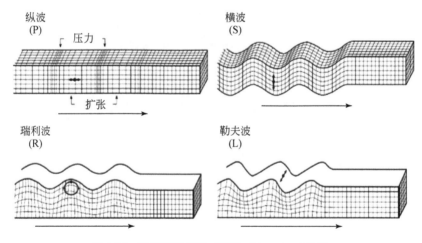

图 1-15　地震波的类型（据 Bačić et al., 2020）

地震波通过地球内部后，再到地面被地震仪所接收。大量天然地震波传播方向和速度的研究表明，地震波在地内传播的速度在横向和纵向上都有变化，说明地球内部结构复杂和成分不均匀，显示出地球内部具有圈层结构。这些内部圈层在物理性质和化学性质上的差异构成了地震波速度突变的若干界面，在地球物理学上称为不连续面（图 1-16）。地震波显示出地球内部有两个波速变化最明显的界面。它们是地球内部的第一级界面，将地球内部分为地壳、地幔和地核，可比喻为一枚鸡蛋的蛋壳、蛋清和蛋黄。第一个利用地震波探索地球内部奥秘的是南斯拉夫（Jugoslavija）的地震学家莫霍洛维奇（Andrija Mohorovičić），可称他为照亮地球内部圈层明灯之父。

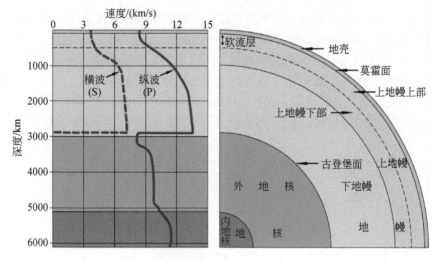

图 1-16　地震波与不连续面

如果能将地球劈成两半来一探究竟的话，我们会看到一个由铁和镍组成的地球内核，而这个具有放射性的固态金属球又被一层液态外核包裹着（附图 1-3）。地核的外围是地幔，地幔之上才是地壳。我们虽然生活在地壳之上，但就在我们脚下，遥远的地心深处却始终燃烧着长年不息的熊熊烈焰。地球是太阳系最具活力的星球，重要原因是地球有液态的外核，产生了一系列地球动力学过程。

1.3.3　穿越地球内三圈

全球 4 级以上地震每年发生过万次，通过地震仪的观测，这些上万次的"明灯"就可以照亮地球内部的结构。地震的纵波到达第一个界面后，其波速由平均 6～7km/s，突然升到 8.1km/s，这说明什么问题呢？说明物质密度发生了变化，界面以上部分就称为地壳，以下部分称为地幔。这个面是莫霍洛维奇发现的，因此命名为莫霍面。地震波的观测同时在大陆和大洋上进行，两个地方第一圈层的波速不一样，深度也不一样，这说明什么问题呢？说明陆壳和洋壳的厚度不同，物质成分也不同。陆壳最厚可达 70km；洋壳最薄仅 5km。前者密度小，后者密度大，地壳物质平均密度为 2.8g/cm³。

地震波继续穿行，从地下平均 50km 到大约 250km 深处，地震波波速较低，探明其物质是固态和液态的混合物，液态含量 1%～10%。这一低速带被地质学家称作软流圈。软流圈易于发生塑性流动，给其上固体岩石的活动创造了条件。软流圈之上的上地幔顶部和地壳合称为岩石圈，也可叫岩石圈板块。正是有了软流圈，大陆或岩石圈板块才能够漂移。

当地震波到达地下约 2900km 处，横波消失了。纵波速度由原先逐渐加快的状态突然变慢，从 13.3km/s 降为 8.1km/s，这说明什么问题呢？说明不但物质密度又发生了变化，而且碰到了液体状态。这个界面是美国地球物理学家古登堡（Beno Gutenberg）在 1914 年发现的，因此称为古登堡面，之上为固体地幔，之下为地核（Lekic et al., 2012），地幔占地球总质量的 67%。地震波速在 1000km 处还有明显变化，据此可分出上地幔和下地幔。地幔底部的物质密度约为 5.5g/cm³。

地震波还向我们提供了另外一个重要情报，探测出地核是密度为 $10\sim11\text{g/cm}^3$ 的物质。根据波速变化分出外核与内核，外核深 $2900\sim5155\text{km}$。外核由于纵波速度急剧降低，横波传到地幔底部的时候消失了，说明刚性为零。所以外核是由铁、镍、硅等物质构成的熔融态或近于液态的物质组成，其中镍含量可能达 10%。继续探测内核时，地震纵波和横波都存在，因而内核是固态的，内核深 $5155\sim6371\text{km}$。地核的密度很大，即使最坚硬的金刚石，在这里也会被压成黄油那样软。除了压力巨大外，这里的温度高达 $4000\sim6000$℃（图1-17）。

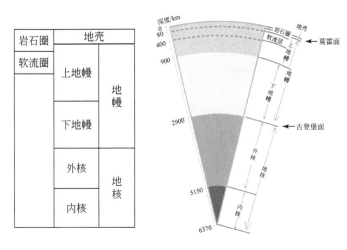

图 1-17　地球圈层的划分

如果在地球南北半球各找一个点，凿一个笔直穿过地核中心的洞，人南进北出，会有什么感觉吗？物理学的理论证明，如果从地表挖出一个贯穿地心的真空直洞，连接南北半球两点的直线通过球心，那么人在地心隧道里面坠落就只受重力影响，靠重力穿过地球从南到北的单程旅行时间不会太久，也许只需要几个小时。

1.4　此水只应天上有？——水圈和大气圈的形成

水是生命之源，是地球表面分布最广和最重要的物质，那么地球的水来自哪里？早期地球的排气作用对地球上水的形成功不可没。与生命休戚相关的大气圈和水圈是地球长期演化的结果，水圈也是地球外动力作用最为活跃的一个圈层。

1.4.1　早期地球的排气作用

在地壳、地幔和地核之外还存在另外三个圈层，我们称为地球外三圈：大气圈、水圈和生物圈。外三圈没有莫霍面、古登堡面那样清楚划分的界面，它们之间是相互穿插、相互交融的关系（附图1-4）。它们是地球的重要组成部分，与固体地球休戚相关，共同演化，塑造着生机勃勃的地球。

外三圈有多重要呢？可以说外三圈与地球上生命的存在密切相关，没有外三圈的地球，就是像月球一样的"死"星球。那么一说到大气圈和水圈，肯定会想到有大量的水，大气圈和水圈的水是地球刚形成时就有吗?

早期地球自然环境资料表明:原始行星时期来源于星云的气态物质,在地球初始阶段,已经逃逸或消失殆尽,所含有的气体和冰块,大量地跑到宇宙空间去了,在地球刚形成时几乎没有什么水汽。

那么,现今地球的水来自哪里呢?其实是来自地球本身,来自早期地球的排气作用。

在地球早期阶段,地球进入增温和熔融状态后,温度逐渐升高,地球熔融并进一步收缩,收缩就是一个通过火山排出大量气体的过程。地球上的火山作用越来越强烈。火山中高温岩浆不断喷发而释放出来的气体,是由水蒸气、氢、一氧化碳、甲烷、氮和硫化氢等气体组成的,其中水蒸气就占了 75% 以上。火山喷发带来的大量还原性气体和水蒸气形成了地球的次生大气圈,这时地球已经有足够的引力使它们不能逃逸。后来随着地表温度逐渐下降,一部分水蒸气在大气圈上部被短波紫外线分解成臭氧,成为地球生物生存与繁衍的“保护伞”。大部分水蒸气分子经降温凝结成水滴,成为连续不断的滂沱大雨。早期地球上到处是雷鸣电闪,狂风暴雨连绵不断,呼啸的浊流通过千沟万壑汇集到原始的洼地中去,汇流为原始海洋。迄今有关地球早期大气圈和大洋的地球排气作用已经获得共识。

人类历史上就有很多火山爆发导致的排气作用,1815 年印度尼西亚坦博拉火山(Tambora)爆发,大量火山烟尘进入大气层遮蔽阳光,导致气温下降甚至全球气候变冷。2010 年 4 月冰岛南部火山喷发,不断往外喷射水蒸气,形成巨大的烟柱,火山喷发散发的热气使覆盖在火山口上 200m 厚的冰川迅速融化,北欧上空聚积了大量的火山灰和水蒸气,盘踞在白云之上,凝结在冷空气中,看似动也不动。火山烟尘遮天蔽日长达数月,导致欧洲航空业大面积瘫痪。

这仅仅是一两座火山喷发的情形。那我们想象一下,地球早期地壳尚不完整,成千上万座火山同时喷发,山崩地裂般的岩浆喷溢,雷霆万钧般的排气作用,排山倒海似的倾盆大雨,该是多么的恢宏壮观。

现在我们总结一下,大气圈和水圈的水来自早期地球的排气作用。排气作用就是从行星内部向大气释放出气态物质的过程,如今我们看到的火山喷发就是这一过程的再现。今天科学家对地球各类水体的氢、氧、碳同位素组成的分析结果,证实了这一过程。

1.4.2　从稠云密雾到碧野蓝天

地球最外层大气圈是由气体和悬浮物质组成的复杂的流体系统,它是由于地球的引力作用在地球周围聚集的一个气体圈层。地球早期的大气层与今天的大气层完全不一样,它主要是由氢气、水蒸气、一氧化碳、甲烷、氨气等组成,来自火山喷发和地热排气,是次生的大气,与太阳系其他星球的大气层如木星的大气层组成相似。地球形成之初,水蒸气和二氧化碳充满在地球表面的 10km 范围内,大气的密度为 $220.5kg/m^3$。这个密度几乎达到液态水密度的四分之一,可见地球初期的大气层是一个稠云密雾的混沌世界(图 1-18)。

这种大气对今天的生物来说是有毒的,但却适合某些细菌和蓝细菌的生长与繁衍。蓝细菌体内有叶绿素,在阳光的参与下可进行光合作用,从而制造有机物和释放氧气。地球早期大气层中氧气含量增加得很缓慢,到 30 亿年前还只及现今地球游离氧水平的 0.1%,20 亿年前这个数字才增加到 1%,10 亿年前则增加到 10%。与此相反,大气层中的氢气、

图1-18 地球初期——稠云密雾的混沌世界（图源：NASA）

一氧化碳、氨、甲烷却在不断地减少，大气层的成分越来越接近今天的大气层。

当大气层中氧的含量达到现在大气层中氧含量的1%时，氧气就可以出现在10~50km的高空大气层中。特别是在离地表20~30km的高空游离氧浓度最大，在太阳高能粒子流和宇宙射线等的作用下形成臭氧层。臭氧层对太阳的紫外线、宇宙线等都会起到屏障作用，从而保护地球生物免受其害，这使海洋中的大量藻类可以上升到海洋表面繁衍和生长，从而释放更多的氧气。

大气圈是包围着地球的气体，厚度在几万千米，以地球表面的大气最稠密，向外逐渐稀薄，并过渡为宇宙气体，没有明确的上界。大气密度和压力与温度和高度成反比。

大气成分随高度不同而有差异。100km高度以下气体混合均匀称为均匀层，该层以上称为非均匀层。大气中的水汽来源于海洋、湖泊、江河、沼泽、湿地及植物表面的蒸发或蒸腾作用。

整个地球大气层像是一座高大而又独特的"楼房"，按其成分、温度、密度等物理性质在垂直方向上的变化，把这座"楼房"分为五层，自下而上依次是：对流层、平流层、中间层、暖层（电离层）和外层（散逸层）（附图1-5）。对流层是大气圈的最下一层，紧贴地面至空中8~18km的高度，其厚度不到大气圈的1%，但是集中了大气质量的3/4，大气水汽的90%。对流层受地球表面的影响最大，层内对流旺盛，大气中的主要天气现象如云、雾、雨、雪以及冰雹等都形成于此层。该层对人类影响最大，通常所说的大气污染即是对此层而言。

在对流层的顶部以上直到大约50km高度为平流层。这一层气流运动相当平缓，以水平运动为主，没有剧烈的云雨天气现象，是喷气式飞机飞行的理想场所。平流层之上还有暖层。暖层顶部以上的大气层统称为散逸层，空气十分稀薄，受地球引力的约束很弱。

地球大气圈之外，还有一层极其稀薄的电离气体，其高度可伸延到22000km的高空，称为地冕。地冕也就是地球大气向宇宙空间的过渡区域，人们形象地把它比作是地球的"帽子"。

今天的大气圈是地球长期演化的结果，按体积计算由78.09%的氮、20.94%的氧、0.93%的氩及其他0.04%组成。它的发育和演变又受到地球其他圈层的影响。大气圈从稠云密雾的混沌状态到今天的碧空如洗，经历了长达几十亿年的蹉跎岁月。

1.4.3 最为活跃的水循环

水是生命的源泉，哪里有水，哪里就有生命，比如人整个体重的 65%都是水。

地球上的水，尤其是以液态形式存在的水是地球区别于太阳系其他行星的重要特征。水是地球表面分布最广和最重要的物质，是参与地表物质和能量转化以及生命形成和组成的重要因素，也是地球外动力作用最为活跃的一个圈层。水循环不仅影响了天气，调节了气候，而且还净化了大气。它与大气圈、生物圈和地球内圈的相互作用，直接关系到人类活动的表层系统的演化。

水圈指地球表层由水体构成的连续圈层，其物态有固、液、气三种状态存在于空中、地表和地下。水体的形式有河、湖、海、冰川（盖）、水蒸气、地下水等，并形成一个包裹着地球的完整圈层。这些水不停地运动着且相互联系着，以水循环的方式共同构成水圈。地表上直接被液态水体覆盖的区域占地表面积的 3/4。在太阳能、重力的作用下，使得水圈中的水体周而复始地进行循环。水循环的方式有：海洋与大陆间的循环、地表与地下间的循环、生物体与周围空间的循环、水圈与大气圈的循环（图 1-19）。

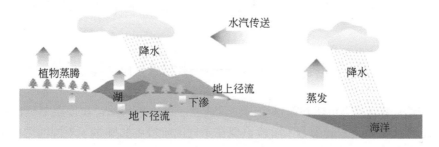

图 1-19 水循环示意图

俗话说，地球是"三山六水一分田"，有"水球"之称。据估算，地球上的储水量达 3.85 亿 km³，如果地表不是崎岖不平，把这些水平铺在地球的表面，那么地球就会变成一颗平均水深达 2700 多米的名副其实的"水球"。

我们最先接触到的是地球表层水，表层水可分为陆地淡水和海洋水两大部分，海洋是水圈的主体，占全球表面积的 70.8%，占地球总水量的 97.41%。淡水只占地球总水量的 2.59%，淡水中 68.70%为冰川水，30.96%为深层地下水，其余的 0.34%才是江河、湖泊、大气圈、生物圈和土壤的水（图 1-20）。

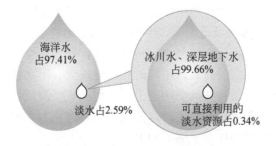

图 1-20 地球表层水的组成

地球上的水体按照含盐度的不同可以大致划分为淡水、半咸水和咸水。通常将 1kg 水中所溶解的全部盐类的重量称为盐度，淡水的盐度小于 0.3‰，海洋水的平均盐度为 35‰。

陆地水分为河流、湖泊、沼泽、地下水和冰川，与人类的关系最密切。河流是指在重力作用下，集中于地表凹槽内的经常性或周期性的天然水道。湖泊是指地上洼地积水形成的、水域比较宽广、缓慢流动的水体。沼泽是指地表过湿或有薄层常年或季节性积水，土壤水分几乎达到饱和，生长有喜湿性和喜水性植物并有泥炭积累的地带。

地表长期存在并能自行运动的天然冰体称为冰川，冰川是地球上最大的淡水资源，也是地球上继海洋之后最大的天然水库。在地表以下，存在于岩石和地表松散堆积物的孔隙、裂隙及溶洞中的水，统称为地下水。

地球表面的水是十分活跃的，地表径流和地下径流大部分回归海洋。在太阳辐射的作用下，海洋江河湖泊水体、土壤和植物叶面的水分通过蒸发和蒸腾作用进入大气，经气流从海洋再输送到大陆，凝结后降落到地面，又成为地表径流。唐朝诗人李白有著名诗句"君不见黄河之水天上来，奔流到海不复回"，从地球科学角度，我们可以将"奔流到海不复回"改成"奔流到海空中回"，这才是活跃的水圈。正是水圈中水循环的作用，才使江山如此多娇。

1.5　地球的年龄——地球历史年表

地质学家利用地质学定律和放射性同位素建立了地质年代单位和地层单位，将漫长的 46 亿年的地球演化历史划分为若干阶段，而在不同的阶段中又发生了不同的地质事件。

1.5.1　相对地质年代的三大法宝

对于漫长的地球演化历史，地质学家需要将它划分出若干演化阶段，来进行探索研究，这就需要建立地质年代和地球历史年表。地质年代是指地球上各种地质事件发生的时代，它通常以百万年为度量单位。要设想数百万年或数亿年前地球上所发生的自然现象，似乎是不可思议的事情，因为它的时间跨度实在太长了。

地质年代又分为相对地质年代和绝对地质年代。我们把地质体形成或地质事件发生的先后顺序，称为相对地质年代，它表明地质体时间演替上的相对新老关系。相对地质年代就好比中国古代夏、商、周、秦、汉、隋、唐、宋、金、元、明、清的历史朝代一样。

有什么方法或规则来划分相对地质年代呢？我们有三大定律，也是三大法宝。

1）生物层序律：我们本身就是生物，生物演化的总趋势是由简单到复杂、由低级到高级。通常地层越老，所含生物化石越简单，反之亦然，即老地层中保存有简单而低级的化石，新地层中含有复杂而高级的化石，不同时代的地层含有不同类型的化石及其组合，这就是生物层序律。有些生物属种在地质历史上延续时间短、演化快、分布广、数量多、特征显著，所形成的化石易于寻找和鉴定，这些化石叫标准化石。如能反映生物形成时的沉积环境或沉积相，则称为指相化石（图 1-21）。

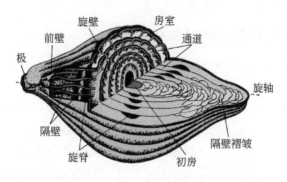

图 1-21　指相化石（蜓）（据童金南等，2007 修编）

2）地层层序律：漫步山野，常可见到一层层的岩石，把它分为三类：一类水平（图 1-22）、一类直立、一类斜卧，有时软硬相间，有时五彩缤纷。这些成层的岩石统称为岩层，当涉及岩层的先后顺序、地质年代和组成填图单位时，就称为地层。简而言之，地层是在一定地质时期内所形成的层状岩石。地层形成初时状态是水平的或近水平的，并且先形成的在下边，后形成的覆盖于其上。比如一场洪水沉积的淤泥在下边，第二次洪水的淤泥覆盖其上，就是这个道理。故可称为**叠覆律原理**，即原始地层具有上新下老的地层顺序。

图 1-22　水平岩层（图为作者在美国科罗拉多高原考察照）

3）地质体切割律：地质时期构造运动和岩浆活动使不同时代的地质体之间出现彼此切割或穿插关系，利用这种关系来确定地质体形成的先后顺序。就侵入岩与围岩的关系来说，侵入者新，被侵入者老；切割者新，被切割者老；包裹者新，被包裹者老。比如一个花岗岩体被一条闪长岩脉所切割，就可判明花岗岩体形成时间早于闪长岩脉。

相对地质年代可以根据地层中的化石特征、构造特征等，比较容易地确定地层的相对顺序，比如三叶虫多出现在寒武纪的地层中。但相对地质年代只能说明各种岩石、地层的相对新老关系，而不能确切说明某种岩石或岩层形成距今多少年。另外相对地质年代主要用于含化石的地层，对于不含化石的地层或显生宙以前的古老地层则显得无能为力，因此需要用其他方法来测定地层的年代。

1.5.2 放射性同位素对绝对年代的贡献

很长一段时间，人们都在探索测定地层和岩石的绝对地质年代的方法，以弥补相对地质年代的不足。直到 20 世纪 30 年代，人们发现了放射性元素，即地球化学元素周期表中的有些元素是不稳定的，一种放射性元素随时间衰变后成为另一种元素，前者可称为母元素，后者可称为子体元素。法国物理学家居里夫人（Madame Curie）是第一个发现这一现象的人。居里夫人与其丈夫皮埃尔·居里（Pierre Curie）共同发现了放射性元素镭，之后又发现了放射性元素钋，两度获得诺贝尔奖。由于放射性元素衰变的速率是恒定的，绝对测年的方法就此诞生。

什么是绝对地质年代呢？人们把地质体形成或地质事件发生距今的年龄称为绝对地质年代。它是测定岩石中放射性同位素衰变的方法，又称为同位素地质年龄法。用于测定地质年代的放射性同位素见表 1-1。绝对地质年代就相当于公元纪年。比如说秦始皇统一中国建立的秦朝，存在时间是公元前 221～公元前 207 年。蜚声中外的云南澄江生物群，绝对地质年代为 54000 万～53000 万年前。

应用放射性衰变来测定地质事件的年龄，可以通过多种不同的途径，但总的特点是，都是通过测定放射性衰变或裂变所经历的时间间隔来计时。其基本原理是基于放射性元素都有固定的衰变常数（λ），即每年每克母同位素产生的子体同位素的克数，以及矿物中放射性同位素衰变后剩下的母体同位素含量（N_0），和与衰变而成的子体同位素含量（N_t）可以测出，因为衰变速度不受外界因素如温度、压力的影响，据此可以计算衰变时间，即岩石形成的绝对地质年代——同位素年龄（t）。

公式如下：

$$t = 1/\lambda \times \ln (N_t/N_0 + 1)$$

同位素衰变为最初总量一半所需要的时间称为该同位素的半衰期，不是所有的放射性同位素都可以用来测定岩石形成的绝对年龄，能够测定地质年代的放射性同位素必须具备以下条件：

1）具有较长的半衰期，在几天、几年内就衰变殆尽的同位素是不能用的；

2）所用同位素在岩石中有足够的含量，可以被分离出来并加以测定；

3）所用同位素的子体同位素易于富集并保存下来。

表 1-1　用于测定地质年代的放射性同位素

母体同位素	子体同位素	半衰期/年	母体同位素	子体同位素	半衰期/年
铀-238（^{238}U）	铅-206（^{206}Pb）	45 亿	铷-87（^{87}Rb）	锶-87（^{87}Sr）	500 亿
铀-235（^{235}U）	铅-207（^{207}Pb）	7.31 亿	钾-40（^{40}K）	氩-40（^{40}Ar）	15 亿
钍-232（^{232}Th）	铅-208（^{208}Pb）	139 亿	碳-14（^{14}C）	氮-14（^{14}N）	5692

通常我们用以下方法来测定岩石的同位素年龄：U-Pb 法、K-Ar 法、^{40}Ar-^{39}Ar 法、Rb-Sr法、Sm-Nd 法、Le-Os 法、^{14}C 法等。这些方法中，以 U-Pb 法、K-Ar 法和 Rb-Sr 法研究最多、应用最广。K-Ar 法可用于几万年至几十亿年地质体的测定，特别是中、新生代的火山

岩和侵入岩。U-Pb 法和 Rb-Sr 法主要应用于前寒武纪至中生代,特别是前寒武纪岩石、矿物年龄测定。适合 Rb-Sr 法测定的有化学封闭系统的火成岩和变质岩、沉积页岩和云母、长石等矿物。^{14}C 法是测定年轻样品年龄的一种重要方法,这种方法可以可靠测量的最古老的样本是五万年左右,主要用于晚第四纪及对人类学、考古学中某些化石和历史文物的鉴定,其测定对象甚广,包括木炭、木头、泥炭、各种植物的余骸、各种生物、碳酸盐类和原生无机碳酸盐、土壤等。

利用同位素年龄测定绝对地质年代的原理是科学的,但在具体的运用过程中会存在若干问题。随着同位素年龄数据的大量积累,出现了同一岩体不同矿物、同一矿物不同方法年龄数据相互不一致的现象。为了解释这一现象,在 20 世纪 60~70 年代提出了冷却年龄与封闭温度的理论和概念。冷却年龄指岩石形成以后冷却到基本上能完全保留放射成因子体元素的温度,并开始放射性计时的年龄,这一温度值被称为封闭温度。因此冷却年龄不同于结晶年龄,而且总小于结晶年龄。只有当岩石形成以后快速冷却时,或封闭温度很高时,矿物的冷却年龄才接近于结晶年龄。

另外,还有一些因素会造成测年误差。比如,母体同位素含量与子体同位素含量有时不易精确测定,因为母体同位素可能因各种地质作用而被混杂,而子体同位素也可以因后来的地质作用而部分丢失。且在一般矿物中上述同位素的含量均很低,对测定精度要求很高,所以测定难度相对较大,测量时也可能由人为的操作造成误差。此外,有的沉积岩中不含有与沉积作用同时形成的放射性同位素,因此还不能用这种方法获得其同位素年龄。总体来说,同位素地质年龄的测定提供了地质时代的绝对年龄值和各时代单位的定量时间长度,是地质学研究中一个重要的突破。长期以来,人们始终在不断地开拓新的技术与方法来确定同位素测年的准确性和正确性。

1.5.3　地质年代单位和地层单位

我们身处的这个星球降生在银河系的一片火海之中,那时的宇宙如地狱般灼热,因此我们将地球形成的第一个阶段称作冥古宙,这个词源自古希腊语中的地狱一词。那时,地球上的景象真如地狱一般。地心深处飞溅着炽烈的岩浆,与此同时,转动的地表也在不断地经受着数百万颗陨石的冲击。整个地球就像一个炽热的火球,温度高达 5000℃。地球就这样燃烧了 100 多万年,才逐渐冷却下来,质量较大的铁、镍等金属物质在地心慢慢沉寂,形成一个灼热的、直径 3000 多千米的地核。质量较轻的矿物质则不断上升,经过 100 万年的抬升形成厚约 30km 的地壳,我们现在称为“地球”的星球这时才真正成形,而这一过程历时四千多万年。

地球究竟高寿几何呢?地球总的历史已有近 46 亿年,但人类产生才 300 万年左右,人类文明史则只有 6000 年左右,只是历史长河中短暂的一瞬。人类对漫长早期史的了解是不能直接观测到的,但是,地球史有其本身的发展规律及其周期系统,因而地球史呈现明显的阶段性,根据各种类型的岩石、化石、岩层变形的迹象、岩层或岩体之间关系等地质纪录,利用放射性同位素衰变测定法、氨基酸消旋测定法、古地磁法等现代科技手段的探测研究,可以清楚划分地球演变发展史。

地球历史中最早的生命可追溯到 35 亿年前,光合作用的出现可能发生在 35 亿年前,

24 亿年前 O_2 含量开始大于 1%，没有红层和古土壤，但出现了碎屑黄铁矿。真核细胞的出现发生在 20 亿～19 亿年前，多细胞生物在 7 亿～6 亿年前第一次出现，在地质历史中发生过多次大规模生物绝灭事件。人类出现才 300 万年左右，加上猿人也才 500 万年，人类文明史只有 6000 年，只是历史长河中短暂的一瞬间，用人类的纪年、人类的直接观测无法描述地球的起源及其地壳、大气与大洋的演化历史，无法准确讲述这么多地质事件。因此，我们必须要有地球历史的时间单位。另外，42 亿年前到今天，地球已经留下了岩石或地层的记录，但还需要建立地层单位。

地球历史有其本身的发展规律及其周期系统，呈现出明显的阶段性。根据生物演化、沉积演变和岩石圈构造演化，利用放射性同位素衰变测年、古地磁法等现代科技手段，可以清楚划分地球发展史。生物的演化存在着明显的不可逆性、阶段性和统一性，而且演化过程又是随着时间的流逝而进行的，所以生物的演化最能反映时间的进程，可作为时间前进的"指示剂"。因此，按照年代先后把地球历史进行系统性编年，列出"地球历史年表"。根据生物演化的不同阶段，将地球演化史划分为六个不同级别的地质年代单位，依次为宙、代、纪、世、期、时，与之相对应的是六级年代地层单位，分别是宇、界、系、统、阶、时带，在一个地质年代单位时间里形成的一套地层就称为年代地层单位，例如在侏罗纪形成的地层就称为侏罗系，严格遵守等时性。另外还可以按照岩性特征划分地层单位，称为岩石地层单位。按照级别大小，分别称为：群、组、段、层（附图 1-6）。岩石地层单位不遵循等时性，往往穿越年代地层单位的界线，称为穿时。

随着地质科学的发展，地质年代表的精确性和科学性越来越高，已不仅局限于古生物地层学方法，而是将同位素地质年代学、古地磁学等方法与古生物地层学结合在一起，综合研究地质年代的历史。因此，每个地质时代都有相应的同位素绝对年龄，也都有主要生物发展阶段和特征生物出现标志（附图 1-7）。地质历史划分是建立在生物演化、沉积演变以及岩石圈构造演化阶段性的基础之上，因此不同级别的地质历史阶段反映了不同级次的生物事件和地质事件的突然发生—稳定发展—突然消亡的周期性规律。这一规律制约着地球上一切事物的演变规律。

我们把 46 亿～5.39 亿年前称为前寒武纪，可划分为冥古宙、太古宙和元古宙，其地层就是前寒武系。5.39 亿年前至今天称为显生宙，地层为显生宇。显生宙可分出古生代、中生代、新生代，地层为古生界、中生界、新生界。显生宙的第一个纪就是寒武纪，最后一个纪也就是我们人类所在的纪——第四纪。

1.6　穿越时空的万卷书——化石

保存在各个地史时期岩层中的生物遗体和遗迹经过漫长的地质年代保存为化石，但化石形成不易，其形成需要多方面的条件，怎样辨认化石并给它们命名是非常重要的。化石按其保存特点可以分为四大类型，分别是实体化石、模铸化石、遗迹化石和化学化石（或分子化石），通过研究不同类型化石可以获得地球上生命的起源、发展、演化及与之相关的各类信息。

1.6.1　什么是化石？

什么是化石呢？化石是指保存在各个地史时期岩层中的生物遗体和遗迹。第一，化石必须反映一定的生物特征，如形状、大小、结构或纹饰等，足以说明自然界中生物存在的情况。第二，化石须是地质历史时期的产物，至少要一万年。如距今只有 2000 多年的长沙马王堆古尸等，只是考古研究的对象，不是化石。第三，必须是埋藏在岩层中的生物遗体。现代沉积物中的遗体或遗物不能称作化石，如海边、湖边泥沙沉积物里的贝壳等。图 1-23 是作者在南美巴塔哥尼亚高原的野外考察照，所坐的这块石头正是硅化木。

图 1-23　作者在南美巴塔哥尼亚高原的野外考察照

研究化石的科学，即研究地史时期的生物及其发展的科学就叫古生物学。古生物学研究的范围不仅包括在地史时期中曾经生活过的各类生物，也包括各地质时期所保存的与生物有关的资料。

生物从诞生、繁殖、死亡，死后生物遗体、遗迹的埋藏，到石化和石化后的变质变形，这一系列过程不仅受到地球上生物圈、水圈、大气圈和岩石圈的影响，而且受到太阳系和银河系在内的整个宇宙因素的影响。因此，化石不仅记录了地球上生命的起源、发展、演化、灭绝、复苏、埋葬和石化等全过程，而且蕴含着地球内、外环境的大量信息。不同地质时代有着不同的环境，不同环境造就了不同的生物；不同地质时代沉积了不同的地层，不同地层中保存着形式各异的化石。

化石根据其大小可划分为大化石、微体化石和超微化石。大化石指个体较大，利用常规方法在肉眼下就能直接进行观察研究的化石（图 1-24）。微体化石指化石形体微小，一般肉眼难以辨认需借助显微镜进行观察研究的化石 [图 1-25（c）（d）]。超微化石个体直径一般在 10 μm 左右，需借助电子显微镜进行观察研究 [图 1-25（a）（b）（e）]。

棱角菊石
式缝合线

宽圆的腹侧

窄而深的脐部

图1-24　大化石（棱角菊石）（据西里尔·沃克和戴维·沃德，1998）

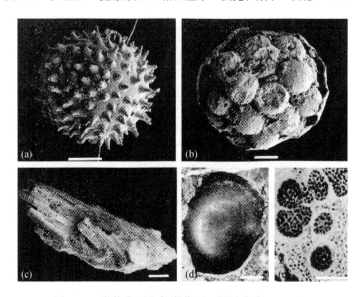

图1-25　微体化石和超微化石（据沙金庚，2009）

（a）（b）（e）超微化石，比例尺100μm；（c）（d）微体化石，比例尺300μm

　　古生物需要分类，古生物种类很多，特征各异，演化的阶段也各不相同。为了便于系统研究，必须进行科学的分类。古生物分类一般采用现代生物五界分类系统：原核生物界、原生生物界、植物界、真菌界、动物界。由界往下分为：门、纲、目、科、属、种。属以上多是人为分类，但如果分类合理，则包含了进化与同源的内涵。属由形态相似，有共同起源的物种组成，是分类中最常用的单位。种又称物种，是由形态、构造、生活习性和身体机能相似，能交配繁殖，传宗接代的种群构成，它是生物进化过程中客观存在的实体。由于我们无法判断化石中的生殖隔离特征，所以化石种不强调生殖隔离。另外由于生物变异和化石保存的不完整性，化石中常有形态种和形态属。

　　化石需要有名字，古生物与现代生物一样，按国际动物或植物命名法则，一律用拉丁文或拉丁语化的文字来命名。这是因为拉丁语是含义最明确、词义变化最小的语言，没有模棱两可的双关语。目前只有生物命名和医药名称用拉丁语。命名规则是属以上的命名用单名法,种用双名法,并要符合优先律法则。属名、种名必须用斜体字,属名第一个字母大写,种名第一个字母小写。有了命名的规则以后,全世界无论什么地方发现的化石,只要是一样的,大家均以一个拉丁文学名为准,就不会混乱了。

1.6.2　化石是怎样形成的?

地质历史时期不是所有的生物都能够以化石形式保存下来,形成化石要有一定的条件。地史时期的生物遗体及遗迹在被沉积物掩埋后,经历了漫长的地质年代,随着沉积物成岩作用,埋藏在沉积物内的生物体经历了物理化学作用的改造,即石化作用而形成化石。能否形成化石并保存下来取决于多方面的条件。首先就生物本身来说,最好具有硬体(生物硬体);其次生物死亡后被迅速埋藏,要具有保存成化石的埋藏条件;最后是成岩条件(时间因素),埋藏起来的生物遗体必须经过较长时期的石化过程才能成为化石(图1-26)。

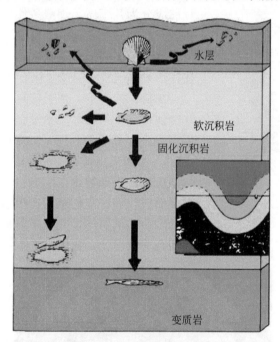

图 1-26　化石的形成过程(据童金南等,2007 修编)

化石的形成过程一般有三种方式。绝大多数的生物化石仅仅保留的是其硬体部分,而且都经历了不同程度的化石化作用。所谓“化石化作用”是指,随着沉积物变成岩石的成岩作用,埋藏在沉积物中的生物遗体经历了物理作用和化学作用的改造,但是仍然保留着生物面貌及部分生物结构的作用。化石化作用一般包括矿质填充作用、交替作用和升馏作用。

1)矿质填充作用:无脊椎动物的硬壳,骨片及其他支撑构造,脊椎动物的骨骼,牙齿等,它们往往都具有一定的孔隙,在地下被埋藏日久以后,溶解在地下水中的矿物质(主要是碳酸钙)充填其孔隙,并经重结晶作用变成了较为致密、坚实,并且增加了重量的实体化石，这种化石保留了原来生物硬体的细微构造，这种作用就是矿质填充作用。

2）交替作用：生物硬体的组成物质在埋藏情况下被逐渐溶解，再由外来矿物质逐渐补充替代的过程称为交替作用。在这个过程中，如果溶解和交替速度相等，而且以分子相交换，就可以保存原来的细微结构。例如，世界各地经常发现的硅化木的形成，就是古老树木中的木质纤维被硅质替代，但是年轮和细胞轮廓等细微结构仍然保存下来的结果。而如果交替速度小于溶解速度，生物硬体的细微构造也会被破坏，最终只保留下来原物的外部形态。常见交替的物质有二氧化硅、方解石、白云石、黄铁矿等，相应的过程就可以叫作硅化、方解石化、白云石化和黄铁矿化。

图 1-27　植物叶片化石
孙柏年摄于云南腾冲

3）升馏作用：指植物体或硬体含几丁质的动物体，在被埋藏之后，不稳定成分分解，可挥发物质（氧、氢、氮等）往往先挥发消失，最后只留下碳质薄膜而保存下来的过程。这个过程也称为碳化。例如，笔石骨骼成分为几丁质，埋藏条件下经升馏作用后，氢、氮、氧等元素挥发消失，仅仅留下碳质薄膜。再如，植物的叶子主要成分是碳水化合物，经过升馏作用后往往也只有碳质保存成了化石（图 1-27）。

在特殊情况下，由于密封、冷藏、干燥等条件，才能使得整个生物体几乎没有什么变化，而被完整地保存下来。如西伯利亚（Siberia）的猛犸象化石（图 1-28），小象失足掉进沼泽地后，因迅速到来的冬天及气候变冷，小象被永久冷冻；琥珀中的昆虫，被松脂包埋而成化石。它们虽然在极端痛苦中缓慢死去，但却给地质学家留下了亿万年前整体生物的宝贵资料。这些几乎没有什么变化的整体化石，是极为少见的。

图 1-28　猛犸象化石——柳芭（Lyuba）（图源：Ruth Hartnup/Wikimedia Commons）

1.6.3　化石有哪几种保存类型？

地层中保存的化石类型很多，根据化石的保存特点主要可分为四大类：实体化石、模铸化石、遗迹化石和化学化石（或分子化石）。

实体化石指生物遗体保存下来的化石，可分为已变实体和未变实体两类。前者指生物遗体被沉积物埋藏后，仅有生物全部硬体或部分硬体经历了不同程度的石化作用后才形成的化石，大部分实体化石都属此类，如恐龙；后者则指生物的全部软体和硬体未经明显变化、大体呈原来状态保存下来的化石，如琥珀中的昆虫（图 1-29）、冰冻层里的猛犸象。

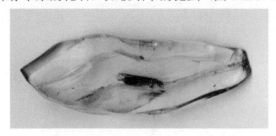

图 1-29　琥珀中的昆虫（图源：Adrian Pingstone/Wikimedia Commons）

模铸化石不是生物遗体本身形成的化石，而是生物遗体在底质、围岩、填充物中留下的各种印模和铸型，是生物遗体在岩层中留下的各种印痕和复铸物，虽然并非实体本身，但却能反映生物体的主要特征。按其与围岩的关系又可分为四种类型：印痕化石、印模化石、铸型化石以及核化石（图 1-30）。

图 1-30　印痕化石（桦木科的叶片）（作者拍摄）（a）、印模化石（建昌孔子鸟，据李莉等，2010）（b）、
铸型化石（作者拍摄）（c）、核化石（菊石）（d）（图源：Pixabay）

　　遗迹化石也称遗痕化石，指保存在岩层中各类生物生命活动时留下来的痕迹和遗物，如生物活动时在底质（沉积物和贝壳）表面或内部留下的各种生物活动的痕迹，它们多属原地埋葬，很少与实体化石同时发现，主要为足迹（图1-31）、爬迹、蛋化石和粪化石等。古生物学家碰到粪化石不但毫不嫌弃，反而爱不释手，如获至宝，因为这些化石是能让他们了解远古动物习性、恢复古植被、古地理的稀罕化石。遗迹化石是分析古地理环境的重要标志，它能够充分说明地质历史时期某些生物的存在及其生活方式。

图1-31　甘肃刘家峡地质公园恐龙足迹（孙柏年团队摄）

　　一些化石经历了一定的后期变化，如成岩作用、成土作用等，已经失去了它的生物结构，但还在地层中保留了原始生物生化组分的基本碳骨架，是残留在化石和沉积物中的古代生物的有机分子，常常为组成生物体的一些有机物，如氨基酸、脂肪酸、蛋白质等，能未经变化或轻微变化地保存在各时代岩层中，具有一定的化学分子结构，能证明古代生物的存在，具有明确的生物意义，现在通过地球化学仪器可以分析出这些有机分子，故称为分子化石或化学化石。

　　研究化学化石对探讨地史中生命的起源、阐明生物发展演变历史具有特别重要的意义。由于不同地质时期各类生物有机成分多有差异，对化学化石的进一步深入研究对解决生物分类和划分对比地层都将起到一定的作用。

　　此外，我们要注意辨别假化石，假化石是形似化石却不具有生物特征的沉积物，比如地层中的燧石结核、一般的矿质结核、黏土结核、硬锰矿的树枝状结晶等无机产物，以及现代鸟巢等都不是化石。

1.6.4　万卷书诉说的史前故事

　　化石是生命的记录，首先为生命的起源和演化提供了直接的证据。通过对各地、各时代化石的不断发现和挖掘，以及利用生物学和地质学等知识对化石的形态、构造、化学成分、分类、生活方式和生活环境的不断研究，地球上形形色色的古生物就可被逐步识别，古生物的形态就能得到复原，古生物世界就能被栩栩如生地再现给世人，它们在全球的地质地理分布就能不断得到揭示，其系统分类或谱系就可逐步完善起来。

　　生命起源是自然科学领域内最具吸引力的课题之一。古生物研究为探讨生物演化规律提供了有力的证据。此外，研究前寒武纪地层中的化学化石和微体化石，对于探索生命起源具有特别重大的意义。从老到新的地层中所保存的化石，清楚地揭示了生命从无到有、生物构造由简单到复杂、门类由少到多、与现生生物差异由大到小的变化，展示了从低等到高等的一幅生物演化图卷。地层中化石出现的顺序清楚地显示了蓝细菌—藻类—苔藓—裸蕨—裸子植物—被子植物的植物演化序列，和无脊椎—脊椎动物的动物演化、鱼类—两栖类—爬行类—哺乳类—人类的脊椎动物演化的规律（附图 1-8）。

　　化石在重建古环境、古地理和古气候中起到了重要作用。各种生物生活在特定的环境中，生物的身体结构和形态能反映生活环境的特征，如现代的珊瑚、腕足类、头足类、棘皮动物等是海洋中的生物；河蚌类、鳄类则是河流或湖泊中的淡水生物；松柏类、马类为陆地生物。大多数生物活动痕迹出现在滨海或湖泊、河流近岸地带。贝壳滩形成于海滨或湖滨。化石的定向排列或定向弯曲指示着化石埋葬时的水流方向。再沉积的化石指示水下或风暴搬运等活动。

　　现代珊瑚生长在水温 18℃以上、阳光充足的海水中。猛犸象是一种生活于寒冷气候下的生物。由植物形成的厚层煤，一般标志着湿热的气候。生物的形态结构，如珊瑚的生长环，双壳纲的生长层，树木的年轮（图 1-32），叠层石的薄层理等记录了气候的季节性变化。生物（如箭石）中的氧同位素含量是可靠的温度计，而贝壳化石的蛋白质含量则反映古气候的湿度。化石生长线储存有生物产卵期和古风暴频率的信息。因此，遵循"将今论古"的原则，可依据化石重建不同地质时代的大陆、海洋、深海、浅海、海岸线、湖泊，甚至河流的分布，了解水质的含盐度，恢复古代的气候，揭示沧海桑田的古地理和古气候变迁历史。

图 1-32　木化石上的年轮（孙柏年团队摄）

　　过去人们以为巨型的植食性恐龙多半生活在水中，靠水的浮力托起它们庞大的身躯，但陆地上大量的巨型植食性恐龙的足迹证明，它们完全可以用四肢来支撑身体并在陆地行走。曾经认为恐龙喜欢独来独往，但后来发现的足迹却表明恐龙尤其是植食性恐龙多半过的是群居生活，像今天的野马群一样。以前人们很难推断恐龙行走的速度，但现在从足迹却可以准确判断恐龙步伐的跨度和奔跑的速度。2001 年在甘肃刘家峡发现的大型蜥脚类恐龙足迹化石，一个前脚足迹就长达 112cm、宽 79cm，后脚足迹更是达到长 150cm、宽 142cm，是世界上最大的恐龙足迹之一（杜远生等，2002）。通过足迹就可以想象这个恐龙有多么巨大了。

2010 年，在山东诸城，人们又发现了一个包含 3000 多个恐龙足迹的大型化石点，足迹显示一群大型蜥脚类恐龙在进行集群迁徙，而另一群兽脚类恐龙在追捕其中的弱小者，这可能是地球历史上最大规模的恐龙狩猎场了。

1.6.5 远古的"日历"与"海拔仪"

生物的生长受环境因素制约。在地球绕太阳旋转的过程中，四季更替、昼夜变化、潮涨潮落，无不对生物的外壳、骨骼等的生长产生周期性的影响，这些硬体部分以生长节律特征来体现这种周期性的变化，因而化石成为最好的远古"日历"，也称为古生物钟。

对各地质时代的化石，特别是珊瑚、双壳类、头足类、腹足类和叠层石的生长节律的研究，能为地球物理学和天文学研究提供有价值的资料。很多生物的骨骼都表现出明显的年、日、月等周期变化。造礁珊瑚在生长过程中，通过体内的虫黄藻分泌钙质，骨骼会不断往上堆积。这个堆积速度白天快晚上慢，所以每过一天，就能形成一条细细的生长纹。由于季节的温度变化也会影响生长速度，珊瑚的钙质堆积又会出现周期性疏密排列的变化，在化石上体现为生长环，每一个生长环代表一年，珊瑚化石的生长纹和生长环，就记录了岁月的变化（图 1-33）。

图 1-33　荷氏日射珊瑚（*Heliophyllum halli*）（图源：Wilson44691/Wikimedia Commons）

美国古生物学家韦尔斯（John W. Wells）发现，在 3.8 亿年前中泥盆世的一种珊瑚上，年生长环包含 400 条生长纹，就是说中泥盆世每年差不多有 400 天（Wells，1963）。韦尔斯还进一步列举了古生代的生长纹数据：4.5 亿年前 412 条，3.3 亿年前 398 条，3 亿年前 390 条。这些数据表明地质时代越新，每年天数越少，证实了地质历史中地球自转速度逐渐减慢的规律。据计算，寒武纪每天为 20.8 小时，泥盆纪每天为 21.6 小时，石炭纪每天为 21.8 小时，三叠纪每天为 22.4 小时，白垩纪每天为 23.5 小时，直到现在一天为 24 小时（蒋松成，1998）。泥盆纪和石炭纪一年的天数要比现代多。

同样，据化石生长线的研究，地球自转周期变慢的速度是不均匀的，石炭纪到白垩纪变慢的速度很小，而白垩纪以后明显增强。这些研究结果与天文学家的推算结论吻合。很多海洋生物在生理上与月球运转或潮汐周期有联系。

化石除了作为远古的"日历"外，还能用于对地壳运动升降幅度的研究，即可作为远古的"海拔仪"。例如，现代的造礁珊瑚在海水深 20～40m 的较浅水区内繁殖最快，深度超过 90m 时就不能生存，向上超出水面，生长就停止。很明显，海底持续下沉，珊瑚礁才能连续地生长。因此，珊瑚礁岩层的厚度可以作为研究地壳上升和下降的依据。又如古生物学家在我国喜马拉雅山脉的希夏邦马峰北坡海拔 5000m 处新近纪末期的黄色砂岩里找到了高山栎化石和黄背栎化石，这些植物现今生长在海拔约 2500m 喜马拉雅山脉南坡干湿交替的常绿阔叶林中，与化石产地的高差达 3400m 之多（徐仁等，1973）。由此推测，希夏邦马峰地区在新近纪末期以来的 200 多万年期间，上升了约 3000m。再如青海可可西里海拔约 5000m 的汉台山和康特金等地发现深水相的石炭纪—二叠纪放射虫化石，在海拔约 5300m 的乌兰乌拉山地区发现了浅-滨海相侏罗纪双壳类化石。由此证明，这些化石沉积后，地壳上升了 5000m。这都是化石作为远古"海拔仪"的良好例证。

舌羊齿植物广布于南美洲、非洲、南极洲（Tewari et al.，2015）、澳大利亚和印度的石炭纪—二叠纪地层中。淡水爬行动物中龙产于南美洲和非洲早二叠世地层中（Piñeiro et al.，2011）。但是，非海相水龙兽（附图 1-9）不仅主要分布于冈瓦纳大陆（Gondwana）（非洲、印度和南极洲），也见于我国新疆和包括俄罗斯乌拉尔在内的东欧等其他陆块二叠纪末—早三叠世地层中（Surkov et al.，2005；Botha and Smith，2007），说明二叠纪时冈瓦纳大陆确实存在，但已向北漂移，与劳亚大陆（Laurasia）相连而形成贯通南北极的联合大陆。

复习思考题

1. 宇宙大爆炸理论的根据是什么？
2. 宇宙大爆炸有什么意义？
3. 如果没有月球，地球会怎么样？
4. 人类为什么要探测月球？
5. 你知道多少关于月球的未解之谜？
6. 生命宜居带的宜居要素有哪些？
7. 为什么地球与火星同处于太阳系生命宜居带，而二者却截然不同？
8. 地球的年龄是怎么算出来的？
9. 了解地球的年龄有什么意义？
10. 如果把地球生命的演化时间压缩成一天，人类会在什么时候出现？
11. 研究化石的意义是什么？
12. 如何区分真、假化石？
13. 根据化石形成的过程阐述化石记录的不完备性。
14. 人类是怎样得知地球内部结构的？
15. 请画图论述地球的内部结构。
16. 试述地球内部各圈层的物质成分、物态及其判断依据。
17. 大气圈由哪些成分组成？可以分为几层？划分依据是什么？各层有什么明显特征？
18. 请简述水圈的重要作用。
19. 如何理解水圈是一个连续而不规则的圈层？

第 2 章　生命起源与演化的奥秘

生命起源的假说引无数学者竞折腰。从生命萌芽到生物圈的形成经历了前寒武纪漫长的五个阶段。一幅幅化石展现的精彩蓝图接连不断：寒武纪生命大爆发、奥陶纪动物大辐射、蓝菌造氧、绿藻迁徙、苔藓登陆。

2.1　孕育生命的摇篮——海洋

生命来之不易，什么是生命呢？生命是怎样产生的？目前认为地球上的生命最可能起源于海洋。关于地球早期生命起源问题仍处于不断探索和逐步深入阶段，米勒实验模拟了几十亿年前地球上生命诞生的秘密，是对生命起源研究的一次重大实验。

2.1.1　什么是生命？

要讨论地球上生命的起源，首先要弄清楚生命是什么。生命意味着开始，也预示着终结；生命是美丽的和宝贵的。我们享受生活，因为我们具有生命。随着人类社会的进步和物质生活的日益丰富，人类更加珍惜生命，追求健康，更加重视对生命奥秘的探索。

什么是生命呢？"活的东西是生命""能动的东西是生命""生命可以新陈代谢"，这些通俗的说法都没错。但要较系统地回答这个问题，就要区别生命与非生命，就应该了解生命或生物体的基本特征。

什么是生命？细胞是生命的基本单位；新陈代谢、生长和运动是生命的本能；生命通过繁殖而延续，脱氧核糖核酸（DNA）是生物遗传的基本物质；生物具有个体发育的经历和系统进化的历史；生物对外界刺激可产生应激反应并对环境具有适应性。生命就是集合这些主要特征、开放有序的物质存在形式。

今天看来，一个最简单而又具有生命基本特征的细胞应该具有两个不可缺少的条件：第一，这个细胞必须具有能自我复制的遗传系统；第二，它必须有生物膜系统。由生物大分子组成的遗传系统使得生命能够一代又一代延续下来；而生物膜或细胞膜使生命结构与外部环境分隔。换句话说，"生命起源"主要是这两个系统的起源。

如果从生命的基本特征来定义生命，如生命最重要的特征是能够自身复制，生命是一个能记载信息、表达信息、积累信息、保持和传递信息的信息系统；生命能够不断地与外界进行物质交换，进行新陈代谢，用现代科学语言来说，生命是一个靠外界能量输入而保持其有序性的耗散结构。但问题是生命最重要的特征并不一定在每一个生物个体中表现出来，也不一定在个体生活史的每一个阶段表现出来。例如，自身复制或者繁衍后代，老年个体和某些不育个体就不具备这个特征。又如处于休眠状态的孢子几乎停止了新陈代谢。

事实证明，生命与非生命，或生物与非生物之间并不存在不可逾越的鸿沟，构成生命的 50 多种元素在非生物界也同样存在，说明两者有着共同的物质基础。生物是非生物演化到特定阶段的产物。

目前，关于地球早期生命起源问题仍处于不断探索和逐步深入阶段，基于人们对生命本质问题的认识，认为生命起源于地球自身的演化过程，首先由无机物 C、H、O、N、S 等元素逐步演变形成蛋白质的基本单位——氨基酸（图 2-1）；其次经过更复杂的过程由氨基酸联合形成蛋白质（附图 2-1）；然后蛋白质形成外膜，开始了新陈代谢作用；最后发展成具有繁殖性能的原始生命。

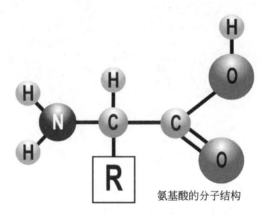

图 2-1　氨基酸的分子结构

还有一种有关生命起源的综合模式大致为：聚集在火山口附近热水池中的大分子进行自我选择，进行分子的自我组织并能自我复制和变异，从而形成遗传物质核酸和活性蛋白质，再加上分隔结构，如类脂膜的同步产生。最后在基因（多核苷酸）控制下进行代谢反应，为基因的复制和蛋白质的合成等提供能量。这样，一个由生物膜包裹着的、能自我复制的原始细胞就产生了。这个原始细胞可能是异养的或者是化学自养的，也可能类似于现代生活在热泉附近的嗜热古细菌。

当然，生命起源远比这些描述复杂，我们对地球生命起源的最终认识，还有一段相当遥远的科学旅程。

2.1.2　生命来自海洋吗？

在地球形成初期，猛烈的火山喷发使整个地表都笼罩在一片狂暴与喧嚣之中，条件之恶劣令人无法想象。然而，不知何故，就在这个满是熔岩与灰烬的星球上，就在这个饱受陨石和酸雨冲刷的世界里，生命还是迸发了出来。生命的奇迹究竟是如何出现的？这依然是当今众多学说争论的主题。生命的确是宇宙中最奇异、最神秘的存在，是想象力展翅的领地。

海洋是地球生命的摇篮，液态水的存在是生命起源的必要条件，是任何生命形式进化过程中至关重要的因素，正是因为有了水的帮助，分子才得以实现复杂的变化。水孕育出了形形色色、无法计数的物种。

一种关于起源的说法是，生命是在某次突如其来的雷击所产生的电光石火中迸发出来的。20 世纪 50 年代有一个著名的米勒实验（图 2-2），它将氨气、甲烷、水蒸气和氢气混合在一起，模拟出冥古宙时期的地球大气层环境和原始海洋，然后通过对该混合气体放电，创造出一种合成物质（Miller，1953）。检测发现，这种合成物质中含有各种氨基酸，这些化学物质结合在一起则形成蛋白质，而蛋白质正是构筑生命体的基础。

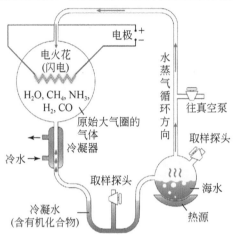

图 2-2　米勒实验装置示意图（图源：Caiguanhao/Wikimedia Commons）

右下烧瓶模拟海洋环境，左上烧瓶则模拟闪电

　　地球上最早出现的有机生物究竟是什么？哪种生命形式可以在地球形成初期那种地狱般的气候条件中幸存下来？研究生命起源的科学家为我们描绘了一幅地球生命起源的蓝图。地球上的生命起源于海洋，首先水是生命的重要组成成分，加上海水的庇护能有效防止地球早期紫外线对生命的杀伤。大约在 38 亿年前，在海洋中就开始孕育了最原始的细胞，经过了约 1 亿年的进化，海洋中原始细胞逐渐演变成为原始的单细胞藻类，这大概是最原始的生命。由于原始藻类的繁殖，并进行光合作用，产生了氧气和二氧化碳，为生命的进化准备了条件。这种原始的单细胞藻类又经历了 20 多亿年的进化，产生了原始的海绵（图2-3）（Yin et al.，2015）、三叶虫、鹦鹉螺、珊瑚等。

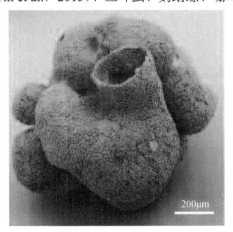 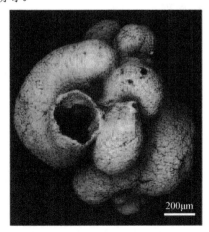

图 2-3　贵州始杯海绵（据朱茂炎等，2019）

左图是侧视图，右图是顶视图

或许我们还可以在漆黑的深海中寻找另一种答案。火山在海底喷发时带出的矿物质会在水中冷却、沉淀,形成管状喷嘴构造。由于富含硫铁矿物质的"喷嘴"外观呈黑色,因此被人们称作"黑烟囱"(图 2-4)。今天,就在这些炽热的海底火山口周围,却生活着一些低等的单细胞微生物,由于它们可以在温度极高的环境中生存,人们将这些微生物统称为"嗜热生物"。从古老海底的裂缝中冒出的沸水,形成海底热泉。这些"嗜热生物"不需要阳光、空气,只有极高的温度才是它们成长的沃土,它们正是凭借同样的生存方式,才得以在滚烫的泉水中繁衍生息。这些结构简单的微生物正是地球上最早出现的生命形式。尽管和周围狂暴的自然环境相比,这些覆盖在岩石上的黯淡生物显得那么的脆弱,然而它们恰恰是地球上最早的"居民"。

图 2-4　黑烟囱(图源:NOAA/Wikimedia Commons)

生命来自海洋,近几十年来,众多深潜器考察了大洋中脊和裂谷,深达 8000 米漆黑一片的洋底水温高达 380℃,热海水与玄武岩发生强烈的化学反应,将岩石中的锰、锌、铜和铁淋滤出来,并散逸出大量的气体,其中包括甲烷、硫化氢、氢气。温泉口周围细菌大量繁殖,它们用硫化氢来获取能量。细菌与"管状蠕虫"、贝壳、螃蟹和虾在此共生着。中国深海载人潜水器蛟龙号就见证了这一事实,因此,没有光照的深海环境也能导致地球上生命的出现。

2.1.3　米勒实验

从简单有机分子到最简单生命的发生是一个复杂的过程,我们的行星到底为实现无生命向生命的伟大转化提供了什么样的平台和机会?最初的生命又是什么样的?行星早期是火山活动多发和雷击闪电频繁冲击的时代,这些频繁发生的灾害和所形成的极端环境对生命的诞生是福还是祸呢?

20 世纪 50 年代初,美国国家科学院院士尤里(Harold Clayton Urey)提出了原始地球的大气主要由甲烷、氨气、氢气和水蒸气等构成的假说(附图 2-2),这一假说认为,在原始地球的大气条件下,碳氢化合物有可能通过化学途径合成。1953 年尤里的研究生米勒(Stanley Lloyd Miller)把一个特制的球形烧瓶抽成真空,高温消毒后通入氢(H_2)、氨(NH_3)、甲烷(CH_4)和水(H_2O)等"还原性大气"。米勒先给烧瓶加热,使水蒸气在管中循环,接着他通过两个电极放电产生电火花，球形空间下部连通的冷凝管让反应后的产物和水蒸气冷却进行模拟降雨，形成液体为原始海洋。他模仿原始地球闪电的自然条件，在仪器内连续进行火花放电八天八夜，结果从完全无生命的体系中，得到了多种氨基酸和其他有机物，其中有四种氨基酸：甘氨酸、丙氨酸、谷氨酸、天冬氨酸，与天然蛋白质中的氨基酸完全一致。这一实验证明在原始地球的环境条件下，无机物可以转化为有机分子。后来，有些科学家用紫外线、电子束作能源进行与米勒实验类似的模拟实验（图 2-5），也得到了相同的结果。这是生命起源研究的一次重大实验。

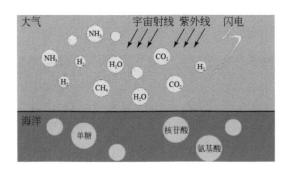

图 2-5　与米勒实验类似的模拟实验

　　生命起源是一个极其复杂而又难以研究的问题，米勒通过实验向人们证实，生命起源的第一步，从无机小分子物质形成有机小分子物质，在原始地球的条件下是完全可能实现的，这一阶段推测生命起源于原始大气与海洋中的无机分子，在原始海洋和地球还原性大气中进行雷鸣闪电能够产生有机物，特别是能产生氨基酸。这是一个以论证生命起源的化学进化过程的实验。米勒的实验第一次为人类提供了几十亿年前原始地球上合成有机物的生动景象，揭示了地球生命诞生的奥秘。

　　1969 年，坠落于澳大利亚（Australia）的一块陨石上被发现带有多种氨基酸和有机物（Kvenvolden et al.，1970），这些氨基酸的构成与目前地球上所存在的不同，但在种类和数量上却与米勒实验中得到的有机物有着惊人的相似。这一巧合给米勒等的实验结果提供了有力的佐证。

　　在原始地球的条件下，从有机小分子生成生物大分子物质，在大气中生成的小分子可以溶解在海水中，并进一步作用，生成有机大分子。这一过程也是在原始海洋中发生的，这些大分子中最重要的是蛋白质和核酸。以原始蛋白质和核酸为主要成分的高分子有机物，在原始海洋中经过漫长的积累形成团聚体或微粒体，团聚体在海洋中不断演变，特别是由于蛋白质和核酸这两大主要成分的相互作用，终于形成了能进行同化作用和异化作用的、具有原始新陈代谢并能繁殖的原始生命。这是生命起源过程中最复杂、最具有决定意义的阶段，它直接涉及原始生命的发生，是一个飞跃阶段和一个质变阶段。

2.2　独一无二的生物圈

　　生物圈是地球上最大的生态系统，从地球上第一个生命体的出现到生物圈的形成和发展，经历了漫长的历程。然而有生物不一定能有生物圈，因此需要认识行星上建立生物圈的四个重要条件以及地球生物圈的形成阶段。

2.2.1　什么是地球生物圈？

生物圈是指地球表层由生物及其活动地带所构成的连续圈层。通俗地说，它是指地球上凡是出现并感受到生命活动影响的地区，是地表有机体包括微生物及其自下而上环境的总称。生物圈的范围包括向上 23km 的高空，向下 11km 的深海，由岩石圈上部、大气圈下部及整个水圈和土壤圈所构成，形状不规则、厚度不均匀，生存着形形色色的生物，进行着活跃的生物过程（图 2-6）。生物圈是地球上最大的生态系统，是行星地球特有的圈层，是人类诞生和生存的空间。生物圈存在的条件有能量、液态水、适宜的温度以及生命物质所需要的元素。

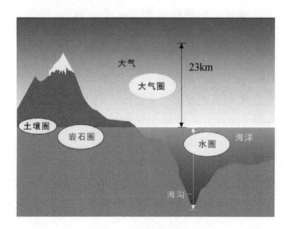

图 2-6　生物圈的范围

生物从高等到低等，从动物到植物，从细菌到微生物都生活于地球表面一定范围的陆地、水体、土壤及空气中，构成了一个基本连续的圈层。每一种生物在地球上都要经历出生到死亡的演化过程，生物的不断演化造就了现今多彩的生物世界。

要在一个行星上建立一个相对稳定的生物圈，需要具备哪些条件呢？

首先，在今天的富氧大气条件下，生物是不能"自然产生"的，因为一旦有机物质处于富氧的环境下，就会马上氧化。现已公认，生命的"自然产生"应该在还原环境下进行，来源于无机物质的生物系统的形成，只能在还原环境下完成。因此，缺氧的还原大气是地球上生物起源必要的先决条件。也就是说原始生物必须利用厌氧发酵作用以满足其对能量的需要，它们是一些厌氧的和不具细胞核的原始生命，是利用有机食物过活的异养生物。

其次，行星在其早期演化过程中必须具备能够引起化学进化和生命起源的条件，要构成生物圈必须要有生命出现，地球生命起源于地球本身的化学进化过程，通过化学进化产生原始生命是生物圈形成的重要条件。

然后，生命进化产生出能够可持续利用能源和物质资源的生物，继而才能建立起相对稳定的巨大开放系统，这种巨大的开放系统建立在生物与非生物环境相互作用的基础之上。

最后，地球生命通过"垂直进化"，即生物结构复杂化，以及"水平进化"，即生物种类分异、多样性增长，达到极高的多样性水平。生物进化导致生物多样性增长到一定水平，从而使行星表面大部分空间和各类环境能够被生物占据。生物能够连续分布并覆盖行星表层各部分，才能称为"生物圈"。

迄今为止，地球上已经发现和命名的生物有 250 多万种，其中植物约 26 万种，脊椎动物约 50 万种。据估计，地球上的生物共 500 万～3000 万种，其中大部分生物要么是尚未被命名的"无名氏"，要么是不为人知的"隐居者"。这些生物相互都不一样，即使同一物种的不同个体之间，也存在着差异。

生物多样性反映了地球上包括植物、动物、菌类等在内的一切生命，都有各不相同的特征及生存环境，它们相互间存在着错综复杂的关系。但是，所有的生物都具有一些共同的特征，我们可以在不同的层面和深度来认识这些特征。由于生命活动是自然界最复杂、最高级的运动形式，在生命科学的王国仍然有更多未知领域和挑战。

生命本质无限深奥，人类对生命奥秘的探索永无止境。

2.2.2 生物圈形成的漫长历程

空间探测证明，在太阳系中唯有地球具有生物圈。在太阳系之外，目前尚未发现类似地球这样被多种多样的生命覆盖着的星体。同时，我们也必须明确，即使在行星上进化出生命，也未必能建立生物圈。因此，从地球上第一个生命体的出现到生物圈的形成和发展，经历了漫长的历程（附图 2-3）。

海洋是生命的摇篮。由于地球早期环境的高度还原性质，微生物只能在完全缺氧的条件下产生。这不但由模拟原始星球条件下的火花放电合成氨基酸的实验所证实，而且还有现代许多厌氧微生物的存在作为依据。似乎可以这样说：如果早期大气圈是富氧的话，生命很可能不会发生。

原始生命虽然具有原始的新陈代谢作用，但其结构十分简单，不可能具有进行光合作用的结构和条件，只能以原始海洋中已经存在的各种有机物作为营养物质，所以其同化方式应该是异养型。原始大气成分中没有氧气，因此其异化方式只可能是厌氧型。所以，原始生命的代谢类型最大可能为厌氧异养型。地球生物圈的形成大致可分为以下几个阶段（附图 2-4）。

1）厌氧异养原核生物阶段：在这个阶段中，厌氧异养原核生物出现，生物个体很小，2～10μm，无细胞膜和核分异，自己不能制造食物，主要靠分解原始海洋中丰富的有机质和硫化物以获得能量并营造自身。时限大约在 35 亿年前。

2）厌氧自养生物阶段：厌氧自养生物出现，有了能够进行光合作用的蓝细菌，它可以还原 CO_2 产生 O_2 合成有机物；在生产方式上转变为浮游于海洋表层，这样可以扩散到全球海洋与陆地边缘的浅水带。生物多样化及生境范围的拓展标志着生物圈的初步形成。时限为 35 亿～30 亿年前。

3）喜氧真核生物阶段（图 2-7）：细胞个体平均比原核生物大 10 倍，藻类开始增多。随着大气中含氧量的增加，喜氧生物开始代替了厌氧生物的主体地位。有氧呼吸明显提高了新陈代谢，导致出现了细胞核与细胞质分化的真核生物。真核生物出现了有性生殖及多细胞体型特征，并开始了动、植物的分异。时限为 30 亿～18 亿年前。

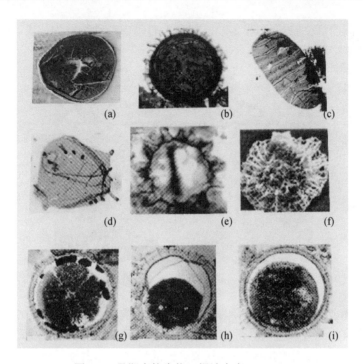

图 2-7　早期真核生物（据沙金庚，2009）

（a）单细胞有机质壁微体化石；（b）水幽藻；（c）螺旋形藻；（d）塔潘藻；

（e）原始瘤突球藻；（f）袋形藻；（g）～（i）天柱山卵囊胚胎化石

4）真核生物与软躯体动物出现阶段：真核生物，尤其是宏观藻类繁盛。在该阶段末期，地球上动物胚胎（图 2-8）和软躯体动物大量出现。这时生命形态已经长到足以用肉眼可以观察到的大小。时限为 18 亿～6 亿年前。

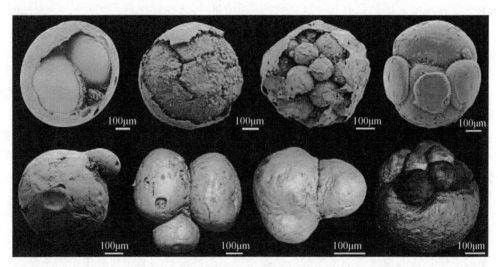

图 2-8　瓮安生物群中的动物胚胎化石（据朱茂炎等，2019）

5）寒武纪生命大爆发阶段：动物界演化过程中躯体立体增长，内部器官复杂化，有壳动物出现。以中国澄江生物群（图 2-9）、加拿大布尔吉斯动物群为代表。时限为 6 亿～5 亿年前。

图 2-9   澄江生物群复原图（舒德干和韩健，2020）

6）生物登陆和全球生物圈建立阶段：大气中氧含量已达到现在的 10%，生物开始弃水登陆。原始陆生植物和淡水鱼类在滨海平原和河湖、河口环境大量繁盛，开创了生物占领陆地的新纪元。它标志着生物能够适应复杂多样的环境，并占领了更加广阔的生活领域。时限为 5 亿～4 亿年前。

7）生物征服天空和陆生动物重返海洋阶段：开始了地球历史的中生代阶段，中生代全球规模的盘古大陆发生分裂、漂移作用，可促使部分陆生动物重返海洋。以中国辽西热河生物群为代表。时限为 4 亿～2.5 亿年前。

有人曾经迷惑不解，为什么在最早的真后生动物群出现以前，有机体进化需要 30 亿年漫长的岁月，而生物更进一步的多样化却是在地质历史上最近 7 亿年完成的。这是因为多细胞生物要等环境氧压达到有利于氧化代谢作用的时候才能够出现，如此长久的时间是必需的。生物圈的漫长历程和生物演化迟滞的原因正在于此。

2.2.3   生物圈真正的"主人"

长期以来，我们以为只有肉眼看得到的动物和植物，尤其是人类，才会是地球生物圈中的主人。现在看来，这种认识是大有问题的。

生命诞生于大约 38 亿年前，在生命历史的最初 30 亿年中，地球上的生命体绝大多数是小小的微生物。目前地球上的生物可分成古细菌、细菌和真核生物三大类。地球生命史前 85%的时间只存在由古细菌和细菌组成的原核生物，它们分布在各种环境里。

已知的动物和植物只是真核生物中的一部分，在演化过程中所占据的时间也是很少的一段，所占据的环境也是很小的范围。相比之下，微生物所能生存的环境范围要大得多。1977 年以来，人们才意识到海水中微生物具有惊人数量（100 万/ml），是大洋生物量和新陈代谢的主体。目前发现在上千米极端严酷条件下的深海底岩石中也有微生物生存，且数量极多。

蓝细菌是可进行光合作用的微小生命体。其大小仅以千分之一毫米（微米）度量，它们简单的细胞壁内充满原生质体，在中央质体中包含拥有细胞核功能的核质，但还没有清楚区划及限定的核膜。意味深长的是，如此简单、原始的生命体，由于它们光合作用释放的氧促使地球大气圈中含氧量增加，在历经数十亿年之后，即在 15 亿年前左右，蓝细菌完成了地球生命"革命"性的大转变，继而到来的是真核生物占领显著生态环境的巨变。

当我们在一些湖泊或有限的海岸见到散布成层的现代叠层状藻礁时，就如同面对古希腊遗址、我国陕西半坡遗址所留下的远古文明那样，感到十分惊诧和震撼！因为这些在不同地质时期，主要由蓝细菌营造的叠层石（图 2-10），记录了地球近 35 亿年以来海洋碳酸盐的化学性质，以及各个地质时期大气二氧化碳和氧含量的变化。在约 5 亿年前，随着蓝细菌大量消亡，留存至今的叠层状藻礁已难寻其踪迹了。

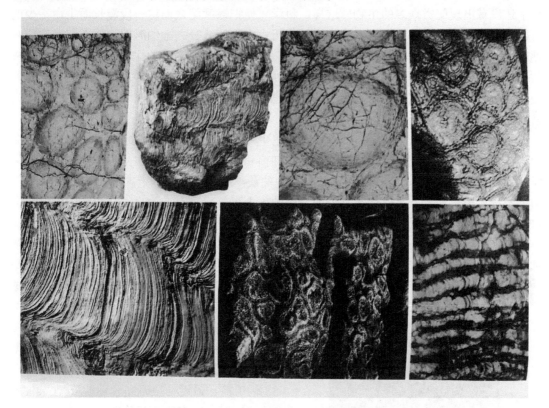

图 2-10　不同形态的叠层石（王章俊等，2014）

根据生物学家的估计，地球上微生物个体总量约为 10^{30}，其中大部分是细菌。微生物是改造地球的主力军，它们的生态过程影响着化学元素周期表里几乎所有的元素。微生物又是影响生命演化历程的重要角色，它们在地球上默默无闻地"耕耘"了近 38 亿年，是生态系统重要的初级生产者，处于食物链的最底层，可以称得上是生物圈大千世界里最普通的"大众百姓"。地球生态系统的根本基础在于原核生物，原核生物可以利用多种化学成分作"燃料"，而真核生物只能利用氧作为"燃料"。而我们熟悉的大型生物其实是生态系的顶层，原核生物才是生物圈真正的主人和"英雄"。

2.3　神秘的前寒武纪

前寒武纪占据了地球历史大约八分之七的时间，前寒武纪早期生命出现，中、晚期低等生物繁荣，末期软躯体的埃迪卡拉生物群（Ediacaran biota）迎来了动物世界的黎明。

2.3.1　揭开前寒武纪生命世界的神秘面纱

寒武纪的开始，标志着隐生宙和显生宙的分界，代表了地球进入了生物大繁荣的新阶段。寒武纪之前，地球虽然早已经形成了，但只是在漫长几十亿年中的一片死寂，那时地球上还没有出现门类众多的生物。这样，科学家便把寒武纪之前这一段漫长而生命稀少的时间称作前寒武纪。尽管前寒武纪占了地球历史中大约八分之七的时间，但人们对这段时期的了解相当少。这是因为前寒武纪少有化石记录，且其中多数的化石，如由菌藻类形成的叠层石，只适合用作生物地层学研究。此外，许多前寒武纪时期的岩石已经严重变质，使生命起源变得更隐晦不明。而另一些不是已经腐蚀毁坏，就是还深埋在地下。这一切为前寒武纪的生命演化披上了神秘的面纱。

随着现代科学技术的发展，揭开前寒武纪生命神秘面纱的机遇逐步到来。最早的生命出现于前寒武纪，已发现最早的化石记录为细菌和蓝藻。随着分子古生物学的发展和对化学化石研究的深入，地球早期历史中生命出现的最早时间被逐步确定。在格陵兰岛 38 亿年前的沉积岩中发现了碳氢化合物，说明当时地球上可能已经存在生命。在南非巴伯顿地区（Barberton）和西澳大利亚的燧石层中发现了球状和链状的单细胞细菌化石（Walsh and Lowe，1985；Wacey et al.，2011），这些单细胞生物可能代表了地球上最早的菌、藻类生物体。这些化石在显微镜下看上去好像一条条极小的蛇，生物个体一个紧挨着一个、好像是一串儿珠子（Schopf，1993）。经同位素年龄测定该燧石的年龄为 38 亿年，推论当时地球上的单细胞生物已经出现。在地球化学方面，依据碳同位素比率（$^{12}C/^{13}C$），也推论出地球上生命始于 38 亿年前。结合两种渠道所获得的结论，我们基本可以确定地球上生命始于 38 亿年前。最近一项研究成果显示（Czaja et al.，2016），在南非北普省（Northern Cape）两个不同地点发现了硫氧化菌化石，这种迄今最古老的已知生物生活在 25.2 亿年前几乎没有氧气的黑暗深海中（图 2-11）。

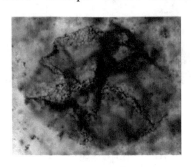

图 2-11　南非北开普省发现的硫氧化菌化石（据 Czaja et al.，2016）

蓝细菌又称蓝藻，是一种原始的单细胞藻类。如今在流速缓慢的水域或死水潭中依然可以发现这种黏糊糊的生物（附图 2-5）。当你用手触碰到那些漂浮在死水塘中的绿色浮沫时，你摸到的正是在地球上已经生存了近 35 亿年的古老物种。虽然经历如此漫长的岁月，它们却始终不曾改变过那陈旧的面貌。

直到 20 亿年前，低等微生物，如远古时期出现的蓝细菌（蓝藻），始终是地球上唯一生存的生物类群。每个低等微生物只是一个单细胞，它们通过细胞分裂进行繁殖，即由一个细胞分裂成两个细胞。随着时间的推移，生命开始进化，某些微生物会吞并其他微生物，并形成带有细胞核的大细胞。最后，这些融合并且"特殊化"了的细胞，会在一个由众多细胞组成的生物躯体内形成组织和器官。这使得日趋复杂的生命形态不断地繁荣、进化。最终引发了一场戏剧性的飞跃，前寒武纪自此结束，动物时代开始上演。今天，已经发现了 12 亿年前的动物活动的痕迹。

2.3.2　走向深渊的埃迪卡拉生物群

前寒武纪最后一个时期在澳大利亚称作埃迪卡拉纪，在中国叫震旦纪（Sinian）。这时地球上出现的生命形态已经从最初的原始单细胞生物进化为各种各样、令人惊奇的生物。到了距今 6.8 亿～5.8 亿年时，一大群软躯体生物终于发展到高峰，这就是埃迪卡拉生物群，它最早被发现于澳大利亚南部埃迪卡拉山（Ediacara Hills）前寒武纪晚期的地层中。2021年研究人员报道了第二次青藏高原综合科学考察研究过程中在柴达木盆地发现的典型埃迪卡拉化石。这是在中国西北地区首次发现的埃迪卡拉生物群化石，也是迄今为止在青藏高原发现的最古老的生物群化石（Pang et al.，2021）。

埃迪卡拉山位于澳大利亚南部（附图 2-6），在那里的岩层中发现了大量奇特的古生物印痕化石（图 2-12），并将这些生物称作"埃迪卡拉生物群"。这些化石，有的头尾长得一样；有的则像是体态柔软、无固定形状的透明物质；还有一些似乎进化出了原始的头部。可是经过鉴定和对比后发现，这些长相古怪、体态柔软的生物根本不属于现生的任何属种，它们更像是地球生命演化道路上失败的试验品。

图 2-12　埃迪卡拉生物群中的部分化石（冯伟民，2019b）

（a）斯普里格虫；（b）狄更逊水母；（c）查恩盘虫

根据化石判断，埃迪卡拉生物群的出现，把原来以为只有 6 亿年后生动物活动的时间大大提前了。尽管埃迪卡拉生物群是远古的生物，但它们的出现更像是一次生命自身的爆发（图 2-13）。似乎生物在经历了一段漫长的活动时期或灭绝时期后，突然达到了一个全盛时期，仿佛进化并不是循序渐进地发生的，而是一次突然的、惊人的爆发。当然，也可以认为这只是进化过程中出现的一次突发事件，只是偶然发现了一个含有大量生物化石的岩层而已。如果真是这样，那个古老世界中存在的生物，肯定和现在的截然不同，地球物种也许会变得更加丰富。

图 2-13　埃迪卡拉生物群复原图（冯伟民，2019b）

埃迪卡拉生物群不是我们所熟悉的自寒武纪后生物分异大爆发以来所出现的各种主要形体结构的先驱。它们是一群"怪怪"的生物，可能"统治"过地球。一想到这些长相怪异的原始生物，竟然曾经和人类的远古祖先生活在同一片海洋，就会让人吃惊不已。在埃迪卡拉山发现的所有化石，就像是地球生物在"错误转型"后留下的快照，这些"照片"似乎在向人类展示生物进化史中的死亡结局。

当然，还有一种可能，寒武纪海洋生物已经长出了坚硬的保护壳和鳞甲，这些新的食肉动物，将毫无保护能力的体态柔软的生物捕杀殆尽。之前的海洋环境对于那些没有保护措施的动物而言，无疑是一处杀机四伏的险境；另外，早期板块构造的运动，有可能导致浅海栖息地的干涸或消失。多种因素足以让寒武纪前夜出现的许多长相怪异的生物销声匿迹。

在神秘的前寒武纪晚期出现的埃迪卡拉生物群，被学术界视为点亮了生命的火炬，迎来了动物世界的黎明，呈现出生命大爆发的前奏。虽然这些生物与之后出现的生物没有进化上的联系，但它至少证明了在寒武纪之前，地球上是存在相当多生命的。的确还有一些结构复杂的多细胞生物成功地跨越了被我们称作是"灭绝事件"的进化深渊，从而幸存到下一个时期——寒武纪。而不幸的埃迪卡拉生物群却在进化深渊中灭绝了。

2.3.3　早期动物辐射前夜的生命景观

寒武纪生命大爆发辐射前夜的早期动物究竟是什么样的生命景观呢？在中国陡山沱期生物群发现之前，我们拼命地在已经绝灭的埃迪卡拉生物群中寻找答案。

1998 年，《自然》（*Nature*）与《科学》（*Science*）期刊所刊登的关于我国贵州瓮安陡山沱期距今 5 亿 8000 万年"多细胞生物胚胎化石"的首次发现（Li et al., 1998；Xiao et al., 1998），让世界演化学者又一次惊叹。陡山沱期生物群多细胞生物胚胎化石的惊人发现，被誉为寒武纪生命大爆发辐射前夜的又一颗明珠。贵州瓮安陡山沱组磷块岩中磷酸盐化的动物胚胎化石［图 2-14（a）～（c）］，是通过化学浸泡首次获得的多细胞胚胎化石，贵州瓮安陡山沱组磷块岩中切片获得的多细胞藻类化石，是不可多得的磷酸盐化的多细胞藻类。而这些罕见的化石保存类型完全归功于含有丰富磷的磷块岩。

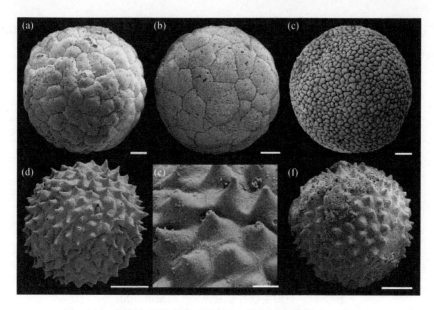

图 2-14　球粒化石的壳表"装饰"（殷宗军和朱茂炎，2008）

（a）～（c）为保存休眠囊胞的后生动物胚胎化石；（d）～（f）为大型带刺疑源类，（d）为网格大刺球藻，（e）为（d）的局部放大

陡山沱期指距今 6.35 亿～5.50 亿年的这一段时间，陡山沱期生物群保存在中国长江两岸前寒武纪末期的海相沉积岩中，经过两代人数十年的艰苦工作，现已获得上万件保存精美的生物化石标本，它们展现了 6 亿年前地球上温暖浅海中早期动物辐射前夕的生命景观，是地球早期生命从简单到复杂进化过程中的重要环节，是人类认识寒武纪生命大爆发前多细胞生命的新窗口。

陡山沱期生物群分布广泛，在中国贵州瓮安、开阳、息烽，湖北三峡庙河、保康、石门，安徽休宁蓝田、黟县，以及江西上饶等地的陡山沱期海相沉积岩石中，都保存了丰富的生物化石。在这些化石中，以后生生物化石和带刺疑源类 [图 2-14（d）～（f）] 最具特色。后生生物化石主要以两种形式保存：一种是以立体形态保存在磷块岩中，如瓮安生物群（袁训来等，1993）；另一种是以碳质压膜保存在页岩里，如庙河生物群和蓝田植物群（图 2-15）。这些化石反映了新元古代陡山沱期真核生物的多样性，代表了地球早期真核生物进化史上的一次辐射事件，它与走向深渊的埃迪卡拉生物群的命运截然不同，展示了东方前寒武纪末早期动物辐射前夕欣欣向荣的生命景观。

在陡山沱组磷块岩中，包含了众多底栖和浮游的真核生物类型；该化石生物群是地球早期真核生物多细胞化、组织分化、两性分化和形态多样性的见证，展现了寒武纪生命大爆发和埃迪卡拉生物群出现以前，温暖浅海中早期动物辐射前夕的多细胞生命景观。

后生生物在陡山沱期出现形态大分异是新元古代大冰期之后生物和环境协同演化的结果。大型带刺的疑源类是该生物群中的浮游类型；底栖固着的多细胞藻类有红藻、褐藻和绿藻；微管状刺细胞双胚层动物和动物胚胎可能代表了后生动物在该时期的演化水平；蓝藻和细菌是最低等的生物类群，在陡山沱期海洋的物质和能量循环中起到了重要作用。陡山沱期的浅海底栖生态系统以多细胞藻类和后生动物为主体，取代了在地球持续了近

30 亿年的、由原核生物形成的叠层石-微生物席生态系统。自此，地球生物演化进入了一个新时代。

图 2-15 蓝田生物群复原图（袁训来等，2012）

2.4 横空出世——寒武纪生命大爆发

寒武纪生命大爆发是动物进化史上的一次重要事件，在加拿大布尔吉斯页岩中发现了早期生物在中寒武世大爆发的现象。中国澄江生物群辉煌出场，生动展示了早寒武世各门类动物的原始特征和海洋生命的壮丽景观。

2.4.1 寒武纪拉开生物史的宏伟帷幕

地球上的生命从无到有、从简单的原核单细胞生物到复杂的真核多细胞，经历了一个漫长的进化过程。生命在地球上出现有它的偶然性也有其必然性，星际的早期演化和太阳系的形成，给予了地球这颗行星特殊的星际位置和物质组成。地球早期环境适合生命的产生，生命在地球上的活动也改变着地球的环境。环境与生物息息相关，生物的进化是生物和环境协同演化的结果。

地球生命系统犹如一棵千年大树，枝繁叶茂。在其由小枝变成大树的漫长成长过程中，经历过"雨后春笋"，也遭遇过"秋风落叶"。在地球生命史的早期，生命之树经过长期的孕育，终于在距今大约 5.39 亿年迎来了其宏演化的第一个春天，这就是著名的寒武纪生命大爆发事件（图 2-16），在很短时间内，地球上几乎所有现存生物门类都有了各自最原始的祖先类群。从距今 5.4 亿～5.2 亿年的寒武纪生命大爆发，可溯源最初复杂生命的起源与演化模式。

距今 5.39 亿年前，地球历史从隐生宙到显生宙，一场天翻地覆的变迁拉开了寒武纪时代的序幕，并于 5000 万年后落幕，这是地球历史上一个相当混乱的时期。寒武纪揭开了生物史的宏伟帷幕，化石研究发现，寒武纪出现了数量众多、种类各异的海洋生物。除个别物种外，现在生活在地球上生物的祖先几乎全都在寒武纪出现了，众多新物种一下子涌现出来，地球马上呈现出一片生机盎然的繁荣景象。

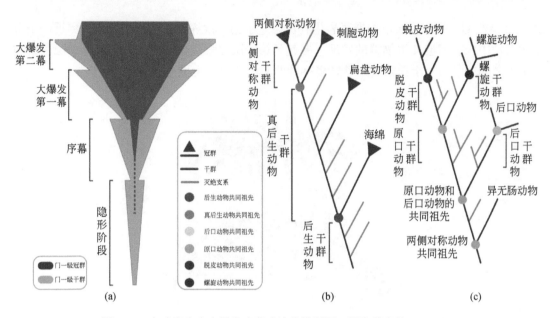

图 2-16　寒武纪生命大爆发多幕式演化模型图（据朱茂炎等，2019）

（a）四幕式寒武纪生命大爆发模型示意图；（b）寒武纪生命大爆发早期动物树基部可能出现过的大量灭绝支系；（c）寒武纪生命大爆发时期两侧对称动物起源过程，以及可能出现的干群和冠群支系

直到今天，科学家也只能为一部分寒武纪生物进行识别、归类，仍有部分令人费解的神秘生物在等待着人们揭开它们的身世。尽管当时的海洋中尽是些稀奇古怪的生物，然而，与此前地球上长达 30 亿年的荒凉景象相比，这些有壳类生物的出现，无疑是寒武纪时期一件惊天动地的大事了。它们的身影无处不在，几乎在同一个时间充斥了整个地球。这些生物犹如一种答案，而这一答案恰好从某些方面展现了生命本能的伟大与生命责任的崇高。

寒武纪生命大爆发的窗口首先在加拿大西部落基山脉（the Rocky Mountains）的布尔吉斯页岩出现（Conway Morris，1989），寒武纪世界令人惊异的一番景象映入人们的眼帘。在布尔吉斯页岩层中挖掘出的远古海洋生物化石，其数量之多，曾轰动一时，其中不单有三叶虫化石，还有海绵、海蜇及一些类似蠕虫的生物。有的"蠕虫"长有尖刺，有的则长着利齿。其中还有一种奇怪的生物，由于它们长得太过古怪，似乎只有在梦境中才会出现，因此被命名为"怪诞虫"（图 2-17），没有人能分辨出哪边是它的头部，哪边是它的尾部。

寒武纪生物的最大特点之一是海洋动物长出了壳，壳是生物经过进化所形成的一种基本的自我保护形态，主要是为了躲避食肉动物的攻击。外壳的出现，标志着寒武纪时期地球生物的生存环境发生了重大改变，由于氧气的作用，许多生物有了过剩的能力来产生它的硬壳结构。生物间的生存竞争由此开始，捕食者与被捕食者的数量虽说此消彼长，却始终保持在一种平衡状态。但从某些方面来说，保护壳的出现也的确算得上是生物的一种悲哀，因为这表明生物在很早以前便具备了攻击与竞争的本能。

2.4.2　寒武纪生命大爆发中的一颗明珠——澄江生物群

距今 5.4 亿～5.2 亿年前生命演化的寒武纪生命大爆发事件，是古生物学的一个世纪之谜。20 世纪初，加拿大布尔吉斯页岩生物群掀起了第一次探索生命的引爆点；将近一个世纪之后，中国云南澄江生物群的发现，掀起了第二次探索生命的更大热潮，这条隐生宙与显生宙之谜的界限对于探索早期动物多样性的起源来说，无疑是一方圣地。

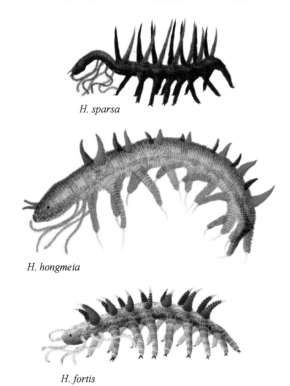

H. sparsa

H. hongmeia

H. fortis

图 2-17　三种怪诞虫（稀有怪诞虫 *Hallucigenia sparsa*、广卫怪诞虫 *H. hongmeia*、强壮怪诞虫 *H. fortis*）复原图（图源：PaleoEquii/Wikimedia Commons）

当今云南澄江，在 5.3 亿年前曾是一片无际的浅海。古生物学家称当时在海底所形成的由细泥和少量砂所组成的沉积物为帽天山页岩（图 2-18）。这些沉积物主要通过一次又一次的水下泥石流事件累积而成，而泥石流事件一次又一次地将生活在海底或泥沙内的生物活活地吞没。沧桑巨变，5.3 亿年前海底巨厚的淤泥沉积物，现今已成为红土高原的构成部分。这些在公路或沟壑两旁斜躺着的一层层泥页岩包埋了被泥石流所吞没的生命体，为"动物创世"历史的回望充当了使者，成为破解寒武纪生命大爆发奥秘的一卷"无字天书"。

澄江生物群的研究表明，在 5.3 亿年前，即寒武纪开始（5.4 亿年前）后不久，几乎现今的各动物门类——从低等的海绵动物到脊椎动物都出现了各自早期的代表。它比著名的加拿大中寒武世布尔吉斯页岩动物群还要早 1000 万年。这与寒武纪以前动物化石稀少贫乏和面貌迥然不同形成了鲜明的对照。澄江生物群的发现，进一步证实了后生动物在寒武纪初呈爆发式出现，要比过去人们想象的还突然得多。澄江生物群是探讨寒武纪生命大爆发的独特窗口，它生动地再现了 5.3 亿年前海洋生命的壮丽景观和各门类动物的生态与原始特征。

图 2-18 云南澄江发现化石的帽天山页岩（作者拍摄）

云南下寒武统澄江生物群化石的发现和研究，不仅展现了动物多样性起源的突发性，更为重要的是展现了深藏在多姿多彩寒武纪世界之中的伟大光环。寒武纪时期不仅是一个动物多样性突发性崛起的时期；更是一个现代动物多样性诞生和启蒙的伟大时期，是一个拥有现代动物各大分支系统诞生伟大光环的动物"创世"时期。

澄江生物群的特点是，爆发的前奏—序幕—主幕展示了动物自然的演化过程，精美的软躯体构造化石保存显示了自然的特异埋藏，符合自然规律的递进演化揭示脊椎动物实证起源；奇妙的绝灭类群表明了自然的选择——适者生存。

澄江生物群基本上是一个温暖浅海生活的底栖生物群，以节肢动物、蠕虫和海绵动物为主，它们展示出相当的生态多样性（图 2-19）：大多数直接生活在软的平坦的海底上，少数潜穴在粉砂质沉积物中，如舌形贝类和一些蠕虫；许多节肢动物显然是能游泳的。澄江生物群中大部分成员是食泥、滤食和食肉动物（Zhao et al.，2014；朱茂炎等，2019）。

图 2-19 澄江生物群复原生活场景（冯伟民，2018）

澄江生物群是寒武纪生命大爆发主幕的见证者，为达尔文在《人类的由来》中关于人类的主要基础器官起源悬案的破解提供了关键证据，有着独一无二的科研、科普、文化价值（舒德干和韩健，2020）。澄江生物群的发现和研究，是中华民族对人类文明知识宝库做出的新的重要贡献，是"惊世之发现，人类之瑰宝"。

人类对远古世界充满了遐想。在云南发现的化石为我们回望动物"创世"时期充当了使者。这些生活在 5.3 亿年前的使者，它们曾为以后生命的延续和发展提供了最初生命的蓝图。我们当今的动物世界正是以这些最初生命的蓝图为根本演绎而来。

2.4.3　"军备竞赛"的霸主——奇虾

"军备竞赛"作为演化的核心动力诱发了寒武纪生物多样性爆发式的发生，澄江化石群中巨型食肉动物的代表——奇虾的发现令人惊叹（Chen et al.，1994）。奇虾不仅成功地摘取了大型化石的桂冠，赢得了霸主的地位，而且还成功地建立了寒武纪奇虾王朝，同时迅速发展出攻击力很强的螯肢和肢解力很强的口器，成为寒武纪最具攻击性的怪物。奇虾的出现将寒武纪"军备竞赛"推向了最高的层次，"军备竞赛"进而成为核心动力将寒武纪生命大爆发推向高潮。

在诸多寒武纪海洋生物中，奇虾可称得上是位巨物了，它是地球历史上第一个出现的巨型食肉类，个体可达 2m，看上去就像海蜇、虾与海参的结合体（图 2-20）。寒武纪时期生物的多样性似乎成了催生这些"怪胎"的催化剂。在现代人眼里，无论是这些生物的外形还是它们的大小，都是那么的不可思议，这样的生物似乎只有在魔幻世界中才会出现。在奇虾称霸的海洋里，其他动物的平均大小却只有几毫米到几厘米，相形之下，奇虾的确是庞然大物，它们不仅个头很大，而且具有一对攻击力很强的大型螯肢。

图 2-20　奇虾复原图（孙柏年摄于澄江化石地世界自然遗产博物馆）

奇虾会用隐声"技术"悄然接近猎物。奇虾身体呈流线型，善于游泳，可以快速地接近猎物。奇虾为了在偷袭过程中不惊动猎物，它的身体除附肢和口器外，均十分柔软。柔软的身躯使它游泳时不会产生扰动将猎物惊跑，因而奇虾可采用隐声的"技术"悄然、快速地接近处于游泳状态的猎物。

奇虾通过"迫降"方式来抓捕猎物，奇虾身体扁平，不仅易于潜藏和便于偷袭，而且可以将较多的猎物同时通过"迫降"方式向下压到海底的表面。

奇虾只能吞食个体较大的猎物，奇虾类不仅个体很大、具有很强的追踪能力，而且具有一个大型、很强肢解能力的口，口的直径可达 25cm，由一排外齿和多排内齿所组成，内齿分别排列在锥形口腔的不同深度，对猎物起到由粗到细分级肢解作用。奇虾类的口即便在闭合时，其中心仍保留了一个较大的缺口，可见奇虾类只能吞食个体较大的生物。

奇虾最喜欢吃的是三叶虫，奇虾类的出现显示了金字塔式生态体系在寒武纪早期已经建立。奇虾类主要以在水中游泳的大型动物为捕食对象，在奇虾类的排泄物中，充满了三叶虫的外壳（Nedin，1999），这些外壳主要属于川滇虫，大小为 2～3cm。喜好集群游泳的川滇虫成为奇虾类最主要的攻击目标和食谱中的主要菜肴。

古老的寒武纪海洋无疑被千姿百态的发光生物映衬得绚烂多彩（图 2-21）。我们不妨想象一下，当那些远古海洋动物身披五光十色的"闪光外衣"在蔚蓝的海水中游弋的时候，那种热闹的景象就犹如原始深海中正在举办一场摇滚音乐会。

图 2-21 古老的寒武纪海洋（冯伟民，2017）

曾几何时，这些无脊椎动物是海洋的霸主，如今却已雄风尽逝。这些曾在光线幽暗、飘摇不定的海洋王国中安居乐业的子民们，如今剩下嶙峋瘦骨留存在古老的岩石中，只能依稀辨认出它们当年的勃勃英姿。

2.5 无脊椎动物的天堂

奥陶纪生物大辐射是一次浩瀚的"添砖加瓦"工程，使无脊椎动物在早古生代光照充足、温度适宜、食物丰富的海洋里空前繁盛。保存在地层中的各门类化石成为探寻生命起源与生命演化的重要证据。

2.5.1 最早看清世界的眼睛

在生物演化的历史长河中，哪一种动物用眼睛看世界呢？在鱼类还没有统治海洋以前，海洋中生活着大量的三叶虫。寒武纪生命大爆发之后，三叶虫在海洋生命系统中占据了主要地位，是海洋生命系统中较早出现的捕食动物，这时绝大部分种类的三叶虫都在海底爬行，但也有一些在海里四处游动。

三叶虫（图 2-22）是已经绝灭的海生动物，属节肢动物门（动物界中最庞大的一个门类，无论种类和数量都占统治地位）。三叶虫成虫通常长 3～10cm，小者不足 6mm，大者可达 70cm。三叶虫的外壳包括矿物质组成的坚硬部分和比较柔软的几丁质部分。它的背壳坚硬，附肢柔软，附肢保存为化石的极为少见，所见化石大都为其背壳。三叶虫化石只在海相沉积岩中出现，多为浅海底栖爬行或半游泳生活，少数可在远洋中游泳或漂浮生活。三叶虫自早寒武世开始出现，以寒武纪和奥陶纪最繁盛，二叠纪末全部绝灭。

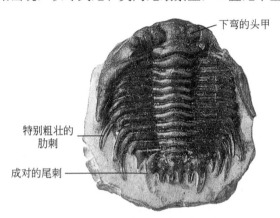

下弯的头甲

特别粗壮的肋刺

成对的尾刺

图 2-22　三叶虫——狮头虫（据西里尔·沃克和戴维·沃德，1998）

早古生代最繁盛的海生节肢动物，以寒武纪三叶虫数量最多，占当时海洋动物的 60%～70%；到奥陶纪，数量减少，体型增大，游泳和卷曲能力加强；志留纪更减少，附肢增多，浮游能力加强。

三叶虫是世界上最早进化出眼睛的生物之一。因此，三叶虫的特别之处在于它们是最早看清这个世界的生物。

三叶虫的眼睛可不是一种构造简单的器官。有些三叶虫的眼睛由数千个极小的晶状体构成，每一个晶状体都呈六边形，这些晶状体紧凑地排列在一起，并由一层角膜（覆盖在晶状体上的透明物质）保护。每一个晶状体都由方解石水晶体构成，这是一种类似于冰洲石的透明矿物质，可以折射光线。数千个这样的晶状体会形成一种镶嵌影像，这种重叠的影像就像打了马赛克一样。自从三叶虫进化出这种眼部结构之后，地球生物才第一次看清楚自己生活在怎样的世界中。尽管这些生物最后还是无法摆脱灭绝的命运，但我们已经知道，地球生物在很早以前就已经出现了巨大的变化，它们已经进化出相当复杂的身体构造。

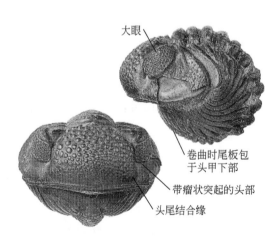

大眼

卷曲时尾板包于头甲下部

带瘤状突起的头部

头尾结合缘

图 2-23　一种三叶虫——镜眼虫的头部和复眼（据西里尔·沃克和戴维·沃德，1998）

生物的眼睛分为两类，每一类均由微小的晶状体组成。绝大多数三叶虫长有复眼（图 2-23）（Fortey and Chatterton，2003；

Schoenemann et al.，2021），这种眼部构造与今天的昆虫有些类似，多达 1.5 万个六边形晶状体，像蜂房中的巢室一样紧紧地排列在一起。每一个晶状体的聚焦点都略有不同。复眼只能对移动物体进行模糊成像。还有一些三叶虫长有聚合眼，聚合眼由较大的球状晶体构成，可以产生清晰的成像效果。

2.5.2 奥陶纪生物大辐射

寒武纪生命大爆发之后，各主要海洋生物类群通常只有一个种、一个属、一个科、一个目的代表，犹如一棵大树仅有树干而缺少枝叶，一栋大厦仅有框架而缺少椽子和砖瓦，生命系统仍处在发展的初级阶段。

在距今大约 4.88 亿年，地球历史进入一个崭新的阶段——奥陶纪（距今 4.88 亿～4.44 亿年），地球上的海洋生物迎来了又一次重大发展机遇，即奥陶纪生物大辐射（Harper，2006）（图 2-24）。这一次事件以较低级别分类单元（如目、科、属等）的快速增加为特色。从属、科等分类单元的数量上看，辐射的规模是寒武纪生命大爆发的 3 倍多，辐射结束时作为辐射主角的古生代演化动物群科的数量增长了 7 倍以上。因此，这次大辐射事件是地球生命史中一次名副其实的"添砖加瓦"工程。如果说寒武纪生命大爆发构建了地球上生命之树的基干，那么奥陶纪生物大辐射就使这棵大树首次变得"枝繁叶茂"了。

图 2-24　奥陶纪时代的生物面貌（冯伟民，2021）

奥陶纪生物大辐射首先表现为海洋生命系统中分类单元数量的快速、大幅度增加。这一过程从奥陶纪之初就已起步。当时，海洋生命系统中最主要的宏体生物包括在水体表面和表层营漂浮生活的笔石动物、在海底表面或距离海底之上一定距离游移的节肢动物三叶虫和在海底固着生活的腕足动物。

腕足动物始于早寒武世，经历奥陶纪、泥盆纪和石炭纪—二叠纪三大繁盛期，种类与数量都相当丰富。腕足动物与人们很熟悉的现今的软体动物门双壳纲河蚌（图 2-25）等较为相似，都是由两瓣壳保护其软体，但双壳动物的两瓣壳等大，分为左、右壳，两侧不对称；腕足动物刚好相反，两瓣壳不等大，分为腹、背壳，腹壳大、背壳小，两侧对称（图 2-26）。腕足动物只能生活在海洋里，而双壳动物不但能在海洋生活，而且还占领了陆地淡水水域。

图 2-25　现生河蚌（图源：Pixabay）

直的铰合线

明显的褶

尖棱状放射褶顶

图 2-26　腕足动物化石——平扭贝

（据西里尔·沃克和戴维·沃德，1998）

从奥陶纪开始，腕足动物的发展出现了明显的加速，数量急剧增加，种类快速增多，经常在局部海域占据绝对优势：无论是分类单元数量还是某些属种的个体数量，都远远超过与之共生的其他动物类群。腕足动物以过滤海水中悬浮有机颗粒为生，而不具有捕食行为，虽称不上海洋中的霸主，但已明显成为当时海洋生态系统中的优势类群。

奥陶纪以来的大规模"添砖加瓦"工程，使得海洋中一系列从未被占领的生态空间得到了充分的开发利用，从海洋表面到海底再到海底底质内部，从近岸浅水、极浅水到远岸深水、较深水地区，到处显示出生机勃勃的景象。如在海水表面或表层营漂浮生活的笔石动物、在水体中游泳的软体动物头足纲鹦鹉螺、在底表游移的节肢动物三叶虫、在底表固着生活的腕足动物以及在软底质内部生活的软体动物双壳类，这种纷繁复杂的生态系统称为"生态分层"。

奥陶纪以来，地球海洋生命系统还首次出现了内栖动物的爆发式增加，这与奥陶纪以来古陆长期风化剥蚀作用形成的浅海软泥底质广布现象有关。另外，奥陶纪以来，地球海洋生命系统首次占领深水、较深水底域生态位，为生命之树的进一步发展壮大开辟了更加广阔的空间。寒武纪时的海洋生物多生活在陆表海或陆架区的浅水和较浅水区域，且多以表栖生活方式为主。而奥陶纪生物大辐射还表现为海洋生物生存空间的大扩张和海洋生态群落的高度复杂化。

2.5.3　无脊椎动物的伊甸园

早古生代无脊椎动物空前繁盛，又叫"无脊椎动物时代"。无脊椎动物大多数为外骨骼，身体没有脊椎，结构比较简单。尤其是它们的神经系统没有分化，常位于消化管的腹面；某些种类具有类似心脏的结构，但位于消化管的背面。无脊椎动物数量多，保存化石的概率大，是生命起源与生命演化的重要化石证据，在划分对比地层和古环境恢复方面具有重要意义。

早古生代的海洋（图 2-27），光照充足、温度适宜、食物丰富，成了无脊椎动物的天堂。寒武纪生命大爆发便在这一时期的海洋里达到了一个新的发展阶段。形形色色的珊瑚虫、海绵、海百合、三叶虫、笔石、腕足动物和长着各种外壳的腹足纲、双壳纲、头足纲，嬉水追逐，生趣盎然，导演出生命史上许多有声有色的"戏剧"。

图 2-27　早古生代的海洋（冯伟民，2018）

早古生代的珊瑚虫，映衬得海洋五光十色。珊瑚分为群体和单体，群体中以四射珊瑚和床板珊瑚最为重要，四射珊瑚以 6 个原生隔壁把珊瑚体划分为 4 个象限，在化石断面上隔壁常呈辐射状。许多古老的珊瑚虫生活在温暖的浅海地区，种类各异的珊瑚虫形成大片颜色艳丽的珊瑚礁。

在众多古海洋生物的化石中，有一种生物化石显得尤为精致，这种古生物的遗骸线条优美，酷似用笔在岩层上书写的痕迹，因此被人们称为笔石动物（图 2-28）。笔石大多营漂浮生活，分布极广，最早出现于中寒武世，是奥陶纪和志留纪的标准化石，在古生代海相地层的划分和对比中起着重要作用。笔石的构造比较奇特，乍看起来好像一个笔石枝上穿着一个个小胞管，而从每个胞管里都会探出一个像游动孢子一样极小的滤食动物。奥陶纪的海洋中到处可以见到笔石动物的群落。它们可聚集在浮胞上随着海面的波涛四处漂浮。笔石动物死亡后，尸体会沉到海底形成化石，通常多保存在黑色页岩中，笔石页岩相就代表了一个强还原闭塞海湾环境。

胎管尖端

黑色页岩

矿化的表面

图 2-28　对笔石（据西里尔·沃克和戴维·沃德，1998）

除了这些弱小的生物外，奥陶纪的海洋中还生活着一些体型更大、性情更为残暴的生物。软体动物头足纲角石（图 2-29），体长可达 4m，软体位于锥形的外壳内。在此之前，地球上还从未出现过这么庞大的生物，说它是奥陶纪海洋中的巨物一点儿都不为过。巨大的鹦鹉螺可以从体腔中射出一股向后的水流，推动其身体，使其飞快地扑向面前的猎物。它们甚至可以通过改变外壳中的气压，让自己像潜水艇一样上浮下潜。

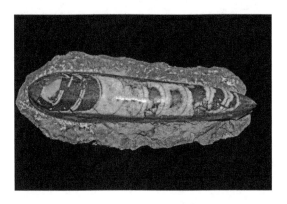

图 2-29　角石（图源：Parent Géry/Wikimedia Commons）

海百合听起来像是一种植物（图 2-30），但事实上却是一种生活在深海底部的动物，它们将自己长长的躯干牢牢地固定在海底。海百合用它们的触须搜集海水中漂浮的生物，这些小小的生物也是志留纪海洋中的一股生力军，其数量甚多，体态千变万化。那时的地球或许应该被称作"海百合的星球"。

图 2-30　海百合（孙柏年摄于贵州关岭）

早古生代的海洋是所有生物的天堂吗？也不尽然，因为这不符合生态链的发展规律。早古生代一张组织关系极为复杂的生命之网已经织成，上至凶猛的捕食者，下至微小的浮游生物，无不被庞杂的食物链所束缚。从外表上看，许多早古生代的无脊椎动物与今天的一些海洋"居民"颇有几分相似。从过去到现在，它们最主要的区别就在于其生存地位。

2.6　第一批登上陆地的"居民"

最早开始光合作用的生物是蓝菌，它是奥陶纪地球表面从无氧到有氧的功臣。植物的祖先绿藻从海洋迁徙到内陆水域。苔藓植物成为登上陆地的先锋。植物完成了由水生到气生的飞跃，从此地球生物开始了新的进化之旅。

2.6.1　陆地最早的开拓者——蓝菌、绿藻和地衣

在距今 4 亿多年的奥陶纪，地球表面还是一片广阔的不毛之地，到处是裸露的岩石、戈壁。此后不久，一块块模糊的蓝绿色斑点开始从海边、湖边、河边、溪边逐渐向陆地扩散，它们犹如深深吸水的海绵，一点点地扩展着自己的领土。它们是什么呢？它们就是陆地最早的开拓者——蓝菌、绿藻和地衣。

整个植物界根据其结构和完善程度，可分为低等植物和高等植物两大类。低等植物由单细胞或多细胞组成，无真正的根、茎、叶。高等植物由多细胞组成，大多具有司输导等作用的维管束系统，一般都有根、茎、叶的分化。高等植物可分为苔藓植物门、蕨类植物门、裸子植物门和被子植物门。

蓝菌，又称蓝藻、蓝细菌、蓝绿菌或蓝绿藻［图 2-31（a）］，属于原核生物。在淡水和海水中，在潮湿和干旱的土壤或岩石上，在树干和树叶表面，在温泉中、冰雪里，甚至在盐卤池、岩石缝中都可以发现蓝菌。30 亿年前蓝菌已在地球上生存，是最早的产氧光合细菌，它像我们今天所见到的高大植物一样需要进行光合作用，并产生氧气，对地球表面从无氧的大气环境变为有氧环境起了巨大的作用，蓝细菌是大大的功臣。蓝细菌是地球上最早靠光合作用生存的生物。现在高等植物的这种产氧功能，很可能就是从蓝细菌身上经过长时间演化而来的。

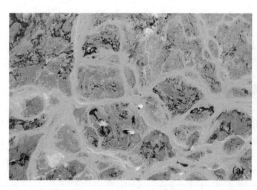

图 2-31　蓝藻（a）和绿藻（b）（图源：Pixabay）

绿藻是低等藻类植物中最大的一门［图 2-31（b）］，分布很广，在早期植物进化的研究中非常重要，是最早陆地开拓者之一。绿藻在细胞结构和化学性质上又与陆生高等植物彼此相似，它们也许具有重要的演化关系。今天在海水、淡水、流水、静水、陆地上的阴湿处都有绿藻生长。藻类虽然在地球上存在了上亿年，但它们却从未改变过。它们不怕大地

干涸、不惧海浪拍打，无论环境多么严酷，它们依然生生不息。

蓝菌和绿藻从水体中移居到陆地的气生环境时，会与真菌结合在一起形成地衣（图2-32），地衣可以生活在极端干旱和无其他生命的地带。地衣是由两种生物共生而成的，真菌从周围环境吸收水和无机盐给藻类使用，含有叶绿素的藻类则进行光合作用，为真菌提供有机养料。两者相得益彰。真菌和藻类一经结合成为地衣后，就会产生特殊的化学物质和生态习性，这是藻类和真菌未结合之前所没有的。地衣的巧妙结构（图2-33），使它们在抗御自然灾害中通力合作，发挥了两家之长，成为大自然中特别顽强的一员，表现了很强的抗逆能力。对于生活环境，它们似乎毫不讲究，从潮汐涨到的地方，到百花不能立脚的裸岩绝壁，从古老的森林到无际的荒漠，从酷热的赤道到严寒的两极，到处都可见它们的踪迹。正如我们今天在新暴露的基岩表面所看到的生命迁移发生的系列：蓝菌、绿藻、地衣，随后是苔藓植物。

图 2-32　地衣（图源：Pixabay）

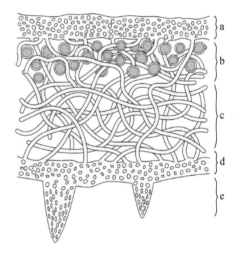

图 2-33　地衣的巧妙结构（图源：Nefronus/Wikimedia Commons）

a、d.由菌丝组成的皮层；b.含有共生藻类的藻层；c.由菌丝组成较为松散的髓丝层；e.菌丝组成的假根，可附着于底物

2.6.2　陆生植物先驱——五体投地的苔藓

与蓝菌和绿藻相比，苔藓植物是比较高级的种类，归入高等植物，是仅次于被子植物的第二大类群。这种矮小的绿色植物内部结构简单，没有真正根、茎、叶的分化，也没有维管束构造，是高等植物家族中最低级的类型。苔藓植物门分为3个纲：藓纲、苔纲和角苔纲。藓纲有假根和类似茎及叶的雏形，包含茎和叶两部分，叶由单层细胞组成，整株植物的细胞分化程度不高，以孢子进行繁殖，为高等植物中的较低级者。苔纲则完全没有假根和类似茎，多呈扁平的叶状体匍匐紧贴于地表（图2-34）。角苔纲的叶状体多呈圆形，边缘浅裂，直径多1~3cm。苔纲植物的孢子体远比藓纲简单，被认为是最早的陆生植物，是植物从水生到陆生过渡的代表类型（Qiu et al.，1998，2006）。苔藓植物喜欢阴暗潮湿的环境，多生活在阴湿的土地与岩石、潮湿的树干、背阴的墙壁上、温暖多雨地区，在温带、

寒带、高山冻原、森林、沼泽常能形成大片群落。我们今天常可以看到它们生长于岩石面、泥土表面、树干或枝条上。苔藓植物输水能力不强，限制了它们的体形及高度。

图 2-34 苔藓（孙柏年摄于云南西山）

苔藓植物的繁殖具有明显的世代交替现象，独立的配子体世代和有依赖的孢子体世代，为无性世代（高谦和吴玉环，2010）。配子体是有性世代的植物体，行有性生殖的生殖细胞叫配子，产生配子的母细胞叫配子囊。配子两两结合成为接合子，再由接合子发育成新的植物体。孢子体是无性世代的植物体，生殖细胞叫孢子，产生孢子的囊套状母细胞叫孢子囊。孢子成熟时，孢子囊开裂，弹射出孢子，孢子在适宜环境中发育成新的植物体。形成孢子的无性世代和形成配子的有性世代是交替出现的。

苔类植物体质地柔弱，没有木质化组织，也没有厚的角质层，和维管植物相比，更容易受到机械破坏和生物降解，化石记录相对稀少。近年来，有关苔类植物化石记录的报道逐渐增多，发现于冈瓦纳大陆西北缘奥陶系孢粉壁的层状构造和现生苔类植物的孢子壁特征相似（Wellman et al.，2003）。在纽约东部泥盆系和内蒙古下白垩统发现的苔类化石保存了有性繁殖器官——孢蒴（Hernick et al.，2008）。苔类大化石（图 2-35）在我国还见于云南下泥盆统、内蒙古下白垩统、河北和新疆的中侏罗统等地层中（吴向午和厉宝贤，1992；吴向午，1996；Guo et al.，2012）。

图 2-35 苔类植物化石（孙柏年摄于内蒙古霍林河）

在植物界的演化进程中，苔藓植物代表着从水生逐渐过渡到陆生的类型。这些早期植物会向大气释放更多的氧气，氧气又滋养了土地上的其他生命，使这些生命可以在陆地上繁衍生息、茁壮成长。苔藓植物经常生长在空气十分洁净的地方，在苔藓植物茂密的地方呼吸，就感觉置身于有负离子空气净化器的房间里。苔藓植物是监测空气污染程度的良好生物指标。

2.6.3 从"卑微谦恭"的苔藓到"昂首挺胸"的裸蕨

植物是大陆的首批居民，大陆上生长的第一种植物是苔类。苔类植物和地衣均出现于奥陶纪，最初它们都是匍匐型植物。苔类植物是植物的古老祖先之一，某些苔类植物通过叶状体上的胞芽进行繁殖，胞芽上会长出新的叶状体。

自奥陶纪开始，生命开始向陆地挺进，这无疑是生物进化过程中意义非凡的一次飞跃。植物，或者更准确地说是植物的祖先——绿藻，由于浅海水中的世界渐渐拥挤，为了拥有更广阔的生存空间，它们首当其冲，最先从咸涩的海洋"搬迁"至内陆淡水地区"居住"，然后紧跟着苔藓植物也开始了登陆的尝试，确切地说是苔藓植物中的苔类，成为登陆大军中的重要一员，它们比绿藻更先进的是从水中登上了陆地。

首批生物登陆梯队由这些苔类植物组成，只见这些深绿色、长有叶状体的低矮植物展开匍匐攻势，它们扁平的叶状体紧紧地贴在地上蔓延开来，就好像鱼鳞覆盖在鱼的身上一样。作为陆地上的第一批居民，在空气、阳光、水分的滋养下，生根发芽、繁殖后代，它们在阳光下尽情地伸展着自己的腰肢，缓慢地、一点点地拉长，直到用自己的身体覆盖了地球上的每一寸土地，或许是出于本能，这些植物拼命地向外拓展着自己的空间，不断地开辟出只属于自己的新领域。海洋中的养分是溶解在水里的，生物体可以直接通过细胞来吸收。陆地上的环境与海洋截然不同，空气中的养分非常少，大部分营养被埋在地面以下，而且当时的陆地土壤稀少，多由岩石构成，这就对植物登陆形成严峻的考验。藻类植物构造简单，无法在陆地生存，苔藓植物的祖先便悄然上岸了，因为它们慢慢进化出了适合陆地生存的特殊"设备"。苔藓孢子化石在志留系已有报道，其叶状体化石在泥盆系、石炭系和二叠系更是多见。

图 2-36 胜峰工蕨（*Zosterophyllum shengfengens*）复原图（郝守刚，2010）

正如我们认识的那样，苔藓植物是匍匐型植物。然而在志留纪的某一天，这些一度匍匐生长的植物突然发生了变化，它们一改往日"卑微谦恭"，开始"昂首挺胸"、向着太阳、向着天空笔直地生长，它们不但站起来了，而且"改换门庭"，投身于蕨类植物的原蕨植物门，成为我们所说的维管植物，维管的意思是"小的容器"。这样，一个连接低等植物和高等植物的新的分类群——具有维管的裸蕨纲应运而生（图 2-36）。苔藓植物和维管植物具有一些共同的发育特征，表明它们是由一个共同的祖先演化而来。

裸蕨纲是目前已知最原始的陆生维管植物，

今天已经绝灭了。裸蕨纲是植物界征服陆地的先驱，它的出现是植物界进化史上的重大转折点，标志着植物完成了从水生环境扩展至陆生环境的飞跃。今天，生活在地球上的每一种陆生植物，都是裸蕨植物的后代。

从攀上陆地的那一刻起，地球生物就开始谱写进化故事的陆地新篇章了。此时，地球上的大气层不但可以为这些原始植物提供充足的 CO_2 和 O_2，大气层中的臭氧层厚度也可以保护它们不受高温阳光的直接照射。从此，原始植物便在潮湿的水边，或阴暗的洞穴中安家落户。

植物完成了由水生到气生的飞跃，从此陆地披上了绿装，其他的陆生生物开始繁衍，我们的地球开始变得郁郁葱葱，生机盎然。从海洋到陆地，地球生物开始了新的进化之旅，这段绝妙的历程会让它们受益匪浅。如今，当我们再次回首志留纪出现的首批遗存时，不禁感叹当年的生物真是迈着坚定的步伐踏上这段前途未卜的征程。

复习思考题

1. 生命的定义是什么？

2. 生命起源的主要假说有哪些？

3. 组成生命的基本元素有哪些？

4. 生命起源的化学演化阶段是什么？

5. 地球上最早的生命记录是什么？

6. 试述各类动植物出现在地球上的时间。

7. 试述主要生命进化时期。

8. 地球上为什么有生命？

9. 人类对生命起源的认识到目前为止经历了几个阶段？

10. 达尔文进化论认为，生物进化经历了从水生到陆地、从简单到复杂、从低级到高级的漫长的演变过程，那么寒武纪生命大爆发又该如何解释呢？

11. 人类的生产、生活对生物圈的影响是利大于弊，还是弊大于利？

第 3 章　生物进化的规律和证据

在地球 46 亿年的历史中，生命就一直处在不断进化发展的过程中。在这段时间内，地球上的生命经历了一系列重要的进化事件。地质学、考古学、比较解剖学、胚胎学、生理学、生物化学、遗传学等多个学科的内容为生命进化提供了重要证据。

3.1　生命发展的主旋律——进化

生命在地球上出现之后，就遵循着由简单到复杂、由低等到高等的规律不断发展。达尔文进化学说的产生使人们对生命的发展有了更深的认识，这里我们将介绍进化论的产生过程和主要内容。

3.1.1　进化论的产生

在人类社会发展的历史中，有许多著名的辩论，但有这样一次辩论，让人们对生命发展的认识更加深入，这就是人们经常提到的"牛津大辩论"。这个事件发生在 1860 年 6 月 30 日英国的牛津大学（University of Oxford）自然历史博物馆，论辩双方分别是达尔文学说坚定支持者的代表人物赫胥黎（Thomas Henry Huxley）、胡克（Joseph Dalton Hooker）等和大主教威尔伯福斯（William Wilberforce）率领的一批教会人士、保守学者，这些人士也都是当时社会中的名流或者精英。辩论时双方剑拔弩张，针锋相对，产生的社会影响也很大。这场辩论与滑铁卢战役并称 19 世纪"最著名的战争"。正是这场辩论，一方面改变了当时人们对过去的普遍认识，揭示了宗教与科学的复杂关系；另一方面使得达尔文的进化思想在欧美各国迅速传播开来，同时也使得生命进化的理念更加深入人心。因此，恩格斯（Friedrich Engels）将达尔文与马克思（Karl Marx）并列，认为他们两人一个发现了生物的自然法则，一个发现了人类历史的法则。"进化论"是现代科学中的一个伟大理论，它尝试着探究生命的奥秘，探讨远古的简单生命如何演变为现今生命多样、生物多彩的大千世界。

在 16 世纪以后，达尔文的《物种起源》问世之前，有关生物进化或者类似的学说和观点层出不穷，从近代的进化哲学到拉马克（Jean-Baptiste Lamarck）的"用进废退"学说，在不同历史时期有着不同内涵，可以说是百花齐放，其中比较典型的有以下几个方面。

此时进化理论的开拓者包括 16～18 世纪的一些哲学家，如培根（Francis Bacon）、笛卡儿（René Descartes）和康德（Immanuel Kant）等，他们和古希腊的同行一样，用唯物主义观点和摆脱传统的自由思考去探索生命进化。与古希腊哲人不同的是，这些学者站在近代自然科学的新认识基础之上，相对而言具有更少的模糊性、更多的明确性。

与上述哲学观点相对应，一些科学家也用自己的视角来阐述自己的进化观点。其中就包括 18 世纪法国学者布丰（Comte de Buffon）（1707～1788 年）的"环境变化论"，他首先提出了广泛而具体的进化思想，而且认为物种是可变的，特别强调环境对生物的直接影响。这位学者出生在一个富裕而有社会地位的家庭，曾收集到很多自然科学方面的材料，加上自己的有意识观察，最终为人类贡献了鸿篇巨制——共 44 卷的《自然史》。他认为物种生存环境的改变，特别是气候与食物性质的变化，可引起生物机体的改变，这就是其进化学说的中心思想。

环境的改变可影响生物，那么它是如何发挥作用的呢？拥有法国地质学家、比较解剖学和古生物学家、法兰西科学院院士头衔的居维叶（Georges Cuvier）（1769～1832 年）（附图 3-1）提出了"灾变论"，创立"比较解剖学"、对灭绝的确认以及在古生物学领域的其他重大贡献，让他成为历史上著名科学家。他首先开展大量的比较解剖学和古生物化石研究，并取得硕果累累的科研成就，认为在整个地质历史发展的过程中，地球周期性地发生大规模的、突发的、原因不明的灾难事件，比如火山爆发、洪水泛滥、气候急剧变化等。这些灾难性变化有可能使许多生物遭受灭顶之灾。在每一次灾难之中，原来的生物种类全体绝灭了，灾难之后，占据地球表面的是上帝又重新创造出来的生物，使地球重新充满了生机。从这里我们可以明显看出，这种观点思辨性很强，也很难解释现有物种与化石中的形态差别。居维叶创立并被其追随者一再维护的"灾变论"成为人类思想发展史上的逆流。

如果"灾变论"能很好地解释生物的进化问题，能自圆其说，另一个与之内涵不同的"均变论"也就不会出现了。随着地质学的发展，有关地球变化的另一种对立的观点"均变论"逐渐取代了"灾变论"。对"均变论"的形成和确立做出重要贡献的学者是现代地质学之父莱伊尔（Charles Lyell）（1797～1875 年）。1830 年莱伊尔发表了《地质学原理》第一卷，提出现在发生和进行着的地球表面微小的地质变化的原因，也正是地球历史上大的地质变化的原因；只要这些变化是连续的、恒定的、持久的，在长时间里必定产生大的地质改变。莱伊尔强调"现在是认识过去的钥匙"，这一思想对后来的达尔文影响很大，达尔文认为这种长久的、缓慢的过程同样也会影响生物。因此，达尔文也试图从地质学和远古保存在地层中的生物化石中寻找相关的生物进化证据。

古生物化石所表现出来的生物进化特征，同样被法国伟大的博物学家，较早期的进化论者之一的拉马克（1744～1829 年）所发现，而且提出了著名的"用进废退"和"获得性遗传"学说。这位早年当过兵、参加过资产阶级革命的科学家，后来对植物学产生了兴趣，从事了植物学研究，在 30 多岁时写成并出版了四卷本的《法国植物志》。他也是第一个将动物进行分类的人。他的经典实例为：根据化石证据，长颈鹿的祖先是一种矮鹿，环境改变使它们赖以生存的地上的草和矮小灌木丛减少，使得这类矮鹿不得不努力伸长颈部，吃高处的树叶。由于颈部逐渐得到锻炼，久而久之，它的颈部就越来越长了，并且能够一代又一代地遗传下去。这样，经过千万年漫长的变化，矮鹿就进化成了今天的长颈鹿。这就是出现于各类的教科书中的拉马克"用进废退"学说的一个最经典的实例（图 3-1）。拉马克的"用进废退"和"获得性遗传"学说长久以来没有科学证据可以证明，但是现代生物学和遗传学的前沿研究似乎发现了一些充满争议的新证据，如表征遗传学（epigenetics）中的 DNA 甲基化和组蛋白修饰，还有可以自亲代学习的食性偏好、择偶偏好、求偶信号等，这些新发现表明，拉马克的观点在一定程度上是正确的。

图 3-1　拉马克"用进废退"学说——长颈鹿的进化（图源：Sandritaverooka/Wikimedia Commons）

正是在上述理论、观点和假说的基础上，达尔文根据自己的观察和分析，不断发展和完善进化论思想，并出版了阐述自己观点的巨著——《物种起源》。达尔文进化学说大体包含两方面的内容，其一，他未加改变地接受前人的进化学说中的部分内容，主要是布丰等学者的某些观点；其二是他自己提出的理论主要是自然选择理论，以及经过修改和发展的前人或同代人的某些概念，如性状分歧、物种形成、绝灭和系统发育等。达尔文以前的进化学说多强调单一的进化因素，如布丰强调环境直接诱发生物的遗传改变，拉马克强调生物内在的自我改进的力量。而达尔文在其《物种起源》一书兼容并包，采纳了布丰的环境对生物直接影响的说法，但达尔文认为环境条件与生物内因比较起来还是次要的，也接受了拉马克的"获得性遗传"法则，但他在解释适应的起源时强调自然选择作用。

达尔文进化学说可以说是一个综合学说，但自然选择理论是其核心。达尔文在构思自然选择理论时受到两方面的启发：一是农牧业品种选育的实践经验，对饲养动物和栽培植物的人工选择改造生物产生的巨大作用，给达尔文留下深刻的印象，经研究和分析，就产生了他的自然选择学说；二是马尔萨斯（Thomas Robert Malthus）的人口论，竞争对物种产生了选择压力。

达尔文学说不但论证了不同生物间有着一定的亲缘关系，地质时期古代生物与现代生物有着共同的祖先，而且还创立了自然选择学说，根据大量无可争辩的事实指出：生物不是固定不变的；物种通过遗传与变异、生存竞争、自然选择和适者生存，引起性状分歧而进化。

3.1.2　进化的本质

从本质上讲，进化体现在不同的方面，其一是指生命由低级简单的形式向高级复杂形式转变的过程；其二是生物与其生存环境之间相互作用的变化，所导致的部分或整个生物种群遗传组成的一系列不可逆的改变。这包括了对新环境的适应辐射，对环境变化的调节以及产生新型的生活方式去适应环境变化。这些适应促使生物在发育方式、生理反应以及种群与环境之间相互关系方面产生更复杂的改变。

这里我们可以认识到，生物的进化在某种意义上是"自然选择"的产物，并主要包括以下主要特点。

遗传：保证了物种的发展稳定性和延续性，这是一个普遍特征。

变异：生物界普遍存在变异（图 3-2），如世界上同一棵树上没有两片相同的树叶一样。变异是随机产生的，同时又是可遗传的。

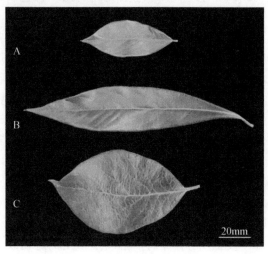

图 3-2 现生闽楠（*Phoebe bournei*）叶形变异（管红娇等，2021）

B 为正常叶片形态

繁殖过剩：各种生物都有生殖力，繁殖后代的数量多少，对物种自身和环境都会产生影响，这样就对物种产生生存的压力。

生存竞争：物种之所以不会数量大增，是因为生存竞争。所有的生物都处于生存竞争之中，或是与同种的个体的种内竞争（附图 3-2），或是与其他生物的种间竞争，或是与环境竞争，最后会达到一种平衡的状态。

适者生存：不同的个体在形态、生理等方面存在着不同的变异，有的变异使生物在斗争中生存下来，有的变异却使生物在斗争中不能生存。生存斗争的结果就是适者生存，即具有适应性变异的个体被保留下来，这就是选择。不具有适应性变异的个体被消灭，这就是淘汰。

从进化趋势角度上看，纵向表现为生物界发展由简单到复杂，由低级到高级，生物的形态结构、生理机能复杂化、高级化，表明进化水平的全面提高。横向表现为出现多方向的分化，演化属同一水平，因而生物由少到多。

如果从历程上看，生物发展具阶段性：从原核到真核，从单细胞到多细胞，再到多细胞体制不断改进。在生物进化中的重大突破性发展主要包括：异养到自养，分解者+生产者的两极生态体系到生产者+消费者+分解者的三极生态体系，水生到陆生。

应注意的是，提及进化的时候，还会有这样一个疑问，什么是演化呢？就生命而言，演化可理解为演变，指经历时间很久的、逐渐的变化。进化使后裔逐渐同它们的祖先发生差异，以更能适应环境的功能变化和结构变化的过程；事物向好的方面逐渐变化。生命的进化可以说是生命演化的一个方面。

如果把生命进化看作一首曲子的主旋律，那么生命就是这曲子中的一个个不同的音符。生命只有在这个旋律中才能谱写出精彩的生命乐章，正是在这个旋律中也促生了一个个不同的学科。

3.2　演化古生物学的兴起

　　演化古生物学研究古生物之间的演化关系及进化方面证据，是通过古生物资料揭示生命的起源和生物演化的历史为己任的科学，同时也是生物学、古生物学和地质学这三个学科相互交叉而出现的一个学科。自20世纪形成以来，这一学科的根本目标是要解决以下三个基本问题：生物起源和演化的方向是什么？生物界变化的动力是以内因为主还是以外因为主？生物界变化的节奏是均匀渐进的，还是阶段性的，或是突发性的？要想解决上述的问题，此学科的研究范畴涉及微观进化、宏观进化、成种作用等诸多内容，涉及的相关学科也很多。

3.2.1　生物进化的中的"大"与"小"

　　研究表明，进化可以在生物组织体系内的不同层次上发生，从分子、个体、居群、种，到种以上的高级分类群等。发生在种内个体和居群层次上的进化改变被定义为生物微观进化（microevolution），种和种以上分类群的进化被定义为生物宏观进化（macroevolution）。

　　生物的微观进化和生物宏观进化并非两种不同的、无关联的进化方式，它们的主要差异只是研究的层面或研究的途径不同而已。生物学家研究现生的生物居群和个体在短时间内的进化改变，就是生物微观进化；生物学家和古生物学家在综合现代生物和古生物资料的基础上，来研究种和种以上的高级分类群在长时间（地质时间）内的进化现象，就是生物宏观进化。生物微观进化可以说是生物进化的基础。生物宏观进化中的进化革新事件在大多数情况下是微观进化积累产生的结果。

　　就生物微观进化而言，基本单位是居群，它是生物进化的最小单位。达尔文和他之后的许多进化论学者曾认为生物个体是进化的基本单位。居群是指同一时期生活在同一地域的同种个体的集合。如某一地区昆虫抗药性的进化：一种新农药会杀死害虫居群中的大多数个体，但少数具有抗药性的个体会生存下来并继续繁殖，它们的后代也会具有抗药性。每经一代，昆虫居群中的抗药性个体都会增加。一个居群常由于地理、环境因素的限制而与同种的其他居群相互隔离（图 3-3）。这种情况在孤立的岛屿、湖泊和山区里是常见的。但是，事实上居群之间并不总是完全隔离的，因为它们之间往往并不具有明显的边界。

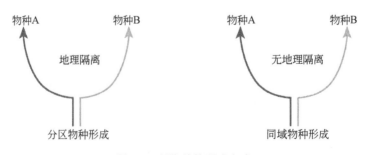

图 3-3　新物种的形成方式

在此情况下，现代生物综合论在群体遗传学的基础上揭示微观进化的本质是居群基因频率在世代延续中的改变。基因库是群体遗传学中的另一个重要概念，指居群中所有个体共有的全部基因的总和。居群中的个体的基因来自共有的基因库，个体死亡后，通过其后代又把个体基因归还基因库。因此基因库可以看作是居群基因的一个贮存库。

突变、自然选择、迁移以及遗传漂变都能引起居群基因频率变化，它们是微观进化的主要因素。

突变是指生物体的 DNA 发生改变。通过配子传递，突变可以迅速改变一个居群的基因库，使一个等位基因代替另一个等位基因。尽管突变的发生概率很低，但是因为每个个体具有数以千计的基因，每个居群又具有成千上万的个体。在这种情况下，全部突变累积的效应是显著的。经过相当长的一段时间以后，突变本身作为遗传变异的主要来源，充当自然选择的原材料，在进化中发挥着重要的作用。

迁移是居群间的个体移动或基因流动。个体从一个居群迁出，或者是迁入另外一个居群，并参与交配繁殖，会导致基因流动，直接造成居群基因库的改变，改变的程度取决于迁移的规模和居群的大小。迁移造成的基因流动在微观进化的过程中发挥了重要的作用，在古人类的进化中也出现过基因流动的情况。

对生物宏观进化而言，如果只有种内进化和居群适应进化发生的话，那么地球上就只会有大量适应性很强的原始生命存在。因此，生物进化论还必须能够解释发生在种以上的进化，即宏观进化。它包含了记录在化石中的大多数生物进化事件。

由于宏观进化是在大的时间和空间尺度上考察进化，是以种和种以上的分类群为对象，因此它的基本单位是种。宏观进化的研究内容主要包括：生物多样性的增长；进化革新事件的起源（即高级分类群特征的起源），如鸟类的翅膀和羽毛以及人类大脑的进化等；紧随某些进化突破的生物多样性爆发，如被子植物进化出繁殖器官——花后，成千上万种被子植物种类出现辐射演化；集群灭绝之后的新种大爆发，如紧随恐龙灭绝之后的哺乳动物多样性增长。

现有的和过去的生物之间的亲缘关系可以形象地表示为一棵树：从树根到树顶代表时间向度，下部的主干代表共同祖先，大小枝条代表互相关联的生物进化谱系，这就是系统树或进化树。所谓的宏观进化形式则形象地表现在系统树的形态上（附图 3-3）：枝干的延续、中断、分支方式和分支频度，枝干的倾斜方向和斜度，枝干的空间分布特征等。

虽然生物进化过程中，有"大"和"小"两种情况，但还是要接受自然的选择，生物为了生存就要有自己的适应策略。所以说，适应（adaptation）是生物界普遍存在的现象，也是生命特有的现象。从大分子、细胞、组织、器官到由个体组成的居群等各生物组织层次上，结构都与功能相适应。例如，鸟翅膀的结构是与它的飞翔功能相适应的；鱼鳃的结构及其呼吸功能适合于鱼在水环境中生存，而陆地脊椎动物的肺及其呼吸功能适合于该动物在陆地环境中生存，拟态也是一种适应（图 3-4）。适应除了能导致种的分化，使之产生一些新类型外，也必然导致种的繁荣和种分布范围的扩大。从某种意义上讲，我们可以把生物的多样性看成是生物适应地球环境演变，并保持自身连续性所出现的一种适应状态或进化状态。其中就会出现两种最常见的情况——趋同进化和平行进化。

趋同进化：属于不同祖先来源的类群成员各自独立地进化出相似的表型，以适应相似的生存环境；不同来源的线系因同向选择作用和同向的适应进化趋势而导致的表型相似，这就是趋同（图 3-5）。

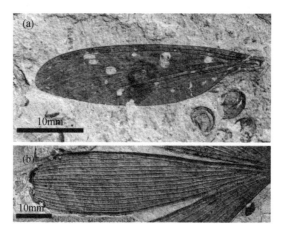

图 3-4 银杏侏罗蝎蛉（*Juracimbrophlebia ginkgofolia*）右前翅化石标本（a）和中生代银杏单个叶片化石标本（b）（傅肜等，2013）

图 3-5 蜻蜓和鸽子为适应飞翔的生活都演化出了翅膀（图源：Pixabay）

平行进化：有共同祖先的两个或多个线系的不同成员因同向的进化而分别独立地进化出相似的特征，称为平行进化。平行进化与趋同进化不易区分，一般来说，若后裔之间的相似程度大于祖先之间的相似程度，则属趋同；若后裔之间的相似程度与祖先之间相似程度大体一致，则属平行。平行进化所导致的相似性既是同源的，又是同功的。

生物进化的中的"大"与"小"，一直在表现出不同方面的重要性，但这之中的生物却永远面临两种发展的境况——自身的辐射和灭绝。

3.2.2 生物的辐射和灭绝

科学家在研究生物进化的过程中，发现了进化的辐射和灭绝现象，有时辐射和灭绝的规模非常大，即在很短的时间里，大量新种几乎同时产生或者大批种又一起灭绝，这一现象称为生物进化中的生物大爆发和生物集群灭绝（大灭绝）。

生物辐射就其定义来说是指来自同一祖先的许多成员发生显著表型分化，在较短的时间里，向着不同的适应方向进化，并由此产生新的分类群，在系统树上则表现为从一个线系向不同的方向密集地分支,形成一个辐射状枝丛,称为生物辐射(附图 3-4)。由于辐射分支产生新的分类群通常向不同的方向适应进化,所以又称适应辐射。适应辐射往往导致一个高级分类群的"快速"产生。例如,非洲东部维多利亚湖(Victoria Nyanza)内有 500 多种丽鱼,这 500 多个种就是在短短的 1 万年左右的时间内由共同祖先分支形成的,丽鱼的这种"爆发式"成种作用是进化的一个代表性现象(Zimmer and Emlen,2015)。地质历史时期的过去,也曾出现动物"爆发式"辐射情况。

地球生命进化史上存在着一个十分引人注目的现象,那就是阶段性地出现种或种以上分类等级的生物类群快速大辐射现象,即进化大爆发现象。实际上,这一现象在达尔文时期就被科学家注意到,在当时被看成是化石记录不完整造成的假象。100 多年来,这一现象不仅被越来越多的证据所证实,并且人们发现这一现象在地球的生命史上多次发生。在大约 6 亿年前的震旦纪(埃迪卡拉纪),不同类群的多细胞真核藻类在该时期的地层中突然大量出现;在大约 5.6 亿年前,澳大利亚埃迪卡拉动物群骤然出现;动物进化史上最著名的一次生物大爆发现象发生在早寒武世,即寒武纪生命大爆发(附图 3-5),这次动物种的快速辐射发生在大约 5.3 亿年前的寒武纪早期到中期;奥陶纪末出现鱼类的大辐射;古近纪早期出现哺乳动物的辐射等。

与生物物种大爆发现象相反,生物发展史上的另一个重要现象是物种的快速大幅度灭绝,这一现象称为集群灭绝现象。在地质历史时期已知大的集群灭绝在生命史中发生过多次,构成了漫长生命演化史中的一个个"插曲"。美国学者塞普科斯基(J. John Sepkoski, Jr.)在 1982 年统计了显生宙各时代近 6 亿年以来的海洋动物化石以科为单位的多样性的资料,识别出 5 次最大的灭绝事件(Raup and Sepkoski,1982)(图 3-6):奥陶纪末灭绝、泥

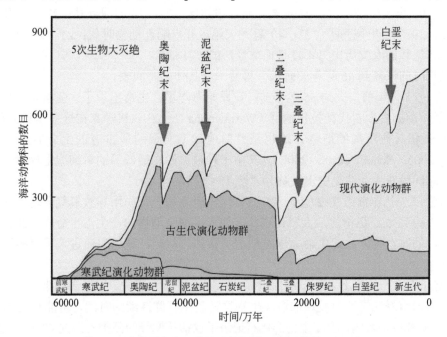

图 3-6 地球历史中 5 次生命大灭绝(据冯伟民,2020)

盆纪末灭绝、二叠纪末灭绝、三叠纪末灭绝、白垩纪末灭绝。这些生物灭绝事件不一定代表着地球生命的真正危机，只有当集群灭绝导致生物圈相当大部分的种损失，致使全球大范围的生态系统受影响时，才构成生物圈的危机。

也正是因为上面所提到的辐射和灭绝，才一次次出现了新的生物，又将一批批地球上的原居民带离这个世界，在不同时间段表现出不同生物面貌，以及进化的地质历史的时段性。

3.3 地质时代与生物进化

每个人在学生时代，都学过一门重要的课程——历史。人们往往会被历史长河中发生的大事件和各种英雄人物的事迹所吸引，也记住了不同朝代的名称，中国历史中也出现了唐、宋、元、明、清等不同的朝代。

那么地球是不是像人类社会发展一样，也有自己的不同朝代呢？答案是肯定的。这就是地质时代或者称为地质年代。在这个时代背景下，有一个主角始终与时代同发展、共命运，它就是生命。

3.3.1 地球历史时间表中生物进化

如果把地球 46 亿年的发展历程转换成 24 小时的话，那么，0 点地球形成；4 点出现单细胞生物；5：44 开启藻类时代，之后 14 个小时内都没有大的变化；20：30 出现了微生物并开启多细胞动物时代；21：14 寒武纪生命大爆发——澄江生物群出现；21：51 开启鱼类时代；22：00 出现植物；22：07 鱼类开始征服陆地；22：24 出现森林；23：00 开启恐龙时代；23：20：42 出现鸟类；23：40 恐龙灭绝，开启哺乳动物时代；23：58：44 人类出现。迄今有记载的人类历史只不过是地球经历的"几秒"。

如果把时间恢复到 46 亿年的时长，再看一看具体的时间表。

35 亿～6.5 亿年前：大约 35 亿年前，在原始海洋里，生命出现了。证据来自澳大利亚西部 35 亿年前的古太古代瓦拉伍纳群（Warrawoona Gr.）中，科学家在这里找到了叠层石，它们是蓝藻和其他藻类的遗物，这也是目前地球上发现的最古老的生命痕迹证据之一（Schopf, 2006；Schopf et al., 2007）。其中一种最原始、最低等的单细胞生物就是藻类。所以，此时间段在生命演化史上被称为"藻类时代"。

6.5 亿～5.3 亿年前：在 27 亿～25 亿年前，蓝藻的光合作用导致氧气激增，开始大氧化事件，大约到 6.5 亿年前，大氧化事件促使了多细胞动物的产生，生命物种的多样性也开始增加，同时也为寒武纪生命大爆发创造了条件。从此，地球生命进入了"多细胞动物时代"。

5.3 亿年左右：地球上发生了震惊世界的寒武纪生命大爆发、大发展的事件，典型的代表是在我国云南澄江帽天山发现的澄江生物群。此化石群持续的时间，可能长达 100 万～300 万年。研究成果表明，澄江生物群化石记录了包括从低等的藻类到海绵动物、腔肠动物、环节动物、节肢动物以及数量众多的两侧对称动物的多种生物类群，甚至最古老、最原始的脊椎动物——昆明鱼（图 3-7）和海口鱼的身影也出现在这个动物群中（Shu et al., 1999）。

图 3-7　凤娇昆明鱼（*Myllokunmingia fengjiaoa*）生态复原图（N. Tamura 绘）

5.3 亿～3.54 亿年前：生命演化进入了"鱼类时代"，这些鱼类可以说是这个时期生物界的一个王者，它们虽与现生鱼类有着很大的差异，但为后来更高等的脊椎动物的出现提供了进化的基础。与此同时，在广阔的水域里发生了颌的出现这一个生命进化史上重要事件。

3.54 亿～2.95 亿年前：陆生脊椎动物的新时代——"两栖类时代"。实际上到鱼类时代中期，约 3.7 亿年前，肉鳍鱼从水中爬向陆地，并演化成两栖动物。在两栖类时代，一部分动物最终可以呼吸到来自陆地上的新鲜空气。它们也为爬行动物时代、恐龙和鸟类时代和哺乳动物时代的来临奠定了进化基础。

2.95 亿～2.05 亿年前："爬行动物"的时代，证据表明最早的爬行动物在两栖动物时代就已经出现了，如似哺乳类爬行动物始祖单弓兽（图 3-8）、真爬行动物林蜥、古窗龙、油页岩蜥，以及副爬行动物别里贝蜥等。在此间段内，爬行动物先后经历了似哺乳类爬行动物和真爬行动物阶段。

图 3-8　始祖单弓兽（*Archaeothyris florensis*）复原图（N. Tamura 绘）

2.05 亿～6600 万年前："恐龙或者鸟类的时代"，在 2.05 亿～1.95 亿年前的三叠纪末期—侏罗纪初期，发生了第四次生物大灭绝事件，史称三叠纪—侏罗纪生物大灭绝事件。当时气候湿热，海平面变动，海水缺氧，其中海生生物遭受灭顶之灾，但却开启了恐龙和鸟类兴盛时代。生物界的演替就像舞台剧上的演员一样，"你方唱罢，我登场"。除极度繁盛的陆地恐龙和飞行的鸟类外，水生爬行动物如鱼龙类、幻龙类、蛇颈龙类、沧龙类等，以及翱翔天空的翼龙也十分兴盛，并与恐龙一样，在 6600 万年前白垩纪末期的第五次生物大灭绝事件中灭绝。

6600 万年前～现今："哺乳动物时代"，在第五次生物大灭绝事件后，陆地上称王称霸的恐龙告别这颗星球，哺乳动物迅速繁衍，并呈多样化发展。如尤因它兽、始祖马、古长颈鹿、莫湖兽、猛犸象、剑齿虎等。约 5500 万年前，出现了最早最原始的灵长类。

从上面各地质历史阶段生物发展总体面貌来看，生物进化的前进性和进步性是很明显的。所提到的各种阶段的代表，都在当时生物界中具有高级、数量众多和种类多样特征。

3.3.2 地质时代中的生物进化性

地质学家根据古生物的演化阶段性特征和地壳的构造运动周期性，将地球的历史分为四大时代，即冥古宙、太古宙、元古宙、显生宙，其中在显生宙又包括古生代、中生代和新生代，这就是地质时代。地质学上的地质时代就像我们人类社会发展史的各个朝代一样，都有它们各自的特征。在每一个地质时代，生物的面貌都有着与这个地质时代紧密关联的特点。从一定程度上说，生物面貌决定于所处的地质时代。科学家据此还列出了地质年代表，并制定了标准，在这里所讲的各时代的时间节点参考国际地层委员会的《国际年代地层表》2023 版（图 3-9）。

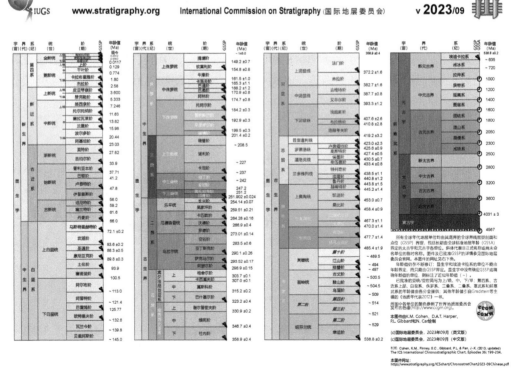

图 3-9　国际年代地层表（https://stratigraphy.org/ICSchart/ChronostratChart2023-09Chinese.jpg［2024-5-29］）

冥古宙（46 亿～40 亿年前）：是地球地质历史上四个宙之中的第一个时期，也是前寒武纪最古老的地质时期。

太古宙（40 亿～25 亿年前）：为古老的地质年代，仅有原始的菌藻生物。

元古宙（25 亿～5.39 亿年前）：为古老的地质年代，生物主要为菌藻类，并且出现了原生动物。到末期，一些低等动物开始出现，如海绵动物门的海绵、腔肠动物门的水母和水螅等。

在元古宙中正式确定的只有一个纪，在我国叫震旦纪，"震旦"是我国的古称，该纪地层在我国极为发育，而且发现早，研究程度深。目前，这一名称目前仅在我国国内使用。在国外与震旦纪可对应的年代为埃迪卡拉纪（6.35 亿～5.39 亿年前），已被国际地层委员会批准。埃迪卡拉纪就是根据澳大利亚的埃迪卡拉生物群定名的，以软躯体无脊椎动物的印痕化石为代表。此纪最突出的特征是后期出现了种类较多的无硬壳后生动物，末期又出现少量小型具有壳体的动物。

显生宙（5.39 亿年前～现代）是出现大量较高等动物以来的阶段，包括古生代、中生代和新生代。

古生代（5.39 亿～2.52 亿年前）意为"古老动物"的时代。

古生代包括寒武纪（5.39 亿～4.85 亿年前），又称为"三叶虫时代"（图 3-10），奥陶纪（4.85 亿～4.44 亿年前），志留纪（4.44 亿～4.19 亿年前），泥盆纪（4.44 亿～3.59 亿年前），又称"鱼类时代"，石炭纪（3.59 亿～2.99 亿年前）和二叠纪（2.99 亿～2.52 亿年前）可以称为"两栖类和爬行类共同发展的时代"。

古生代标志着生物已开始大量发展，是海洋无脊椎动物大发展的时期，也是脊椎动物相继发生发展并逐渐征服大陆的时期，并且出现了寒武纪生命大爆发，其中著名的实证就是中国澄江生物群的发现。在此时期，植物改变了以菌藻类为主的局面，石松类、节蕨类、真蕨、科达等陆生植物逐渐繁盛，形成陆生植物、脊椎动物与无脊椎动物的生物界"三足鼎立"的局面。

中生代（2.52 亿～6600 万年前）意为"中期生物"的时代，在这一时期生物具有介于古生代古老类型和新生代近代类型之间的中间性质而得名。中国著名的中生代热河生物群就是一个很好的实例。

中生代包括三叠纪（2.52 亿～2.01 亿年前）、侏罗纪（2.01 亿～1.45 亿年前）、白垩纪（1.45 亿～6600 万年前）。中生代进入印支运动和燕山运动构造阶段，此时期地壳活动频繁，岩浆活动强烈。中生代生物界以陆生裸子植物、爬行动物（尤其是恐龙类）和海生无脊椎动物菊石类的繁荣为特征，所以中生代也称为"裸子植物时代"、"恐龙时代"或"菊石时代"（图 3-11）。白垩纪末出现了地史上最著名的生物集群绝灭事件之一，导致包括最重要的一类生物——恐龙类的大量生物从地球这个蓝色星球上消失。

新生代（6600 万年前～现今）意为"近代生物"的时代。可划分为古近纪（6600 万～2300 万年前）、新近纪（2300 万～258 万年前）和第四纪（258 万年前～现今）。

图 3-10　三叶虫化石（作者拍摄）　　　　　图 3-11　中生代菊石（作者拍摄）

　　新生代进入喜马拉雅构造阶段，印度板块与欧亚板块碰撞并发生俯冲作用，导致青藏高原急剧抬升，黄河、长江等水系逐渐发展。在此时期哺乳动物和被子植物非常繁盛，植物界被子植物迅速发展，动物界鸟类和哺乳类（图 3-12）大发展，所以这个时期，又被称为"被子植物时代"或"哺乳动物时代"。

图 3-12　草原古马（*Merychippus insignis*）复原图（N. Tamura 绘）

　　从前述的内容中，不难看出种类生物大的类群中均表现出越来越高级的进化趋势，所以说在地质历史的时间长河中，生命从未停止自己向前、向高级进化的脚步。

3.4　进化的古生物学证据

　　古生物的证据可以让人们真正理解生物进化的实际和趋势，也开阔了人类对地球上的生命进化理解的视野。古生物学证据不但有实证性，而且是一种直接的证据，其进化性所反映出来的现象也有科学价值。在地质历史时期，曾经生活在地球上的，已经变成化石的生物有很多，而每一个种类的生物都有自己的进化特征和方向。

3.4.1　进化中的古生物学故事

有时候，一些小朋友会问这样一个问题，为什么我们看到的大象、老虎、蜥蜴都有一个相似之处，就是它们的身体末端都有细长、灵活的结构——人们将其称为尾巴的东西。小鱼有尾鳍，而我们没有，如果我们也有这样一个尾部，是不是人类和它们之间的共同祖先也有同样的尾部。这个问题看似简单，回答起来却是有一些困难的。

在通常情况下，人们常理解现代成年鱼的尾鳍只是简单地加到其祖先类群尾巴的末端。美国科学家通过对一个具有 3.5 亿年前硬骨鱼类的幼鱼化石的研究，发现这条幼鱼最大的特点就是长着一条有鳞的肉质尾巴和一条柔软的尾鳍，这两个部位上下相互挨着。上部的尾巴长于下部的尾巴，并包含脊椎骨（Sallan，2016），而现代硬骨鱼的胚胎也有相似的双尾结构。鱼类尾部和四足动物的尾部实际上是完全不同的结构，有不同的进化历史。鱼退去了肉质尾巴，留下了更灵活的尾鳍以提高它们的游水能力。后来有些鱼类进化成半水生动物，然后逐渐演变成陆生动物，它们失去了灵活的尾鳍但保留下了肉质尾巴。而且该发现还有助于解释为什么人类没有尾巴，但都有尾椎骨。

这里我们再看看另一个实例，如果我们向人类的祖先一直追踪下去，可以到早期的脊椎动物——鱼类，而当提到构建脊椎动物演化的生命之树时，人类与鲨鱼之间最重要的区别不是四肢、鳍、肺和腮，所有的区别都可以归结到两者的骨骼。

鲨鱼的内骨骼是由软骨构成的，因此归属于软骨鱼类（鲨、鳐、魟和银鲛等）。然而同硬骨鱼一样，人类以及其他大多数现存的脊椎动物则都属于另一类硬骨构成的生物。研究表明软骨和硬骨骨骼大约在距今约 4.2 亿年前就已经"分道扬镳"了，向各自的方向发展，但共同祖先到底是谁却依然是一个未解之谜。也许具有骨和鳞片的早泥盆世（距今约 4.15 亿年）鱼类化石，似乎能给人们带来一点新的启示。科学家利用一种微 CT 扫描技术，可以在不破坏化石的前提下，观察其 1cm 长的早泥盆世鱼类头骨中的骨骼结构，其头骨由大型的、类似于今天硬骨鱼的骨板构成，但其头部周围的血管和神经痕迹更接近于软骨鱼的形态（Giles et al.，2015）。这说明硬骨鱼独有的几个特征——如大型板状骨骼的存在——实际上也出现在地质时期的盾皮鱼中，后者是一种与软骨鱼和硬骨鱼的祖先都有关系的已经灭绝的有颌的鱼类。其他的研究表明，一块 3.25 亿年前的鲨鱼化石具有惊人数量的硬骨鱼特征，这意味着其祖先也拥有这些特征，同时鲨鱼可能比之前所想的更为特殊（Pradel et al.，2014）。如果这些发现作为一个整体，可以解释软骨鱼不一定比硬骨鱼更为原始。

讲到这里，还有一个关于化石层序律的故事，此理论的提出者是威廉·史密斯（William Smith）。他于 1769 年出生在英国牛津郡（Oxfordshire）丘吉尔城（Churchill）附近一个乡村铁匠的家里。史密斯时代的英国正进行着轰轰烈烈的产业革命，机器隆隆开动，需要大量能源，因而大力找煤、挖煤、运煤，运输煤炭的运河一挖就是几十千米、上百千米，揭露出很好的岩石露头和连续的地层剖面。有很多地方，岩层里嵌着各种各样漂亮的化石。一块块菊石、珊瑚化石，岩层面上一片片树叶化石……无不引起他的浓厚兴趣，他仔细观察，又大量采集化石标本。

他注意到这样一些重要的事实：岩层里包含的化石虽然千奇百怪，种类多样，然而，当走过成层积叠的地层时，就看见上下地层里包含的化石总是不同的。而且，地层越厚，就越发现上下地层里所含化石真是有天壤之别。最下面地层里含的化石看去结构较简单、原始，与现代生物差别大；而最上面地层里含的化石结构较复杂，且与现代生物很相近。另外，有时若顺着同一层岩石走，则发现不管走多远，它里面包含的化石总是大体上相同的。这个就是著名的化石层序律（Wicander and Monroe，2004）（附图3-6）。这个理论的根本基础就是生物是进化的，而进化是不可逆的。

3.4.2 三叶虫是如何进化的？

三叶虫是节肢动物门一个重要成员，为节肢动物门化石保存最多的一类，人们也经常提及它。已记述约有 2000 个属，1 万多个种。此类生物自 5.4 亿年前出现，至 2.5 亿年前绝灭。它的生活方式为海生底栖或漂游。

三叶虫身体扁平，长有坚固的背甲，腹侧为柔软的腹膜和附肢，具有复眼（图3-13）。背甲为两条背沟，纵向分为一个轴叶和两个肋叶，三叶虫因而得名，而且也是寒武纪（5.39亿～4.85 亿年前）时期的"明星"生物。

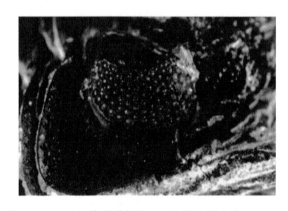

图 3-13　三叶虫的裂膜复眼（王申娜和邢立达，2011）

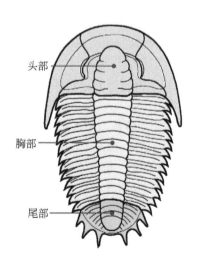

图 3-14　三叶虫的三个部分（图源：Sam Gon III/Wikimedia Commons）

三叶虫的背甲成分以碳酸钙和磷酸钙为主，质地较硬，背甲呈长卵形或圆形，可分头部、胸部和尾部（图3-14）；腹面被几丁质薄膜（腹膜）以及附肢所覆盖。

头部的尾端还有背甲边缘向腹面延伸而形成的腹边缘，其宽度不等。胸部和腹部的附肢均为双肢型（内肢、外肢），内肢作爬行和挖掘之用，外肢具鳃叶，其功能是呼吸和游泳。口位于头部腹面中央，其上覆盖唇瓣。其形状各异，可保存为化石。其后有较小的后唇瓣。

此类生物底栖者身体扁平，外肢上鳃叶不甚发育，能游泳的三叶虫外肢鳃叶发育。有的三叶虫可钻入泥沙生活，头部结构坚强，前线形似扁铲，便于挖掘。有的头甲愈合，肋刺发育，尾小，具尖末刺，用以在泥沙中推进，适于在松软或淤泥海底爬行生活。其肋刺和尾刺均很发育，使身体不易陷入泥中，并具柄状眼。还有身体布满长刺的三叶虫是营漂浮生活的（Benton and Harper，2009）。

此类绝灭的生物化石发现地点遍布世界各地，并已经显示出生物分区的特性。大多数古生物学家都认为三叶虫的远祖早在 5.4 亿年前就已存在，从三叶虫化石记录中可以看出它的形态与构造在地质历程的演化中均表现出进化趋向。

在此类生物发展的 5.42 亿～5.21 亿年前的早期阶段，三叶虫总的形态与构造特点是头大、尾小，胸节多，头鞍长、锥形，鞍沟显著，眼叶发育，靠近头鞍，胸节肋刺发育。该阶段其数量多，在我国已经发现 200 余个属。

5.21 亿～5.01 亿年前，由于适应辐射，这个时期的三叶虫总体形态与构造特点演变为尾甲加大，多为异尾型；胸节数减少，头鞍较短，多具内边缘，眼叶较小，鞍沟数量减少，且很少穿越头鞍。该阶段其属种数量更多，仅我国已描述的三叶虫属达 500 余个。

4.88 亿～4.43 亿年前，三叶虫的特点发生显著变化，在形态与构造上比前面时段三叶虫的尾甲要大，多为等尾型甚至大尾型，胸节数量进一步减少，一般为 8～9 节，头鞍向前扩大，鞍沟、背沟，甚至颈沟都不发育。这时由于具世界性分布的笔石动物繁盛，活动力强的肉食动物头足类兴起，三叶虫在海洋中不再是居统治地位的生物。

4.43 亿～2.51 亿年前，三叶虫急剧衰退，只留下少数类别，最终告别这个美丽的世界——地球。

所以说，三叶虫经历了从发展、繁盛、绝灭这一进化历程。它们的进化受自身和外界因素共同影响。在自然条件下，生物进化有时往往非常缓慢，如自身进化和适应环境变化的能力不及环境变化产生的生存压力，它们就会走向死亡，导致最终的灭绝。三叶虫也许就是在这种情况下，成为这一规律的见证者和亲历者。

3.5　进化也有"创新性"

众所周知，生物适应环境和生物间互相适应，被认为是自然选择的结果。生物进化创新事件是在自然物质的刺激下，在自然规律的诱导和不断"演习"和"实验"后形成的事件。生物出现后，协同创新事件仍然在生物界不断出现，生物进化的许多关键事件都是创新事件。

3.5.1　动物自身机能的"创新性"

1. 奔跑的"创新性"

在高等脊椎动物中大部分都是四肢的，但对于适应快速奔跑的动物，其四肢的变化有3 种分化：

1）保持五趾或大部分脚趾，而脚趾大大缩短，这是大部分猛兽四肢进化的方式。为适应捕捉猎物，需要保持多个脚趾，猛兽的趾端或趾间生长有长而尖的利爪，而且利爪大都可以伸缩自如。

2）前肢的尺骨和后肢的腓骨逐渐退化，四肢完全由肱骨和股骨支撑。脚的中趾成为着力点。因此中趾变粗，其他侧趾逐渐缩小退化，形成奇蹄类，如马、斑马和犀牛等。

3）前肢的尺骨和后肢的腓骨加强，与肱骨和股骨一起分担支撑的重量。处于中间位置的两脚趾着力，进化为偶蹄类，如羊、牛、骆驼、麋鹿、长颈鹿和河马等。

善于奔跑的动物的四肢，为什么有这些变化呢？因追捕或迫于捕猎者的追捕，奔跑动物的四肢有一个共同特点，脚掌面积相对缩小，或缩短脚趾，或减少脚趾，这可以大大减少摩擦，着力点集中，提高奔跑的速度。事实上，这是适应进化中的协同创新。奔跑过程中，脚趾在与地面摩擦的刺激下发生变化，减少摩擦力的规律诱导脚趾向脚掌面积相对缩小的方向发展，产生上面所说的 3 种结果。

2. 舌头的"创新性"

舌头对各种动物和人都十分重要，没有舌头有的动物就不能吃喝，如果人没有舌头，一个后果就是无法讲话，对语言交流造成障碍。中国还有一些成语与舌头有关系，如"唇枪舌剑""巧舌如簧"等，从另一个角度表现出了舌头对人的重要性。而舌头在人类之外的动物中，往往表现出其独特的"创新性"。

如食蚁兽用长舌头舔食蚁类，一只食蚁兽每天要舔食数万只蚂蚁。它们的前肢各有 4 个爪状趾，专用来凿穿蚂蚁蚁穴的护壁。然后可以把楔状的头伸入蚁穴中，用柔软的黏的舌头舔食蚂蚁或白蚁。它的舌头有半米多长，前后活动非常灵活迅速，每分钟能伸缩 100 多次，嘴里还有齿舌，专门用于刮去粘在舌头上的蚂蚁。树懒和犰狳也用灵活的舌头舔食蚁类。

鸟类舌头形态多样（图 3-15）也有多种功能。有"树医生"之称的啄木鸟的舌头又长又瘦，细长有钩，舌根是弹性的结缔组织。舌头的长度几乎和身体的长度相等，能伸出喙外达 10 多厘米，能伸进细小的树洞中勾食害虫。蜂鸟、吸蜜鸟和花蜜鸟的舌头像"抽水机"的活塞来吸取花蜜。企鹅的舌头可卷住又光又滑的鱼。有些鸟类的舌头还能过滤食物。

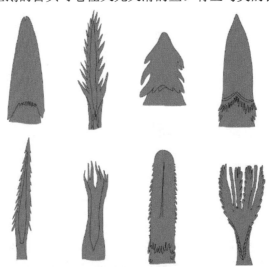

图 3-15　部分鸟类的舌头形态

适应树栖生活的变色龙，爪子像钳子，能稳稳抓住树枝，以灵活转动的眼睛紧盯猎物。它的舌头能突然伸出捕捉昆虫，舌头伸展的距离可达身长的一倍半。舌尖分泌一层胶状的唾液，可粘住较大的昆虫，甚至小鸟或小蝴蝶。蟾蜍可使用自己黏的、迅速弹出的舌头捕捉昆虫。这类动物的舌头固定在口腔的前部，因此舌头能伸得很长。

蛇类的舌头前端分为两叉，用来判断气味。壁虎没有眼睑，只有一层薄膜保护眼睛，它不断地用舌头来清洁眼睛，舔掉薄膜上的灰尘和脏物。北美洲有一种淡水鳄鱼，它躺在水里张着嘴，伸出弯弯曲曲犹如虫子模样的小舌头作为诱饵，被诱骗的鱼会游进鳄鱼嘴里。食肉类动物大都靠舌头喝水，猫科动物的舌头上长有细密的骨针像刷子，用于舔刷体毛。

3. 伪装

已经在地球上消失的鹦鹉嘴龙最典型的特征就是具有类似鹦鹉的喙状嘴，属于鸟臀目，是较晚的角龙类（如三角龙）的早期亲戚。在一些鹦鹉嘴龙属物种的化石中，能观察到黑色素组成的图案。研究人员将化石中发现的颜色图案投射到一个实际大小的模型上，在重构了一个保存良好的鹦鹉嘴龙化石的颜色后，其腹部颜色明亮而背部黯淡。这种色彩模式名为反荫蔽，在现代善于伪装的动物中十分常见。利用这种伪装可以减少注意，通过反荫蔽，它们或许能躲过那些利用物体阴影形状寻找猎物的掠食者。这也表明鹦鹉嘴龙生活在如光线漫射的森林环境中（图 3-16）。

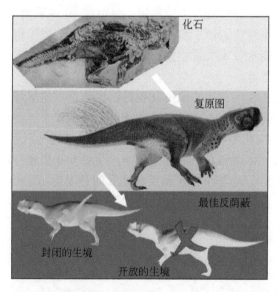

图 3-16　鹦鹉嘴龙化石及复原图（据 Vinther et al.，2016）

从上述方面我们可以看出，生物机能方面的进化创新，不但在现代生物中找到了证据，而且在古生物学方面的实证上也得到了支持。既然上述动物有了这么先进的自身机能，是不是就完全保证自己无忧无虑地生存下去呢，答案是也不尽然。有时还要进化出一定的生存策略，才能给自己的生存加上更多的保险。

3.5.2　生存策略的进化创新

生存下去可以说是生物界发展中的一个永恒的主题，不同的生物为了让自己的种群延续下去，在进化自身机能同时，也要发展出一些生存的策略。

有的动物在组织围捕上也是这种生存策略的体现。如灰狼曾分布在北半球大部分地区，现在只发现于加拿大，美国阿拉斯加（Alaska）、明尼苏达（Minnesota），伊朗，俄罗斯部分地区，以及东南欧地区。它们个体不很大，奔跑的速度不算上乘，高度组织的集体行动是灰狼的生存策略之一，以嚎叫作联络，可集中多达 20 只狼。灰狼把捕猎对象赶到其包围圈内，然后群起捕之。灰狼在沙漠中捕食兔子等小动物；在植被繁茂有大型动物的地方，捕猎麋鹿、羊等。

生存策略在爬行动物中隐蔽出击或威吓毒杀方面有所有体现。鳄鱼大部分时间生活在水中，偶尔上陆，可捕食水中的鱼、龟和蟹，在岸边吃猴、鹿、野猪、袋鼠甚至下水的牛。它们喉部有一特有的壳，在水中吞咽食物时，阻止水进入肺。它们还是游泳的好手，有强力的口，牙齿似尖刀，听力灵敏，可晚上捕猎，这是它们身体机能的进化。最主要的是它们常潜水或隐藏在草丛和芦苇中，突然迅速袭击猎物。响尾蛇的毒牙用以自卫和杀害猎物；但尾端不时发出响声好像是发出警告，会使猎物警戒起来，但实际上也是一种威慑作用，让被捕对象感到紧张。

梭子鱼，眼睛锐利，牙齿似尖刀，游速每小时可达 40 多千米，大都生活在热带海域。幼鱼隐匿在水草中捕食刺鳍鱼、沙丁鱼等小鱼；中等体型的梭子鱼常标出浅水的领地，单独在领地内捕食；但当潮水带来大量小鱼时它们一起集体捕食。它们长大后常单独游弋在深水中捕食河豚、颌针鱼等。

在化石世界，具创新性生存策略的生物也是比比皆是，这里看一个来自中国化石的证据。中国科学家在辽西发现了由 6 个幼年个体围绕一个成年个体组成一个家庭的朝阳喜水龙化石（图 3-17），这是双孔类中产后亲代抚育行为最古老的化石记录。朝阳喜水龙在生物的分类位置上属离龙类（体型相对小的水生和半水生的双孔类爬行动物，其最早化石记录为 1.6 亿年前的中侏罗世），成年个体照顾后代的倾向是现生初龙类，包括鸟类和鳄鱼类生殖生物学的主要特征。该现象显示这种保护可能是为了对抗掠食者，它们相对小的个体意

图 3-17　朝阳喜水龙化石［图源：Tiouraren（Y.-C. Tsai）/Wikimedia Commons］

味着离龙类可能曾经暴露于高捕食压力和重大适应性变化之下。产后亲代抚育可能改善后代存活率。

所以说，生物生存策略上进化创新的出现也代表着生物适应性生存的根本要求。

3.6 现代生物学的证据

生物界进化规律的证据主要来自地质学、考古学、比较解剖学、胚胎学、生理学、生物化学、遗传学多门学科。其中地质学、考古学的证据属于古生物学的证据。现代生物学进化的问题可以从比较解剖学、胚胎学、生理学、生物化学及分子生物学和遗传学这几个方面寻找答案。前面提到了古生物学化的证据，这次主要介绍的是现代生物学进化证据，支持进化的观点也是相对比较多的。

3.6.1 比较解剖学证据

比较解剖学是对各类脊椎动物的器官和系统进行解剖与比较研究的科学，它为生物进化提供的最为重要的证据是同源器官和同功器官。

同源器官是指起源相同，结构和部位相似，而形态和功能各不相同的器官。这方面最典型的例子是鸟类的翅膀、鲸的鳍、猎豹的前肢和人的上肢，功能各不相同，分别用于飞翔、游泳、奔跑和操作。尽管它们的形态功能有很大的差异，但内部结构却基本一致，都是由肱骨、桡骨、尺骨、腕骨、掌骨和指骨组成，骨的排列方式也基本一致，是同源器官（Miller and Tupper，2019）（图 3-18）。皂荚的枝刺、葡萄的卷须、洋葱的鳞茎、莲的根状茎和马铃薯的块茎都是茎的变态，也是同源器官。同源器官的存在，证明凡是具有同源器官的生物，都是由共同的原始祖先发育而来的。只是由于进化过程中所处的环境不同，适应于不同的功能，才有了形态上的区别。

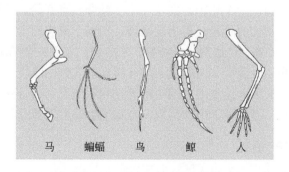

图 3-18 几种不同生物的同源器官

同功器官是指外形相似，功能相同，内部结构和起源不同的器官。如蝙蝠和昆虫都具有适于空中飞行的翅膀，但它们的起源和结构不尽相同，鸟类和蝙蝠的翅膀是由前肢变态而成，而昆虫的翅膀是由胸板和侧板的一部分扩张而成。同功器官的存在不能说明进化的共源性，但能说明具有同功器官的生物适应相同的生活环境，某些器官具有同一功能，因而在发展中趋同一致，形成了相似的形态。

同源器官和同功器官存在着三种情况：①同源不同功，如人的上肢和蝙蝠的翼手。②同功不同源，如鸟的翼和昆虫的翅。③既同功又同源，如鸟的翼和蝙蝠的翼手。

除上述这两种类型的器官，痕迹器官的存在从另一个方面告诉我们进化在生物身体上起到的重要作用。痕迹器官是指在生物体上已经没有作用，但仍然保留着的器官，如某些蛇类保留着四肢的残余等。在植物中也有痕迹器官，如荸荠茎节上着生的鳞片是退化的叶，小麦花的内稃和浆片是退化的花被等。痕迹器官的存在可以追溯某些生物之间的亲缘关系，如人的阑尾说明人来源于有盲肠的动物；蛇的残存四肢说明了它们的祖先是四足类动物。

3.6.2　胚胎学的证据

高等动物、植物的最早发育阶段都是从一个受精的细胞开始的，这似乎可以说明高等生物起源于低等的单细胞生物。在达尔文之前，人们就发现，同一个纲里不同动物胚胎发育的早期阶段常常惊人地相似。例如，鱼类、两栖类、爬行类、鸟类、哺乳类和人类，在成熟的生物个体形态上，差别非常大。但是它们的早期胚胎，却相似到难以辨认的程度，特别是从卵裂、形态发生和早期的组织分化都很相似，反映了脊椎动物有共同的起源。例如，人类一个月的胚胎有相当显著的尾部，颈部两侧则有成排的鳃沟，咽腔还有相对应的袋状沟出现，有些婴儿出生时还带有一条短尾巴，这些结构表明人类是从有尾并有鳃的祖先进化而来的。

生物发生律又叫生物重演律，是胚胎研究对进化论最有利的证据。1866 年，德国博物学家米勒（Müller）（1821～1897 年）和黑克尔（Haeckel）（1834～1919 年）在研究、比较了多种脊椎动物胚胎发育的过程后指出，生物在个体发育过程中重现了其祖先系统发育所经历的主要阶段（附图 3-7）。这一定律的主要论点是生物在个体发育中，迅速重现其祖先的主要演化阶段，也就是说胚胎发育重演了该种生物的进化过程。这种重演现象在生物界中普遍存在，不仅见于形态结构也见于生理生化等方面。

在这里再看一个实例，一个哺乳动物从一个受精卵发育开始，经历的囊胚、原肠胚、三胚层等相当于无脊椎动物的阶段，再出现鳃裂，相当于鱼类的阶段，再出现心脏的分隔变化，经历一心房、一心室，二心房、一心室，二心房、有不完全隔膜的一心室，二心房、二心室，这个过程又相当于鱼类、两栖类、爬行类和哺乳类的阶段。这一实例说明了哺乳动物个体发育的过程，简单而迅速地重演了哺乳动物系统发育或进化的过程，这种重演现象在生物界中普遍存在，不仅见于形态结构，也见于生理生化等方面。

3.6.3　生理学的证据

证明动物有亲缘关系的一个经典实验是血清免疫实验。这就是用异种动物的血清注射，从沉淀反应可以看出各种动物的生理亲缘。血清的鉴别也为生物进化提供了证据。

用一种动物血液的血清注射到另一种动物血液内，接受血清的动物体内会产生一种抗体，用这种具有抗体的血液制成的血清，叫抗血清。抗血清与原来动物血清加在一起，就会发生沉淀现象，但是用这种抗血清和其他动物的血清混在一起，发生不沉淀和发生沉淀程度取决于它们之间的亲缘关系。实验证明，亲缘关系越近，沉淀量就越大，反之就越小。例如，用狗的血清注入家兔体内制出抗血清，再用家兔的抗血清来检验狗和其他动物的血清反应，即分别与狗、狼、狐、牛等的血清混合，结果表明与狗的血清发生的沉淀最多，与狼的血清发生的沉淀少些，与狐的血清发生沉淀更少，与牛的没有发生沉淀。由此可见，狗和狼的血清蛋白在结构和性质上很相似，二者亲缘关系很近；狗与狐和牛的血清蛋白差别较大，它们的亲缘关系比较远。

除了上述血清鉴别法外，脊椎动物的体温变化也可为生物进化提供证据。例如，大部分鱼类、两栖类、爬行类等低等动物，它们的体温经常是随环境温度的变化而有大幅度的起伏，不能维持恒定的体温，因而称其为冷血动物或变温动物。而高等动物，如鸟类和哺乳动物体温则比较稳定，不易变更，故称其为温血动物或恒温动物。随着科学研究发现，有的鱼类也出现温血的特征（Wegner et al.，2015）（图 3-19）。这种温度调节机制的进步是生物进化的一个重要标志。另外，从动物与动物、植物与植物之间杂交的难易，以及杂交后能否产生后代和产生的后代生理是否正常等现象，也能推断它们亲缘关系的远近，亲缘关系越远，就越不容易杂交。

图 3-19 具有温血特征的月鱼（*Lampris guttatus*）（图源：Justin Joubert/Wikimedia Commons）

植物界中，如有些真核藻类、苔藓、蕨类和裸子植物中的苏铁、银杏等，在其个体发育中均产生具有鞭毛的游动细胞，这表明它们在系统发育中可能有一定的亲缘关系。再根据运动细胞鞭毛的类型和生长位置来推测各类植物亲缘关系的远近。如绿藻类自由生活的游动个体或产生的孢子和配子的鞭毛都是顶生，多为 2 条等长的尾鞭型；而苔藓的精子也具 2 条等长近顶生的尾鞭型鞭毛。故推测苔藓和蕨类可能是由绿藻类演化而来的。而褐藻中虽然也产生具 2 条鞭毛的游动孢子或精子，但它们的鞭毛都是侧生不等长的，而且是 1 条为尾鞭型，1 条为茸鞭型，故认为褐藻不可能是苔藓和蕨类植物的祖先。

3.6.4 生物化学及分子生物学的证据

20 世纪 80 年代初出现的分子标记技术为研究物种间亲缘关系提供了更加有效可靠的技术手段。人类、果蝇、豌豆、酵母、细菌，这些不同生物的差异是如此之大，以致它们之间似乎没有可比性。可是，当深入分析其生物大分子时，就会发现许多它们来源于共同祖先的线索和证据。例如，各种生命类型都具有相同的生物大分子，如氨基酸、糖、脂肪酸和核苷酸等，而且它们都具有相似的生物合成方式。

通过生物化学的分析可知，生物体在许多方面具有同一性，如组成元素，蛋白质的20
种氨基酸，DNA仅由4种碱基组成，即腺嘌呤（A）、胸腺嘧啶（T）、胞嘧啶（C）和鸟嘌
呤（G），而且所有生物，包括细菌、植物和动物中的DNA均由这4种碱基组成（图3-20）。
此外，核糖核酸（RNA）的4种核苷酸，遗传密码，各种生命中的高能化合物ATP，各种
生物体内的糖分解过程都是相似的。这些证据说明这些生物具有共同起源，各种生物从它
们的共同祖先那里继承和沿袭了这些最基本的分子特征。

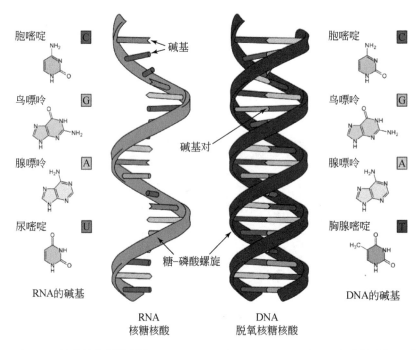

图3-20　RNA与DNA链状结构图［图源：Difference_DNA_RNA-DE.svg：Sponk（talk）/Wikimedia Commons］

随着生物的进化，生物的结构、功能越来越复杂化，细胞中的遗传信息量（基因数或
DNA含量）越来越高。原生动物细胞的DNA含量为哺乳类的10%，而真菌细胞DNA含
量则不足哺乳类的1%。当然，这只是一个总的趋势，如肺鱼细胞单倍体组DNA碱基对数
高达$111.7×10^9$，比哺乳类动物高数十倍。这就是例外。这主要是由于肺鱼细胞DNA中含
有较多的重复序列。在进化过程中，DNA的结构即碱基对序列发生显著的变化。

同样的例子还有各种动物的血红蛋白、核糖核酸酶、胰岛素等，它们都同样地显示出
很大的相似性，往往只有几个氨基酸不同。

3.6.5　遗传学研究的证据

如果一个生命体没有遗传物质，它将在自己这个世代终结。遗传物质的进化是生物进
化的一个重要方面，其中之一就是调节基因的出现和变化，对生物的进化具有重大意义。
有的生物都有遗传和变异的特性，而且遗传和变异的物质基础在组成上和性状上也基本一
致，只是在染色体的数目和形态上，以及基因的内容上有很大的差异，这是生物不断变化
发展的结果。

亲缘关系相近的生物种之间染色体的结构具有相似性，这也是进化的证据之一。近似种的染色体数目常常相近，如人的体细胞有 46 条染色体，猩猩和黑猩猩都有 48 条，人和黑猩猩的结构基因有很多相似之处，可是从相邻的基因和调节基因来看，这两种生物之间有明显的差异，因而在个体发育中，一个发育成为黑猩猩，一个发育为人。

另外，在高等植物中，染色体的多倍化，可以形成具有亲缘关系的类群。另外，在高等植物中，染色体的多倍化，可以形成具有亲缘关系的类群。比如小麦种的染色体基数 $X=7$，而单粒小麦、两粒小麦和普通小麦的体细胞中染色体数分别为 14、28、42，这三种染色体核型形成一个系统，说明它们之间具有亲缘关系。

目前，对生物遗传密码的研究，证明所有生物的遗传密码都一致，如果把兔子的血红蛋白密码，加入从大肠杆菌得来的酶和其他要素中，就会得到兔子的血红蛋白，可见大肠杆菌能够识别兔子的密码。也有人发现，人的细胞能够识别大肠杆菌乳糖酶的密码。以上种种这些实际的科学发现都为进化学说提供了现代的证据。

3.6.6　生物地理学的证据

生物地理学是研究物种地理分布的范围和种群地域迁移与演变规律的学科。科学家可通过对生物种群发源地和分布区域的探索，以及相同气候条件下相邻区域内的物种组成的异同比较，提供物种演变和进化过程的生物学信息。

澳大利亚、南美洲和非洲都全部或大部分位于南半球，气候相似，都具有热带、亚热带的特点，但这 3 个地区的生物类型差别很大。澳大利亚的动物大多是现代最原始的哺乳类，这是因为澳大利亚陆地在 6600 万年前与北方大陆分离，一直保持着地理上的隔离，与其他大陆动物群的交流被中断。在这种情况下，袋鼠、袋狼等有袋类动物和鸭嘴兽、针鼹等单孔类动物便成为澳大利亚仅有的地方性哺乳动物类群，尤其是有袋类占据了大多数的生态位。而在其他大陆上，这些生态位被有胎盘的哺乳动物所占据。高等哺乳动物中只有蝙蝠和两种鼠类，在 2300 万年前能够穿越印度尼西亚海洋的阻隔到达澳大利亚，临近 2.6 万年前，史前人类才将野狗引入澳大利亚。

南美洲的特有动物类群有贫齿类、阔鼻猿猴等，出现的原因是约 2300 万年前，南美洲完全与其他大陆分离，在此期间形成和发展了上述这些特有类型动物。而在此之前，由于南美洲曾和北美洲及其他大陆联系在一起，在动物区系上至今还残存着这种联系的痕迹。到距今 2.6 万年以后，由于地壳变动、陆桥形成，北美洲的一些哺乳类南迁，如羊驼、鹿、狐等，它们的后代多数得到发展并延续至今。

非洲哺乳类的特有种有长颈鹿、河马、大猩猩、斑马等，出现这一特点也是与长期的地理隔离有关，非洲北部的大沙漠阻碍了原始哺乳类的侵入，所以没有原始哺乳类的化石，侵入非洲的是后期出现的高等哺乳动物。

我们相信，随着科学技术的进步和研究的不断深入，人们将会从更多方面找到更多的证据来证明生物进化理论。

复习思考题

1. 生物进化理论的产生过程是什么？

2. 生物进化的本质是什么？

3. 生物物种和生物居群的联系是什么？

4. 生物大进化和小进化的区别是什么？

5. 生物的辐射和灭绝的异同是什么？

6. 生物地史时期演化的阶段性是什么？

7. 古生代生物的特征有哪些？

8. 化石记录中的生物进化证据有哪些？

9. 动物为生存和发展，有时会提高自身哪些方面的机能？

10. 现代生物中进化特征的表现有哪些？

11. 地理因素对生物发展的影响有哪些？

12. 生物同功器官和同源器官的区别是什么？

第4章　海陆变迁及古地理演变

地球上的大陆位置并非固定不变，而是经历了多次聚合和裂解。两亿年前随着盘古大陆（Pangaea）的分裂，逐渐形成今天的海陆格局。大陆漂移、海底扩张、板块构造三学说构成了板块理论的三部曲。青藏高原作为板块运动最典型的例子，对亚洲乃至全球的气候和环境造成了深远影响。

4.1　移动的大陆

大陆漂移学说是地学界的一个重大发现。科学家很早就认识到美洲与欧洲和非洲连接的可能性。德国气象学家阿尔弗雷德·魏格纳基于南美洲与非洲海岸线的吻合，结合古生物化石等证据提出地球在中生代以前是一个相连的联合大陆，引起了学术界的重大轰动（阿尔弗雷德·魏格纳，2023）。

4.1.1　世界地图引出的发现

在这一章，我们将带领大家回到地球的远古时代，探索海陆的变迁以及古地理格局的演变。地球表面被浩瀚的海洋和坚如磐石的大陆所覆盖。在任何一张世界地图上，七大洲、四大洋的海陆轮廓是那么分明！然而，今天我们所看到的海陆分布，是否从远古时期就一直如此呢？而在遥远的未来，现在的陆地又是否会发生改变呢？

讲到大陆漂移，首先要提到德国气象学家魏格纳。魏格纳1880年出生于德国柏林，从小就富有冒险精神，高中时向往着环游世界，但由于受到父亲的阻止未能成行，而是进入大学学习。1905年，魏格纳以优异成绩获得气象学博士学位；1906年，他和弟弟两人驾驶高空气球连续飞行了52小时，打破了当时的世界纪录。后来他又参加了去格陵兰岛的探险队。1910年，魏格纳在观看世界地图时发现了大西洋两岸海岸线的相似性：大西洋西岸的巴西东部与非洲西部的海岸线能够很好地吻合。但最初魏格纳并未对这一现象十分重视，不久后因一次偶然的机会，魏格纳了解到非洲和南美洲古生物化石十分接近，这一发现让他十分兴奋，于是猜想会不会非洲与南美洲本来就是一块整体，后来受到某种外力作用才破裂分离的呢？

带着这样一个猜想，魏格纳开始收集资料。魏格纳实地考察大西洋两岸的地层和山脉，对比了两岸的动物和植物化石的分布状况。通过种种迹象，魏格纳确认大西洋两岸曾经连为一个整体。魏格纳对此做了一个形象的比喻：这就好比一张被撕开的报纸，它们不仅能够按照参差不齐的断边拼合起来，而且拼合之后的文字和行列也恰好吻合，我们不得不承认，这两片报纸原来是连在一起的。1912年，魏格纳正式提出大陆漂移学说；在1915年发表的《海陆的起源》一书中（图4-1），魏格纳系统地阐述和论证了大陆漂移学说的理论（阿尔弗雷德·魏格纳，2023）。

图 4-1　阿尔弗雷德·魏格纳（左）和他的著作《海陆的起源》德文版封面（右）（图源：Wikimedia Commons）

　　魏格纳认为，现在的北美洲、南美洲、非洲、亚洲、欧洲、大洋洲以及南极洲，在古生代时期是连在一起的超级大陆。地壳较轻的硅铝层漂浮于较重的黏性硅镁层之上，在潮汐力和地球自转离心力的作用下，盘古大陆（Pangaea）破裂并与硅镁层分离。这个超级大陆从中生代开始逐渐裂解，最终形成现在的海陆分布格局。

　　魏格纳的大陆漂移学说很好地解释了大西洋两岸的海岸线轮廓、地形、地质构造，以及古生物群落之间的相似性，对南半球各大陆古生代晚期冰川沉积分布等许多之前地质学无法解释的难题给出了很好的回答。大陆漂移学说的提出，对被传统的"海陆固定论"所把持的地学界来说，无异于在一潭死水中投下一颗巨石，引发了地球科学史上的一次重大革命。

4.1.2　大陆漂移的证据

　　前面我们介绍了魏格纳大陆漂移学说的产生背景，现在我们再来看看魏格纳找到了哪些证据来支持他的观点。魏格纳认为，如果大西洋两岸曾经是一个整体的话，那么当时的地层、地质构造以及古生物化石等也应该具有一致的特征。因此，魏格纳首先从地质方面寻找证据。那么，魏格纳找到了哪些证据呢？

　　首先是地质构造的吻合性。魏格纳考察后发现，大西洋两岸在地层、岩石和构造上遥相呼应。例如，美国东部阿巴拉契亚山脉（Appalachian Mountains）的褶皱带，东端没入大西洋，与英国、爱尔兰等地的褶皱山系遥相呼应，都属于早古生代造山带。非洲南端的好望角东西向的褶皱山脉，与南美阿根廷的布宜诺斯艾利斯附近的山脉相衔接。非洲西部元古宙之前的古老岩石，与巴西的古老岩石相吻合。此外，魏格纳还对比了印度与非洲之间的地层和构造，也同样得出在印度洋两岸的古老地层之间，存在一定的对应关系的结论。

　　其次是古生物化石的证据。一切生物都生活于某种特定的环境之中，因此，利用生物化石，就可以推断生物生存的古环境和古地理等信息（图 4-2）。例如，在巴西和南非石炭纪—二叠纪的地层中，均发现一种生活在淡水中的爬行类——中龙类（Mesosaurians）化石，这种化石迄今为止在世界上其他任何地区都未曾发现。很显然，这种小型淡水爬行动物不可能游过大西洋。再例如，一种植物化石舌羊齿（*Glossopteris*），在非洲、南美洲、印度、澳大利亚、南极洲等地的石炭纪—二叠纪地层中均有广泛分布。舌羊齿是一种古老的裸子植物，其种子十分沉重，而且容易破碎，不可能漂流太远或随风传播。更有趣的是有一种庭院蜗牛化石既存在于欧洲，还同时分布于大西洋彼岸的北美洲。要知道，当时鸟类尚未出现，不可能带着它们越过大洋。

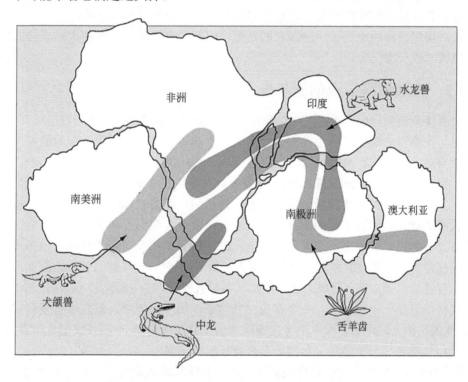

图 4-2　动植物化石分布显示古大陆的连接（图源：美国地质调查局/Wikimedia Commons）

此外，在被大洋隔开的南极洲、南非和印度发现的水龙兽类（Lystrosauridae）和迷齿类（Labyrinthodontians）动物群，也具有惊人的相似性（Cluver，1978）。这些动物还见于北方的劳亚大陆。如果这些大陆过去是彼此分离的，很难设想这些陆生动物和植物是怎样远涉重洋，分布于世界各地的。虽然有人试图用各大洲之间曾经有陆桥相连来解释这许多生物化石的普遍分布，但是，通过海底地形测量并未发现在海底有硅铝质大陆地壳的存在。魏格纳曾经这样质问：难道有人真会相信，靠一个陆桥就可以进行物种的交换了吗？为什么澳大利亚和邻近的巽他群岛（Sunda Islands）之间没有什么物种交换，就像从另一个世界来的外来物种一样！（阿尔弗雷德·魏格纳，2023）。

最后是古气候方面的证据。在大约三亿年前的石炭纪—二叠纪，南半球普遍发育冰川，在南美洲、非洲、澳大利亚、印度和南极洲，都发现了石炭纪—二叠纪的冰川遗迹（Fedorchuk et al.，2021）。科学家曾经很迷惑，为什么这些冰川都是从海边流向内陆呢？后来恍然大悟，如果将南半球各大陆拼合起来，这个难题就迎刃而解，原来冰川是由南极洲向四周流动的。这些大陆除南极洲外目前都靠近赤道，不是处于寒冷的气候。这一事实很难用大陆固定的说法来解释，因此这些大陆必然曾发生过移动。

值得注意的是，在南极洲发现了大量的煤层，证明现在冰天雪地的南极，以前曾位于温暖湿润的气候区。北半球也有很多古生代晚期的煤层分布，表明这些地区当时都是植物茂密的热带沼泽（Limarino et al.，2021）。在美国的二叠纪地层发现了很多岩盐和风成砂岩，表明当时美国接近赤道而气候干燥（Benison and Goldstein，1999）。以上这些地质现象，都指示了过去的气候带和现在的地理位置不相匹配，大陆应该是移动过的。

不过，虽然魏格纳找到了大陆漂移的证据，但他没有从根本上解决大陆漂移的动力问题，使得该学说一度沉寂。

4.1.3　大陆漂移学说的衰与兴

大陆漂移学说的问世，就像一颗炸弹在全世界引起了轰动，但招致的攻击远大于支持。这一假说与长期以来地学界的主导思想"海陆位置固定论"背道而驰，因而遭到大多数学者的激烈反对。当时仅有南非地质学家亚历山大·杜托伊特（Alexander du Toit）、英国地质学家亚瑟·霍姆斯（Arthur Holmes）等极少数人支持魏格纳的观点。1926 年 11 月，在纽约召开了一次关于大陆漂移学说的讨论会，魏格纳兴致勃勃地出席了会议。可是，会议一开始就成了对大陆漂移学说的批判会，代表们一个个板起面孔非难和斥责魏格纳，尤以英国地球物理学权威哈罗德·杰弗里斯（Harold Jeffreys）的反对最为坚决，他指责大陆漂移学说仅仅是"一个漂亮的梦，一位伟大诗人的梦"。同时，魏格纳的气象学而非地质学专业出身的背景也广受诟病，耶鲁大学古生物学名誉教授查尔斯·舒克特（Charles Schuchert）认为，魏格纳只是一个局外人，一个在古生物学或地质学领域中，没有做过任何实际工作的人，"他的归纳太轻率了，根本不考虑地质学的全部历史""一个门外汉把他掌握的事实，从一个学科移植到另一个学科，显然不会获得正确的结果"。

"海陆固定论"的坚守者，最终找到了大陆漂移学说的致命弱点，那就是动力。魏格纳认为大陆漂移的动力，来自天体引力和地球自转的离心力，驱动着较轻的硅铝层在较重的硅镁层之上移动。根据魏格纳的观点，当时的地球物理学家立刻开始计算，利用大陆的体积、密度计算陆地的质量，再根据硅铝质花岗岩与硅镁质玄武岩之间的摩擦力，计算出要让大陆相对移动，需要多大的力量。物理学家的结论是，潮汐力和地球自转的离心力，不足以推动广袤沉重的大陆移动。

魏格纳在反对声中继续为他的理论搜集证据，为此他又两次去格陵兰岛考察。1930 年 11 月 2 日，魏格纳在第 4 次考察格陵兰冰原时，遭到暴风雪的袭击，倒在茫茫的雪原之上，不幸遇难，时年 50 岁。随着魏格纳的遇难身亡，大陆漂移学说也被"打入冷宫"，逐渐为世人所忘却。

直到 20 世纪 50 年代，古地磁方面新证据的出现才让沉寂 30 年的大陆漂移学说"起死回生"（Runcorn，2013）。通过古地磁学测定岩石中的剩余磁性，推算其时空关系，可追溯它们所经历的地质事件。物理学家用极精密的仪器测定了一批岩石的剩余磁性，结果表明，岩石所处的古纬度与当前纬度有很大差别。大量的研究结果表明，由同一大陆、同一地质时代的岩石标本得出的古地磁极位置基本一致，但由不同大陆、同一地质年代的岩石标本得出的古地磁极位置却往往不同。古地磁极移动为地壳运动提供了强有力的证据，使得沉寂多年的大陆漂移学说重获生机。另外，随着海洋探测的发展，洋底地形、地貌和地质数据的不断获得，以及地球物理与地球化学等新学科新技术的发展，海底扩张学说应运而生，为大陆漂移提供了进一步的支持（Runcorn，2013）。

虽然魏格纳的躯体沉寂在格陵兰岛的冰原之下，但他所创立的大陆漂移学说就像一座巍峨的丰碑，屹立在人类的认识史上。这位全球构造理论的先驱，也被誉为"地学界的哥白尼"，因此而名垂千古（附图 4-1）。

4.2　古海新底——海底扩张学说的应运而生

海底扩张学说构成了板块构造理论的基本思想之一。随着对海底地形的探索和发现，科学家认识到在海洋地壳上存在一个分裂带（洋中脊），地幔物质由此处不断涌出，大洋地壳不断增生并向两侧推移，在大陆地壳下俯冲消亡，从而保持了大洋地壳的新生和平衡。

4.2.1　海底扩张学说的产生

地球表面大约三分之二的部分被海洋所覆盖，19 世纪之前，许多人认为海底相对平坦，没有太大起伏。20 世纪 50 年代之后，许多国家加大了对海洋探测的力度，发现海底存在大量山脉围绕着地球，这就是所谓的大洋中脊。这个巨大的海洋山脉长达 8 万 km，盘旋在大陆之间，就像棒球上的缝线一样围绕全球（图 4-3）。正是海洋探测的不断发展，为之后的海底扩张学说，以及板块构造理论的确立奠定了基础。

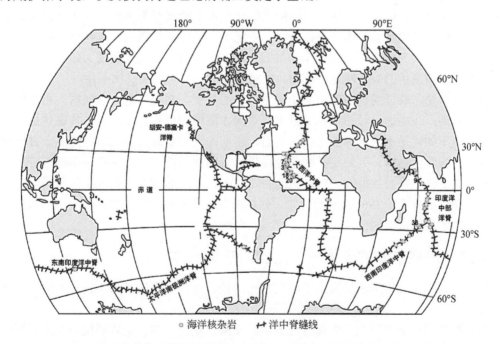

图 4-3　全球大洋中脊和海洋核杂岩的分布（图源：美国地质调查局/Wikimedia Commons）

1960 年，美国地质学家哈里·哈蒙德·赫斯（Harry Hammond Hess）首先提出了洋盆的形成模式（Hess，1960）。随后，美国地质学家罗伯特·辛克莱·迪茨（Robert Sinclair Dietz）于 1961 年也用海底扩张理论讨论了大陆和洋盆的演化（Dietz，1961）。赫斯和迪茨被公认为海底扩张学说的创立者。

赫斯毕业于耶鲁大学，后来在普林斯顿大学任教，第二次世界大战爆发后，赫斯应征加入海军，成为约翰逊角号货船［USS Cape Johnson（AP-172）］的舰长。从教授学者转换成军人的身份，并未改变赫斯探索地球奥秘的理想。他利用巡逻的机会，通过声呐探测洋底地貌，并对数据加以分析，发现在大洋底部，有很多连续拔起像火山锥一样但顶部平坦的山体。战后，赫斯又回到普林斯顿大学执教，后续研究发现，同样的海底平顶山，距离大洋中脊越近越年轻，山顶离海平面越浅；距离大洋中脊越远，地质年代越古老，山顶离海平面越深。结合当时大洋中脊体系、海底热流异常、地幔对流等全球地质学最新成果，赫斯于 1960 年提出海底扩张学说（附图 4-2）（Hess，1960）。

迪茨是美国海军电子实验室的一名科学家，他曾经参加过美国海军的海洋探测和地磁填图工作，在菲律宾以东的马里亚纳海沟（Mariana Trench），迪茨也发现了类似的地质现象。1961 年，迪茨在《自然》杂志独立提出了海底扩张的观点，并明确使用"海底扩张"（sea-floor spreading）一词（Dietz，1961）。虽然迪茨不是一名地质学家，在解释一些现象时经常会出现漏洞，使得他的研究工作很难继续深入下去，但他所提出的科学假说，人们永远也不会忘记。

1962 年，赫斯在"海洋盆地历史"一文中，对洋盆形成做了系统的分析和解释，并阐述了洋盆形成、洋底运移更新与大陆消长的关系（Hess，1962）。赫斯海底扩张的基本理论有以下三点：①地幔内存在热对流，在洋中脊下，高温的地幔物质（岩浆）不断上升涌出；②涌出的岩浆冷凝形成新的洋底，先期形成的洋壳被不断向两侧推移；③洋壳在向外推移的过程中，至大洋边缘的海沟和岛弧一线，受阻于大陆而俯冲消融，达到新生和消亡的平衡，这个过程大致需要 2 亿～3 亿年的时间。海底扩张理论的确立促使大陆漂移学说由衰而兴，为板块构造学的兴起奠定了基础，并触发了地球科学的又一次革命。

赫斯很清楚，要证明他的理论并让科学界普遍接受，需要强有力的证据。正如他在论文引言中所讲：我的这一设想可能需要很长时间才能得到证实。因此，与其说这是一篇科学论文，倒不如说是一首地球的诗篇。然而，赫斯的命运要比魏格纳幸运得多，古地磁数据以及随后的海洋勘探，为海底扩张理论提供了有力的证据支持。赫斯多年担任普林斯顿大学地质系主任，并被肯尼迪（John Fitzgerald Kennedy）总统提名为美国国家科学院空间科学部主任。在赫斯于 1969 年逝世之前，他的海底扩张理论已经被大多数学者所接受，奠定了他在学术界的重要地位。

4.2.2 海底扩张的证据——绝佳的三位一体

赫斯等依据海底地形测量提出了海底扩张学说。然而，海底扩张学说是如何被逐渐证实的呢？

海底扩张理论最先得到了海洋古地磁学的支持。众所周知，地球磁极会发生周期性的倒转。强磁矿物-磁体矿在岩浆冷却之前，会按照当时地球的磁场方向排列，冷却之后，形成的固体火山岩中的地磁矿物被锁定，记录了当时的地磁方向或磁极。早在 20 世纪 50 年代，越来越多的海底地磁图被绘制出来，人们认识到地磁变化不是无规则和孤立出现的，而是显示出像斑马一样的图像，这些地磁条带呈对称分布（图 4-4）。

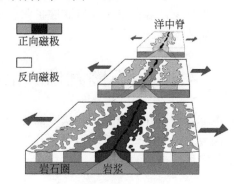

　　1963 年，英国学者弗雷德里克·约翰·瓦因（Frederick John Vine）和德拉蒙德·霍伊尔·马修斯（Drummond Hoyle Matthews）利用地磁场极性的周期性倒转特征，对印度洋卡尔斯伯格中脊（Carlsberg Ridge）和北大西洋中脊（Mid-Atlantic Ridge）的洋底磁异常做了分析，认为洋底磁异常条带，并不是洋底岩石磁化强度不均匀引起的，而是由于地磁场反复转向，与洋底在洋中脊的不断新生和扩张共同引起的，这就是著名的"瓦因-马修斯假说"（Vine and Matthews，1963）。海底磁异常条带的发现强有力地支持了海底扩张学说。

图 4-4　磁异常与海底扩张（图源：美国地质调查局/Wikipedia Commons）

　　海底扩张的更多证据来源于深海石油勘探。第二次世界大战期间，由于石油储备的大量消耗，世界各国加强了海洋石油勘探，采集了大量的海底钻探岩心样品，并通过古生物学研究和同位素测年获取了它们的地质年龄（附图 4-3）。综合地层、古生物、古地磁、同位素年龄等多方面的资料，沃尔特·克拉克森·皮特曼三世（Walter Clarkson Pitman Ⅲ）于 1974 年做出一幅全球大洋洋底年龄图，证明了海底岩石年龄在大洋中脊处最为年轻，向两侧递增，对称分布，越远越老。最古老的洋壳年龄为 1.8 亿年，与大陆已知最古老的岩石年龄 43 亿年相比，无疑属于幼年阶段。这种巨大的海陆年龄差异，只能用海底扩张学说才能合理地解释。

　　从海底地貌图中可以看出，大洋中脊被一系列横向断裂所切割，这些断裂带大多与中脊轴线相垂直，过去一直将其作为平移断层。瓦因和约翰·图佐·威尔逊（John Tuzo Wilson）研究太平洋的磁异常，通过追踪断层两侧磁异常条带的延伸情况，发现这种横断中脊的断裂带不是一般的平移断层，而是洋中脊两侧海底扩张量不同所引起的特殊断层（附图 4-4）。1965 年，威尔逊提出了转换断层的概念，即水平错动的位移突然中止，或运动方向和运动性质发生了转变（Wilson，1965）。一开始，转换断层并不被大多数学者所接受。1966 年，美国学者林恩·雷·赛克斯（Lynn Ray Sykes）分析全球洋中脊 17 个地震的震源机制后发现，断层的错动方向与转换断层所要求的方向完全一致，从而证实了转换断层的存在（Sykes，2017）。转换断层的发现和证实，为海底扩张学说提供了又一有力支持。因此，地学界将转换断层、海底磁异常以及深海钻探并列为海底扩张的三大证据，绝佳的三位一体。

　　海底扩张学说摒弃了魏格纳大陆漂移学说中地壳主动运动的假说，认为地壳是被动受地壳下部对流作用的推动运动，好像放在一条活动传送带上。也就是说，海底扩张的驱动力是地幔对流。

　　海底扩张可分为两种类型。一类是大西洋型的海底扩张，是指扩张的洋底同时把邻接的大陆向两侧推开，随着新洋底的不断生成，大洋向两侧扩展。另一类是太平洋型的海底扩张，洋底扩展移动到大陆边缘的海沟处，并沿消减带俯冲到大陆地壳之下，消失于地幔软流圈中，洋底并不推动相邻大陆向两侧移开。

从大陆漂移到海底扩张，大地构造理论被逐渐完善。当初强烈反对大陆漂移学说的是地球物理学家，现在坚决支持海底扩张的还是地球物理学家。科学的发展是如此的曲折，而又充满戏剧性。

4.3　岩石圈就像一个破碎的蛋壳——板块构造

地球岩石圈并非完整的一块，而是分裂成许多块，我们称为板块。全球板块划分出六个一级板块，这些一级板块再可划分为若干中小板块。板块构造与大陆漂移、海底扩张共同构成了板块理论的三部曲。

4.3.1　什么是板块

板块的概念最先由威尔逊在论述转换断层时提出。板块构造学说认为，岩石圈并非整体一块，这些由巨大的、形状不规则的固体岩石构成的块体称为板块，一般由大陆或大洋的岩石圈构成。不同板块的大小变化很大，宽度从几百千米到数千千米不等，厚度差异也很大，年轻的大洋板块不足 15km，而古老的大陆板块厚达 200km 左右。在大陆板块的内部，存在一些长期坚固而稳定的构造单元，地质学家将它们称作克拉通（craton）。克拉通是陆地的核心，大陆就是围绕着古老陆核逐渐拼合增生而形成的。

地球的表壳——岩石圈，被裂解为若干巨大的板块，坚硬的岩石圈漂浮在塑性软流圈之上，横跨地表做大规模水平运动，这就是板块构造理论最核心的内容。板块与板块之间，或相互分离，或相互聚合，或相对平移。在分离处，软流圈地幔物质上涌，冷凝形成新的大洋洋壳；在聚合处，大洋板块俯冲于相邻板块之下，熔于地幔，导致板块消亡。板块运动及其相互作用，引发了地震和火山，带动了大陆漂移和大洋盆地的张开与闭合，也导致了其他各种地质作用（图 4-5）。可以说，直至板块构造学说问世，科学家才第一次比较成功地回答了"地球是怎样活动的"这一重大地质问题。

板块构造的基本原理可归纳为以下四点：①在垂向上，固体地球上层可划分为物理性质截然不同的两个圈层，包括上部的刚性岩石圈和下垫的塑性软流圈。②在侧向上，岩石圈可再分为若干大小不一的板块。板块是运动的，其内部稳定，边界为最具活动性的构造带。③岩石圈板块横跨地表作大规模水平运动，在全球范围内，板块沿增生边界的扩张增生，与沿汇聚边界的压缩消亡相互抵消，从而使地球的半径保持不变。④板块运动的驱动力来自地球内部，最可能来自地幔物质的对流。

1968 年，法国学者格扎维埃·勒皮雄（Xavier le Pichon）依据地震活动带、洋底地貌和洋底磁异常条带等，将全球的岩石圈划分为六大板块，即太平洋板块、亚欧板块、美洲板块、非洲板块、印澳板块和南极洲板块（Le Pichon，1968）。这六大主要的板块属于一级板块，决定了全球板块运动的基本特点。

随着板块构造学说的发展和应用，人们提出了更为复杂的板块划分方案。例如，20 世纪 90 年代，学者在勒皮雄六大板块的基础上，又划分出 7 个次一级板块：纳兹卡板块、科科斯板块、菲律宾板块、阿拉伯板块、加勒比板块、胡安·德富卡板块、斯科舍板块,并将美洲板块分为北美洲板块和南美洲板块,印澳板块分为印度板块和澳洲板块,非洲板块分为非洲板块和索马里板块(附图 4-5)(Le Pichon et al.,2013)。此外,随着研究工作的深入,板块划分方案也日趋完善。目前,按板块范围大小,可分为大板块、中板块、小板块和微板块;按照构成板块的岩石圈类型又可分为大陆岩石圈板块、大洋岩石圈板块和过渡型岩石圈板块。

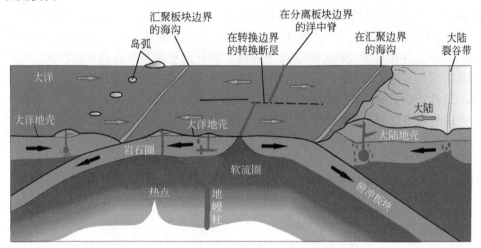

图 4-5　理想的地球表层纵剖面及板块运动示意图(据王强等,2020)

20 世纪 60 年代提出的板块构造学说,建立在大陆漂移学说和海底扩张学说的基础之上,是对海底扩张学说的发展和延伸,并且促进了大陆漂移学说的"复活"。板块构造学说对地球的演化做出了简洁的回答,合理地解释了地球上绝大多数的地质现象,具有划时代的科学意义。因此,人们将大陆漂移学说、海底扩张学说与板块构造学说,看作板块理论不可分割的三部曲。

4.3.2　板块边界的类型

板块边界是指不同板块之间的结合部位,表现为持续活动的火山带和地震带,是全球地质作用最为活跃的地区。依据板块边缘的构造、活动性和板块相对运动的方式,地质学家将板块边界划分为三种类型:离散型板块边界、汇聚型板块边界,以及转换型板块边界(图 4-6)。

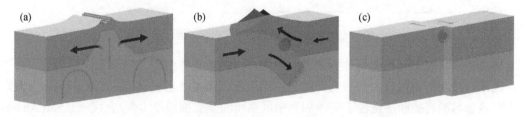

图 4-6　三种板块边界类型示意图(图源:domdomegg/Wikimedia Commons)

(a)离散型板块边界;(b)汇聚型板块边界;(c)转换型板块边界

离散型板块边界也称增长边界。在边界的两侧，板块做背离运动。离散型板块边界既可发生于大洋岩石圈，也可发生于大陆岩石圈。发生于大洋岩石圈之间的，主要见于大洋中脊的轴部。洋脊拉开，岩浆上涌，冷却后形成新的条带状洋壳，新洋底对称地添加到板块边界两侧的后缘，使洋底岩石圈在大洋中脊轴部不断增生。发生在大陆岩石圈之间的即为大陆裂谷带，东非大裂谷就是典型的例子。

汇聚型板块边界又称汇聚边缘。在这种边界两侧，板块做相向挤压运动，老地壳在边界附近消亡。板块之间的聚合可以发生在大洋板块-大洋板块、大陆板块-大陆板块或大洋板块-大陆板块之间（图 4-7）。大洋板块-大洋板块汇聚，是指一个大洋板块俯冲于另一个大洋板块之下，并在这个过程中形成一条海沟，如马里亚纳海沟就是移动较快的太平洋板块与菲律宾板块碰撞的结果。当俯冲板块下降至地幔时被加热，部分熔融产生了以安山岩为主体的岩浆，上升到未俯冲板块的表层，形成一系列的火山岛，被称为火山岛弧。正如其名，火山岛弧接近而又平行于海沟，一般呈弧曲状分布。阿留申群岛（Aleutian Islands）、日本群岛（the Japanese Archipelago）以及菲律宾群岛（Philippine Islands）都是大洋板块-大洋板块碰撞产生火山岛弧链的极好例子。当两个大陆板块聚合时，没有俯冲现象，两个板块都拒绝向下运动，在边界形成内陆山脉带。喜马拉雅山脉就是最著名的大陆板块-大陆板块汇聚的结果。

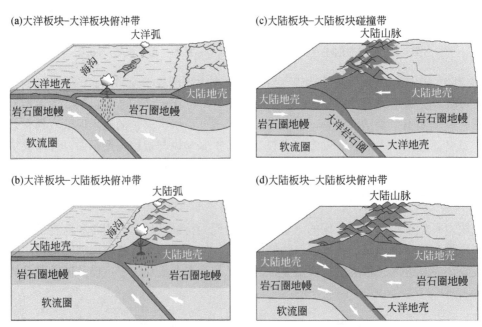

图 4-7 大洋板块与大陆板块之间碰撞的四种类型（据郑永飞等，2022）

转换型板块边界又称剪切边界或恒定边界。在这种边界两侧，相邻板块作相对平移滑动，通常由转换断层组成。沿着剪切边界，板块没有新生，也没有消亡，所以又称为恒定边界。最著名的转换断层是位于美国加利福尼亚州的圣安德烈斯大断层（Great San Andres Fault），它把太平洋板块和北美洲板块分割开来。

4.3.3　板块边界故事多

东非大裂谷是两个大陆板块拉伸的典型例子。东非大裂谷全长 6500 多千米，是一条现今仍在不断活动的超大断裂（附图 4-6）。1978 年 11 月，埃塞俄比亚的阿法尔地区（Afar region）突然发生破裂，阿尔杜克巴火山（Aldukba Volcano）随后喷发，这次破裂将非洲大陆与阿拉伯半岛之间的距离扩大了 1.2m；2005 年 9 月，该地区又突然出现一条大断裂，宽达 6m。在东非大裂谷里，陡峭的山谷、壁立的河岸到处都是，著名的景点有维多利亚湖（Lake Victoria）以及维多利亚瀑布（Victoria Falls）。

两个大洋板块的"亲吻"，造就了海洋最深的地方。马里亚纳海沟位于菲律宾的东北角，长 2550km，平均宽 70km，最深处 11034m。其他比较著名的海沟还有日本海沟（Japan Trench）、秘鲁-智利海沟（Peru-Chile Trench）等。海沟里生活着许多美丽的生物：犹如火箭升空一般，最长可达 50 多米长的管水母；似隐形飞机般的鳐；成群的大嘴琵琶鱼；美丽的僧帽水母等。在 8000 多米深的水层，18cm 长的小鱼可以自如游动，我们难以想象它们正承受着 800 个标准大气压（1 个标准大气压=1.01325×10^5Pa），这个压力就连钢制的坦克都可以轻易压扁。然而，在更深的万米沟底，还生活着只有零点几毫米大小、壳质脆弱的软壁有孔虫。

板块边界是把双刃剑，一方面它形成了许多神秘的自然奇观，另一方面，它却又代表了毁灭与灾难。板块边界是地壳的极不稳定的地带，板块运动在边界处不断引发各种地质灾害，其中火山和地震是最主要的两种类型。火山大多发生在板块的交接处，最著名的是环太平洋火山带（Circum-Pacific volcanic belt），位于亚欧板块与太平洋板块之间，全长 4 万 km，呈马蹄形，分布活火山 512 座，占全球活火山数量的 80%以上。

地震是地壳在快速释放能量过程中造成振动，其间会产生地震波的一种自然现象。板块之间相互挤压，边缘及内部发生错动和破裂，是地震的主要原因。据统计，全球 85%的地震发生在板块边界，仅有 15%的地震与板块边界没有明显关系。全球存在三大地震带，分别是环太平洋地震带（Circum-Pacific seismic belt）、地中海-喜马拉雅地震带（也称欧亚地震带）（Euro-Asia seismic belt）以及大洋中脊地震带。

板块构造理论是伟大的地学革命，它以恢宏的气势描绘了地球演化的蓝图。然而到底是什么力量驱动了板块的移动？

4.3.4　热点理论

前面讲到，大多数火山和地震都发生在板块边界附近，但其实，也有一些例外情况。例如，完全是火山成因的夏威夷群岛（Hawaiian Islands），距离最近的板块边界超过 3200km。那么，夏威夷群岛线状展布的一系列火山岛链到底是如何形成的呢？

1963 年，转换断层的发现者，加拿大学者约翰·图佐·威尔逊提出了独到的见解，即目前众所周知的热点理论。威尔逊认为，所谓热点，是地幔中相对固定和长期的热源中心，通过不断熔融上部板块，提供源源不断的岩浆，从海底喷出，形成海山或火山岛。由于板块的不断运动，先形成的火山被带到远处，切断岩浆来源而成为死火山。当一个活火山变成死火山时，另一个新的活火山会在热点上重新发展，如此不断重复，形成了一串年龄定向分布的线状火山链（图 4-8）。

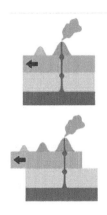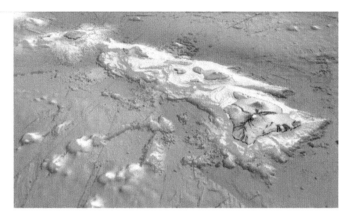

图 4-8　热点（左）的形成过程与夏威夷群岛（右）（图源：Los688/Wikimedia Commons）

根据威尔逊的热点理论，夏威夷火山链应该是距离热点越远越古老。根据测年数据，夏威夷岛最老的火山岩年龄还不到 70 万年，并且至今仍有新的火山岩不断生成，沿着夏威夷岛向西北方向随着距离增加，火山岩年龄依次增加。在岛链西北端的考艾岛上，最老的火山岩年龄大约为 550 万年，并且深受侵蚀。太平洋板块在固定的夏威夷热点上运动，很好地解释了夏威夷—帝王海山链（Hawaiian–Emperor seamount chain）的形成。

威尔逊最先识别出了夏威夷岛链的热点，那么，全球到底存在多少热点呢？威尔逊随后列出了世界上的 19 个热点实例，并认为地球总共存在 66 个热点，后来一些学者又将热点的数量增加到 117 个。根据目前的研究，地球的热点至少有 45 个，其中 30 多个分布在海洋，这一数据已经被大多数学者所接受（附图 4-7）。热点的发现，为海底扩张提供了新的证据，同时也让我们能更好地理解板块运动的动力学机制。但是，热点又是怎么形成的呢？

4.3.5　地幔柱构造

前面我们讲到了热点，热点到底是什么？其实，热点是地幔对流的表现形式，或者说是地幔柱在地表的显现。

夏威夷热点的发现，导致了地幔柱理论的诞生，该理论认为流体地幔是夏威夷海山链及其他大洋岛链形成的根源。威廉·杰森·摩根（William Jason Morgan）在 1971 年最先提出了地幔柱的概念，认为热点实际上是地幔对流的表现，即地球深部物质由于放射性元素的分裂、热能释放而炽热上升的圆筒状物质流（Morgan，1971）。这有点像一锅热汤，柱状的热汤垂直上升，在表面向两侧流动并开始冷却，然后下沉，再次加热，然后再次上升，如此循环往复。地幔柱并不仅是科学家设计的一种模型，它本身也是客观存在的（图 4-9）。

日本学者丸山茂德（Shigenori Maruyama）等根据地震层析成像技术，得到整个地幔的内部结构，并对板块的下插历史进行了追踪研究。结果表明，地幔柱和板块并非相互独立，二者构成一个统一的构造体系，即地幔柱构造。丸山茂德指出，地幔深部上升的直径约数千千米的热地幔柱，和沉入 670km 深的板块崩落形成的冷地幔柱，共同引起了整个地幔对流，从而支配着全球的构造运动。冷地幔柱一旦形成，就会强烈影响下地幔的热对流，所有漂浮在上地幔上的大陆，都会指向这种超级冷地幔柱，最后所有的大陆都会向一起汇聚，形成一个地表超大陆。这种超级冷地幔柱的寿命可能是 4 亿~5 亿年。

然而，今天的地幔柱，却可能成为明天的大灾难。地幔柱直接拱裂岩石圈的可怕后果，会形成大规模的岩浆建造，我们称为大火成岩省。这种大火成岩省的喷发，是地球在极短时间内，大规模释放内部热量的极端手段。而且，这种极端手段，还不像板块运动那样将热能转化为动能——而是将最深部的热量直接输出到大气圈、水圈、生物圈这些地表圈层。

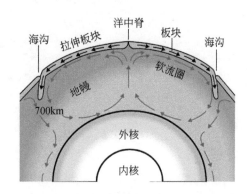

图 4-9　地幔柱的形成（图源：Surachit/Wikipedia Commons）

如此大规模的岩浆活动，输出大量二氧化碳气体，会造成极端的温室效应。而另一种主要的岩浆挥发气体——二氧化硫，形成的酸雨会让生物无所遁形，更能反射太阳光，令局部产生冷室效应。在气候的冷热失调下，生物圈唯一的回馈方式就是灭绝。

纵观地球历史，西伯利亚大火成岩省喷发后，就有了 2.5 亿年前二叠纪末那场亘古大灭绝，超过 95% 的物种被清洗，繁盛一时的古生代生物群被彻底摧垮，永远地凝固在了化石的王国之中。自此以后，生物演化进入了中生代的纪元。中生代作为爬行动物的时代，恐龙将其推到了历史的高潮。然而，在白垩纪末，印度德干地区又出现了大火成岩省，不幸的是，这次还偶然跟陨石撞击同时发生，导致中生代地球的霸主——恐龙直接灭绝，从此退出了历史的舞台。

魏格纳早在 1912 年就提出古生代存在一个超级大陆的观点。随着板块理论三部曲以及地幔柱板块理论的发展，人们对于过去地球的演化也有了更明确的认识。

4.4　超级大陆的"三生三世"

两亿年前的盘古大陆已经被大众所熟知，然而这种大陆的分分合合远不止一次，地球海陆的桑田之变依然在亿万年的时间尺度上循环往复。在遥远的未来，也许世界各大陆将再次相聚，我们国家到时是否会成为真正的"国中之国"？

4.4.1　曾经只有一个大陆

古生代之前（或称前寒武纪）的大陆位置经过多次变动，目前更多基于猜测而且颇具争议。一般认为，18 亿年前，地球上形成了"哥伦比亚超大陆"（Columbia supercontinent），然后裂解。再后来，在大约距今 13 亿~11 亿年，由许多古老的陆块漂移拼合在一起，形成一个叫作"罗迪尼亚大陆"（Rodinia）的超级大陆（图 4-10）。后来罗迪尼亚大陆开始裂解，各个陆块四散漂移。到了 5.7 亿~5.5 亿年前，散布在南半球的陆块陆续聚合成为一个大陆，即冈瓦纳大陆。而罗迪尼亚大陆其余的陆块，则为劳亚大陆。这两个由罗迪尼亚大陆裂解后，重新聚合形成的南方和北方大陆，也就是后来魏格纳等提出的盘古大陆（Pangaea），或称联合古陆、泛大陆的雏形。

图 4-10 罗迪尼亚大陆（图源：John Goodge/Wikimedia Commons）

魏格纳冲破了固定论者的冷缩说、陆桥说和大陆永存说的束缚，提出各大陆在古生代晚期，大约 2 亿年前，曾为统一的大陆，之后开始分裂、漂移，逐渐演变成现代的海陆分布。他以大陆坡的上限，也就是海平面以下 200m 的地方，作为大陆边界，绘制了晚石炭世盘古大陆的复原图。后来，南非地质学家亚历山大·杜托伊特做了更为精确的拼合，认为大陆解体漂移之前，不是一个而是两个超级大陆，即北方的劳亚古陆和南方的冈瓦纳大陆，两大陆之间为特提斯海（Tethys）。冈瓦纳大陆主要包括现今的南半球各大陆，以及印度半岛（India Peninsula）和阿拉伯半岛（Arabian Peninsula）等地区。劳亚古陆的范围相当于现代北美洲、欧洲和亚洲的大部分。

1970 年，美国学者迪茨（Robert Sinclair Dietz）和约瑟夫·霍尔登（Joseph Holden）结合古地磁资料，用绝对地理坐标绘制了一套自二叠纪至今，以及未来 5000 万年的大陆漂移图（Dietz and Holden，1971）。他们认为，二叠纪时地球上只有一个盘古大陆，还有一个古太平洋和一个古地中海。需要指出的是，上述几种研究结果并非完全一致，因而各大陆块之间的相互关系仍然是一种推测。

20 世纪 60 年代以来，苏顿（George H. Sutton）提出了地壳构造演化的固化周期，也就是古大陆聚散的周期。王鸿祯于 1997 年提出，可能自太古宙末期至今曾出现 5 次泛大陆，周期为 5 亿~6 亿年。由此可见，历史上的各个泛大陆都有一个循环周期。随着地质活动的演变和发展，人们目前认知的这几个大陆很有可能会重新连接在一起，构成一个新的泛大陆。当然，结果到底如何，还需要进一步的论证和事实的检验。

4.4.2 沧海桑田话变迁——盘古大陆的解体

沧海桑田，来源于我国古代的一个神话——仙人"已见东海三为桑田"的美丽传说。它原来的意思就是海洋会变为陆地，陆地也会变为海洋。其实古人很早就意识到地壳并非静止不动,《周易》中就有"地道变盈而流谦"的象辞,意为高山可以被夷为平地,平地也可以崛起成为高山;陆地可以变成海洋,海洋也可以提升成为陆地。唐朝大书法家颜真卿写下"高石中犹有螺蚌壳,或以为桑田所变",来佐证海陆的变迁。下面,我们就跟随地质学家的视野,去回顾盘古大陆的发展历程。

在遥远的三叠纪晚期,大约 2.25 亿年前,一片片陆块终于汇集在一起,盘古大陆最终成形(图 4-11)。然而,很快这个超级大陆又走向了分裂,其解体过程大致可分为三个阶段。

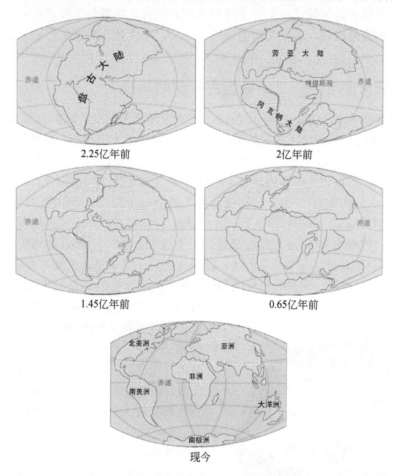

图 4-11　盘古大陆及其裂解过程(图源: Kious et al. /Wikimedia Commons)

第一个阶段,发生在大约 2 亿年前,张裂的活动开始进行。最早的裂缝发生在北美洲大陆和欧洲大陆之间,沿着北美洲东岸、非洲西北岸和大西洋中央的岩浆活动,将北美洲向西北方推移开来,南美洲向西运动,非洲、南美洲、劳伦大陆三大板块裂开,墨西哥湾(Gulf of Mexico)开始形成。而在另一边的非洲,由于延伸在东非、南极洲和马达加斯加边界的火山喷发,西印度洋开始形成。相比而言,在侏罗纪时期,冈瓦纳大陆比劳亚大陆更加完整,相对更大。

第二个阶段始于白垩纪的早期,距今约 1.45 亿年。冈瓦纳大陆不断变得破碎,南大西洋的张裂,隔开了南美洲和非洲。印度-马达加斯加板块顺时针旋转远离非洲,并向北漂移。

在澳大利亚和南极洲之间开始了缓慢的海底扩张。后来，南大西洋逐渐张开，非洲发生逆时针旋转。白垩纪末，现代全球各大板块的位置已初显雏形，印度板块依然处于南半球。

第三个阶段，发生在新生代始新世的早期，距今 5500 万～5000 万年，北美洲与格陵兰岛从欧洲漂移开来，印度板块开始撞上亚洲大陆，形成了青藏高原和喜马拉雅山。原本与南极大陆相连的澳大利亚，也在此时开始迅速向北漂移，撞上东南亚的印度尼西亚群岛。大约在两千万年前，世界看起来已经和现在非常接近。

如今人类已经对地球演化历史有了深刻认识，同时，随着科学技术的不断进步，以及全球卫星系统的发展成熟，人类又向前迈进了一步，那就是从对过去历史的认识，进入对未来的预测。

4.4.3 分久必合——"终极盘古"何时再现？

美国得克萨斯大学（University of Texas）的克里斯托弗·斯科泰塞（Christopher Robert Scotese），运用电脑技术描绘了未来的地球蓝图，并进行了大胆预测：地球各主要大洲正在缓慢靠拢，可能在 2.5 亿年之后，一个新的超大陆将会形成，因为这个新大陆非常像晚古生代的盘古大陆，所以将这个新的超级大陆命名为"终极盘古"（图 4-12）。斯科泰塞说："与其前身盘古大陆的完整性不同，'终极盘古'的中心还嵌着一个印度洋，它看上去像一个巨大的油炸甜甜圈。我本来想称之为'甜甜圈海'，但是我的一个非洲朋友提出了一个更酷的名字——'究极盘古'，意思是这是最后一个盘古大陆"。当然，在地质科学家眼里，"终极盘古"绝对不是最后一个超级大陆，在未来的几十亿年里，大陆与大陆"分久必合、合久必分"，好像在跳着一支异常缓慢的舞蹈，而且将一如既往地持续下去。

根据"终极盘古"理论，在大西洋和印度洋沿岸将出现新的俯冲，各大陆开始聚合，

图 4-12 未来 2.5 亿年地球"终极盘古"大陆（图
源：Pokéfan95/Wikipedia Commons）

许多大陆和微大陆将撞上欧亚大陆。在大约 5000 万年后，北美洲可能向西移动，而欧亚大陆将向东移动，甚至向南，不列颠群岛将靠近北极，而西伯利亚将南移到亚热带地区。澳大利亚将有极大可能与东南亚相撞，非洲将和欧洲、阿拉伯半岛相撞，地中海和红海完全消失，大西洋将变得比现在宽得多。

大约 1.5 亿年后，大西洋将停止扩张，并因为大西洋中洋脊进入俯冲带开始缩小，南美洲和非洲之间的洋中脊可能会先消失，印度洋将逐渐缩小，北美洲大陆和南美洲大陆将向东南推进，非洲南部将通过赤道移至北半球，澳大利亚将与南极洲相撞并到达南极点。

2.5 亿年后，大西洋和印度洋将闭合，北美洲大陆与非洲大陆相撞，但位置会偏南。南美洲大陆预期将重叠在非洲南端，巴塔哥尼亚（Patagonia）将和印度尼西亚接触，环绕着残余的印度洋，南极洲将重新到达南极点，太平洋将进一步扩大，环绕着大半个地球。至此，"终极盘古"大陆最终形成。

针对斯科泰塞的理论，西澳大利亚大学的谢尔盖·皮萨莱夫斯基（Sergei Pisarevsky）提出，大陆的"舞步"方向如何，还值得商榷。他表示，不排除这样一种可能性，那就是大陆将向着与斯科泰塞预测的相反方向移动。这样一来，最终消失的将不是大西洋，而是太平洋。一旦如此，北美洲与南美洲将与亚洲而不是非洲合并在一起，形成一个截然不同的超级大陆，可以被命名为"阿玛西亚"或称"美亚大陆"（图 4-13）。那时的中国，就成为名副其实的"中央之国"了！

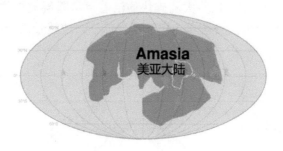

图 4-13　地球 1 亿年后的"美亚大陆"（图源：Марина Климова/Wikimedia Commons）

加拿大圣弗朗西斯泽维尔大学（St. Francis Xavier University）的地质学家布伦丹·墨菲（J. Brendan Murphy）则认为，现在就针对"究极盘古"或者"美亚大陆"进行预测还为时过早。不过他很有信心地表示，在未来的几十年里，地质学相关的科学技术与研究手段将取得更大的进展，为科学家研究地球的内部活动、预测板块运动提供更有力的工具。

4.5　神秘的青藏高原

神秘的青藏高原原来在地球的历史中是如此的年轻！谁能想到如今的"世界屋脊"曾经是一片海洋呢。喜马拉雅山脉保存了大量海洋动物和植物化石，它们是青藏高原隆升的最直接证据。青藏高原不仅是亚洲水塔，同时还影响和改变了亚洲乃至全球的气候格局。

4.5.1　"世界屋脊"——两个板块碰撞的结果

巍峨辽阔的青藏高原绵延数千千米，横亘在世界的东方，素有"世界屋脊"之称，是地球的"第三极"。青藏高原是一个神秘的地方，这里有世界第一高峰——珠穆朗玛峰，还有世界上最深的峡谷——雅鲁藏布大峡谷；这里景色壮丽，既有连绵千里的冰峰雪岭，又有坦荡开阔的宽谷盆地；既有一望无际的大草原，又有郁郁苍苍的原始森林；既有繁星点点的湖泊，又有奔泻千里的大江大河；既有荒无人烟的酷寒高地，又有四季如春，百花争艳的"江南之乡"。然而谁又能想到，这块神奇的"世界屋脊"所处之地，在 5000 万年之前还是一片汪洋大海。

在白垩纪的晚期，印度板块还处于赤道的南部，与澳大利亚毗邻。印度板块以每年 15～20cm 的速度向北接近欧亚大陆，这可谓是板块运动的领跑冠军。经过早期的边缘岛弧的碰撞之后，终于在距今 5500 万～5000 万年，始新世中期，印度板块撞上了亚洲大陆，从此揭开了青藏高原抬升的序幕（图 4-14）。我们在前面的章节讲过，当两个大陆板块相撞后，由于它们有着相似的岩石密度，彼此都拒绝向下俯冲，只能通过仰冲来缓解撞击的压力。压力让碰撞带发生褶皱扭曲，也就形成了锯齿状的喜马拉雅山脉。喜马拉雅山脉和青藏高原的北部迅速升高，在过去的 5000 万年里，珠穆朗玛峰就上升了 9km。令人惊奇的是，印度和亚洲的碰撞至今仍在激烈地进行着，这是由于印度所处的大陆岩石圈，"骑"在主要由坚硬的大洋岩石圈构成的板块之上。另外，亚洲则是由较松散的大陆碎块接合、拼凑而成。因此在碰撞带，或称缝合带上，欧亚大陆这些碎块与碎块之间很容易产生反应，于是当印度撞上亚洲的时候，这些大陆碎块便沿着滑移断层被挤往北边和东边。沿着这些断层所发生的地震至今仍然持续着，构成了全球三大地震带之一的地中海-喜马拉雅地震带。

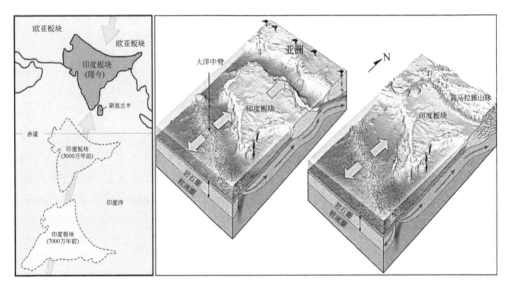

图 4-14 印度板块移动与喜马拉雅山脉的形成（图源：美国地质调查局/Wikimedia Commons）

喜马拉雅山脉至今仍是一个活跃的汇聚型板块边界，并以每年大于 1cm 的速度上升，每百年就将抬升 1m。如果是这样，为什么喜马拉雅山脉没有继续升高呢？地质学家认为，欧亚板块目前可能处于拉伸状态，这种拉伸会由于重力因素而有一些下沉，导致喜马拉雅山以及珠穆朗玛峰没有继续升高。

4.5.2 化石见证高原在长高

迄今为止，中外科学家对青藏高原隆起的时代和幅度有不同的认识，国外学者大多认为青藏高原早在 800 万年前，甚至在 1400 万年前，就已经达到了现在的高度（Mulch and Chamberlain，2006）。我国多数学者认为，青藏高原的剧烈隆升始于距今 200 多万年的第四纪。著名地理学家李吉均提出，青藏高原曾经历三次隆起和两次夷平的理论（李吉均，2006）。前两次隆起分别发生在距今 4000 万年和 2000 万年前后，高原平均高度可能不超过海拔 2000m，随后又被夷平，在距今大约 340 万年前，形成了一个面积广阔的夷平原，其海拔在 1000m 以下。

在距今大约 200 万年的更新世早期，高原平均上升了 1000m 左右，高原面平均海拔达到了 2000m。而在接下来的 100 万年，高原面平均高度达到 3000m。高原的自然环境发生了根本性的变化。高山深谷地貌形成并发展，环流形势被打乱，广大地区气候从温暖湿润转为寒冷干旱，各地域间的差异明显增大。在距今 15 万年前后，高原的平均海拔已达到 4000m 以上，一些高山超过了 6000m，使高原内部的气候更加寒冷干燥。地质历史进入距今一万多年的全新世，高原继续抬升，最终使高原面平均高度达到 4700m。

青藏高原是如此年轻，如果把它脱离海浸 4000 多万年的时间与地球 46 亿年的年龄相比，还不到百分之一。好像一年之中，它一直沉睡在茫茫无际的大海之中，在一年的最后几天，突然苏醒过来，而直到除夕的最后几小时，才猛然崛起成为地球之巅。

生物作为地球环境最敏感的指示器，在过去的亿万年里见证了青藏高原沧海桑田的变化。珠穆朗玛峰是世界的最高峰，科学家却在其上现今海拔 4700m，两亿年前的中生代地层采到了一种体长接近 10m，称为喜马拉雅鱼龙的海生爬行动物，它曾经是当时的海洋霸主之一（Motani et al.，1999）。在喜马拉雅地区的希夏邦马峰北坡，海拔 5700～5900m 的酷寒之地，科学家发现距今大约 300 万年的高山栎组植物化石。这些植物现今生活在海拔 2200～3600m 的山区，表明自上新世以来的两三百万年里，希夏邦马峰至少抬升了 3000m（Zhou et al.，2007）。而最近在藏北可可西里发现的小檗属叶化石，也证实在过去的 1700 万年里，该地区可能抬升了 2000～3000m（图 4-15）（Sun et al.，2015）。近年来，我国科学家陆续发表了利用植物化石重建青藏高原古海拔的系列研究成果，发现青藏高原中部在 2500 万年前还存在东西向的峡谷，而其东南缘在 3300 万年前已经达到现在高度。由此提出，青藏高原在地质时期具有复杂的地形地貌，从古植物学的角度为认识青藏高原的差异性抬升历史提供了全新的视角（Su et al.，2019a，2019b）。

和政动物群是我国化石宝库中的一颗璀璨明珠。和政在甘肃省会兰州西南约 100km，地处青藏高原与黄土高原的交会地带。和政动物群生活时代横跨渐新世至更新世，历经 3000 万年之久。在这长达 3000 万年的时间里，和政动物群家族成员的兴衰更替，记录了该地区古地理和古气候的翻天变化。从晚渐新世的巨犀动物群、中中新世铲齿象动物群、晚中新世三趾马动物群到早更新世真马动物群，可以说，和政动物是青藏高原隆升过程最好的见证者（刘刚等，2016）。

在青藏高原内部海拔 4000～5000m 的很多地方，也发现了三趾马化石群，这些化石群在华北和南亚仅分布在海拔 500～1000m 的区域（Deng et al.，2012）。

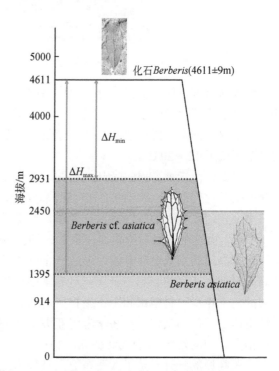

图 4-15　藏北可可西里五道梁组小檗属叶化石指示青藏高原的抬升（据 Sun et al.，2015）

在现今海拔 1000m 左右的非洲草原，依然生活着犀牛、长颈鹿、大象和羚羊等三趾马动物群主要成员的后代。

经历几百万年数千万年的时间，青藏高原终于从一片汪洋大海，变成了如今的"世界屋脊"。与此同时，全球大气环流也经历了巨变。

4.5.3 "第三极"改变了全球气候格局

气候是地球上某一地区长时期大气的一般状态，是该时段各种天气过程的综合表现。太阳辐射是地面和大气的热能源泉，是影响气候的一个重要因素。太阳辐射随着纬度变化差异明显，而海洋、陆地、山脉、森林等不同性质的下垫面，也影响着相应的物理过程。因此，气候除具有温度大致按纬度分布的特征外，还具有显著的地域性特点。影响气候的另一个重要因素是大气环流。由于高纬度与低纬度之间、大陆与海洋之间出现冷热不均，产生气压差，从而形成地球上的大气环流（图 4-16）。

图 4-16 青藏高原对大气环流和气候的影响（据 Liu et al., 2019）

青藏高原被称作"世界屋脊"，是名副其实的世界"第三极"，形成了本身的独特高原气候，气温比同纬度的东部平原低得多，年平均气温大都低于 5℃，太阳辐射强，昼夜温差大，干湿季分明。据科学家推算，青藏高原及其毗邻地区，在过去的 300 万年里，年平均气温降低了 12～20℃。

不仅如此，青藏高原的隆升，还同时改变了东亚地区的大气环流，对亚洲乃至全球的气候产生了深刻影响。高原的抬升对亚洲季风系统有明显的增强作用，从而奠定了我国"西北干旱、东南多雨"的气候格局。冬季，广袤的高原空气稀薄，降温迅速，成为一个低温高压中心。而这个低温高压叠加在蒙古-西伯利亚高压之上，大大加强了冬季风的势力。夏季，青藏高原的空气迅速升温，形成一个高温低压区，使夏季风变得更加迅猛。此外，青藏高原对大气环流的影响还表现在对冬季西风气流，以及对夏季南亚季风的阻挡作用。在过去的几十年里，科学家利用古生物、岩石、古土壤、石笋、树轮以及计算机模拟等多种方法重建古季风的演化，一些学者将亚洲季风的历史追溯到中新世、渐新世，甚至到青藏高原抬升之初的始新世（Licht et al., 2014）。

青藏高原的隆升，除了改变东亚大气环流之外，对新近纪以来全球气候变冷也起到了重要作用（Garzione, 2008）。众所周知，CO_2 等温室气体与全球气温关系密切。青藏高原快速隆升，扩大了岩石暴露的机会，加速了岩石物理风化，同时由于季风性降水的增加，岩石的化学风化也进一步加剧。这个化学风化过程，将大气中的 CO_2 转移到海底沉积下来，从而导致大气的"冷室效应"。另外，在抬升的过程中，高原上有机碳埋藏和植物光合作用，对大气 CO_2 的消耗也起到了一定的作用。

　　从长远来看，青藏高原的抬升还在继续，因此"冰室气候"仍将持续发生。而半个多世纪以来全球气候变暖问题，可能与人类对温室气体的排放有直接关系。青藏高原对全球气候变化的反映异常敏感和脆弱。目前，国际地学界已经意识到，青藏高原是全球气候变化的"晴雨表"和"发动器"。因此，揭示青藏高原与气候变化之间的关系，将成为人类预测和应对未来气候变化所带来的冲击、实现人与自然和谐发展的重要一环。

复习思考题

1. 大陆漂移的证据有哪些？
2. 什么大洋地壳相比于大陆地壳更为年轻？
3. 什么火山和地震大多发生在板块的边缘？
4. 板块的边界有哪些类型？它们之间会发生什么样的地质作用？
5. 板块运动的主要驱动力是什么？
6. 怎么理解夏威夷群岛的形成过程？
7. 怎么理解大陆的分分合合？
8. 哪些证据能表明青藏高原是新生代以后板块逐渐抬升的结果？
9. 青藏高原对亚洲的气候造成了哪些影响？

第5章　脊椎动物的进化历程

从早寒武世开始解读脊椎动物的演化史：早期后口动物五大类群、无颌到有颌、鱼形动物大发展、克服艰难险阻登陆的两栖类。起源于两栖类的爬行类很快占据了海、陆、空各种生态空间，抢尽了两栖类的风头，盛极一时，称霸地球2亿年。

5.1　脊椎动物早期演化的求证

早期后口动物谱系图呈现了脊椎动物实证起源演化的基本轮廓，以昆明鱼和海口鱼为代表的五大类群先驱和后口动物"根"的探寻已获得成功。

5.1.1　脊椎动物谱系根部的"创新升级"

我们都是脊椎动物，我们从哪里来？很多人都说，人从水中来，的确，我们的祖先经历了从鱼到人的漫长历程。

人，毫无疑问属于脊椎动物，脊椎动物在分类上属于后口动物亚界脊索动物门脊椎动物亚门。从门的分类级别上讲，脊索动物是动物界中最高等的一个门类，尽管脊索动物的形态结构复杂，生活方式多样，然而都无一例外地具有三大主要特征：脊索、背神经管和咽鳃裂。脊索是位于动物体背部的一条棒状结构，有弹性并起支撑身体作用。脊索在低等动物中终生存在，高等动物中仅幼年存在，成年后骨化称为脊柱或脊椎。

脊索的出现在动物演化史上具有重要意义，主要表现在：

1）脊索（以及脊柱）构成支撑躯体的支柱，是体重的受力者，也使内脏器官得到有力的支持和保护；

2）运动肌肉获得坚强的支点，在运动时不至于肌肉收缩使躯体缩短或变形，因而有可能向"大型化"发展。同时，脊索的中轴支撑作用也能使动物更有效地完成定向运动，对于主动捕食及逃避敌害都更为准确、迅速；

3）脊椎动物头骨的形成、颌的出现以及脊椎对中枢神经的保护，都是在此基础上进一步的完善。

长期以来，古生物学家一直探寻包括无颌鱼在内的、最早的脊椎动物是如何进化出头部的。这些长得有点像鱼类的脊索动物在不断觅食的过程中逐渐拥有了嗅觉和触觉，它们甚至可以观察周围水域的环境。不知什么原因，脊索动物对周围信息的综合式搜索竟然使它们进化出一根神经索，而后这根神经索的前端不断膨胀增大，最终形成大脑。由此不难看出，今天人类所具备的外形直接关系到人类如何适应并控制与其生存息息相关的周围环境。

从进化生物学角度看，后口动物亚界的始祖在基因演化和生态压力下迅速分化为两大"阶级"：一类相当"保守"，始终满足于低级神经系统和无头无脑的"平民"生活；

而另一类则十分"激进"，积极进取，奔着"前途无量"的具有单一背神经中枢的脊索动物勇往直前。

进化论者一直渴求能找到人类在脊椎动物谱系根部来龙去脉的真实证据。先前有加拿大布尔吉斯化石库在揭示大量原口动物和双胚层动物的早期多样性上做出了杰出贡献，但在后口动物亚界的初期面貌认识上进展甚微。十分可喜的是，中国澄江化石库在认识寒武纪生命大爆发时的动物界全貌，尤其在揭示后口动物亚界的早期谱系演化和脊椎动物起源的实际论证上，明显超越了布尔吉斯化石库。

寒武纪生命大爆发新生的动物门类（图 5-1）与此前的埃迪卡拉期鼎盛动物门类迥然不同。换句话说，前者只是动物界在较低阶元（纲、目级以下）上的更替，而后者则代表着高阶元（门级）类群的"创新升级"。所以，这一独特的动物界"升级型"爆发性事件，便理所当然地构成了将地球历史划分为显生宙和隐生宙两大时段的分水岭。

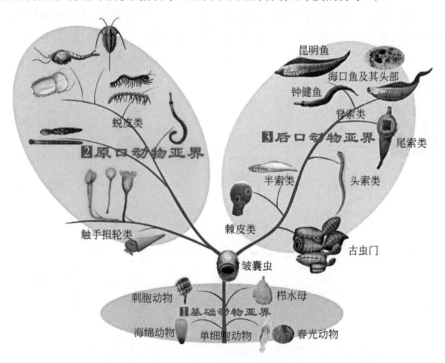

图 5-1　寒武纪早期三分动物树概图（舒德干和韩健，2020）

5.1.2　"非常 5+1"后口动物完整家谱

什么是后口动物？动物分类学家根据动物胚孔在胚胎中发育的不同，把两侧对称动物归为原口动物和后口动物两大类，后来建立了原口动物亚界和后口动物亚界。后口动物是在动物胚胎发育早期，原来的口成为肛门，原口对面形成另一个进食口的动物。与后口动物相对应的是原口动物，即在动物胚胎发育中由原肠胚的胚孔形成一个口，说得通俗一点，进食的嘴与排泄的肛门是一个口。

后口动物可分为步带类和脊索类两大类群。步带类又分化成棘皮动物门和半索动物门。

而脊索类发展出尾索动物、头索动物和脊椎动物，并最终导引出以脑取胜的灵长类。目前现生后口动物亚界包含五大类群：棘皮类、半索类、头索类、尾索类和脊椎类，就是"非常5+1"的"5"（附图5-1）。

1909年以来，加拿大布尔吉斯生物群独领风骚，在为进化生物学贡献了一批"传世成果"的同时，也成就了西方一批院士级学者的学术事业。然而，除了百年探索却未能欣赏到后口动物亚界五大类群祖先的全家福外，对后口动物亚界的"根"，即"非常5+1"中最重要的这个"1"的探寻也未能成功。

后口动物亚界的"根"是步带类和脊索类尚未知晓的共同祖先，应该具有双重属性：躯体呈简单分节和鳃裂构造，前者为原口动物亚界与后口动物亚界共有的原始特征，后者是二者分道扬镳的独有创新性状。要想寻找这一共同祖先或5亿年前已经绝灭的门类简直是大海捞针、天方夜谭。西方众多学者对此梦寐以求，但无不以莫大的遗憾而告终。

西方不亮东方亮，中国舒德干院士发现的古虫动物门正好满足分节和鳃裂构造的双重属性，这类特殊的已经灭绝的后口动物，正是后口动物亚界的"根"。舒德干院士不仅陆续发现了所有现生五大类群的原始代表，还揭示了已灭绝的第六大类群古虫动物门（图5-2）。

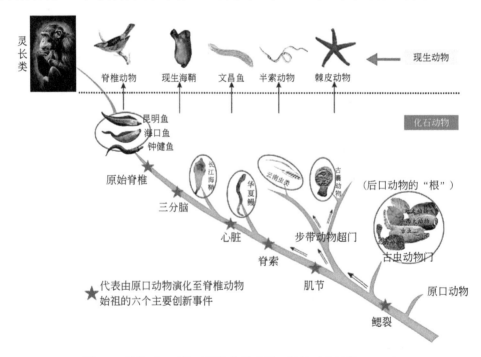

图5-2　早期后口动物亚界演化谱系图（舒德干和韩健，2020）

绝灭门类的求证之旅固然艰难，论证五大现生类群的祖先也绝非易事。辨识某一类群的祖先之所以不容易，是因为历经长期演变，它们在形态上与现存的后代会有显著差别，有时甚至面目全非，如鸟类的祖先不像鸟，四足类的祖先都是鱼。尽管如此，两者在基本的同源构造上必然会一脉相承，任何蛛丝马迹都难逃古生物学家的火眼金睛。

1）棘皮动物的祖先是谁？古囊动物（Shu et al., 2004）是最佳候选者，既有古虫动物原始分节性的残迹，又具早古生代原始棘皮动物特有的各种锥形开口。古囊很可能是棘皮动物演化早期的一个根［图 5-3（a）］。

图 5-3　尖山滇池古囊虫（*Dianchicystis jianshanensis*）（a）、好运华夏鳗（*Cathaymyrus diadexu*）（b）、始祖长江海鞘（*Cheungkongella ancestralis*）（c）（据舒德干和韩健，2020）

2）半索动物的"根"是什么？5 亿多年前的云南虫类（Shu et al.，1996a，2003a，2009；Chen et al.，1999；Chen and Li，2000；Chen，2008，2011；Mallatt and Chen，2003；Cong et al.，2015）首当其冲，应该代表着古虫动物与半索动物之间的过渡类群。它们有清晰的背神经索和腹神经索，但没有脊索动物特有的肌节，而且背神经索的前端尖细，不可能形成脑和眼睛（图 5-4）。

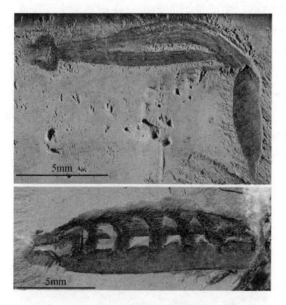

图 5-4　云南虫类（据舒德干和韩健，2020）

上图为铅色云南虫（*Yunnanozoon lividum*），下图为尖山海口虫（*Haikouella jianshanensis*）

3）头索动物的先驱在哪里？华夏鳗（Shu et al.，1996b）[图 5-3（b）] 当之无愧，它的形态特征最接近现生文昌鱼。文昌鱼是一种无头无脑的现生"鱼"，没有头和躯干之分，没有脊椎也没有鳞，文昌鱼似鱼而不是鱼，是名副其实的头索动物。

4）尾索动物的祖先有何尊容？长江海鞘（Chen et al.，2003）[图 5-3（c）] 一脉相承，它与最低等的尾索动物现生海鞘有很多相似之处。

5）当然，最令人兴奋的是天下第一鱼——"昆明鱼目"的发现。

5.1.3 "逮住"天下第一鱼

两个保存较完整的无颌类化石，由舒德干院士分别命名为昆明鱼和海口鱼（Shu et al.，1999），这是中国早寒武世澄江生物群的重要发现之一。生活在 5 亿多年前的昆明鱼和海口鱼是世界上已知最古老的脊椎动物，在分类位置上接近现代的无颌类（图 5-5）。

最古老的脊椎动物

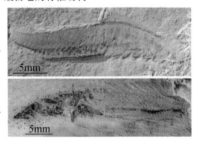

凤姣昆明鱼

5mm

耳材村海口鱼

5mm

图 5-5　昆明鱼与海口鱼化石（据舒德干和韩健，2020）

由昆明鱼和海口鱼（图 5-6）建立起来的昆明鱼目，在学术界历经反复检验，现在已经被广泛认同为名副其实的第一鱼或鱼类的始祖。在形态学上，无头类之所以能"跃进"成"羽翼丰满"的有头类或脊椎动物，完全得益于分子层次和胚胎发育层次上的伟大创新。在所有无脊椎动物中，决定躯体纵向特征的基因只有一组，而在脊椎动物中却跃变为多组。同样重要的是，脊椎动物胚胎早期首创了极为活跃的神经嵴细胞。正是它们，导致头颅等众多构造的形成。此外，跟许多较高等脊椎动物的生殖器官演化常滞后于营养器官一样，第一鱼的生殖腺也保留着无头类的多重生殖腺的原始特征，并未完成"单一化"。这恰好证明了第一鱼在脊椎动物范畴的始祖属性。

图 5-6　耳材村海口鱼（*Haikouichthys ercaicunensis*）复原图（N. Tamura 绘）

昆明鱼、海口鱼是最先创生出头、脑的脊椎动物。这一发现将脊椎动物的起源向前推进了五千万年，一个完整的无脊椎动物向脊椎动物的演化序列展示在人们面前，这幅迄今最完整的早期后口动物亚界的谱系演化图，首次勾勒出脊椎动物实证起源演化的基本轮廓，为解答包括人类在内的脊椎动物究竟如何演化而来的难题提供了可信答案。

昆明鱼和海口鱼刚一"浮出水面"，法国著名的古鱼类学家便在《自然》杂志发表了专题评述，欣喜若狂地宣告特别新闻："逮住"了天下第一鱼（Janvier，1999）！

由昆明鱼、海口鱼、钟健鱼建立起来的昆明鱼目（Shu et al.，1999，2003b；Shu，2003；Zhang and Hou，2004）诞生之后，后口动物亚界的演化便开创了新纪元：从第一鱼幼稚的雏形脑逐步迈向人类几乎无所不能的超级智慧大脑，5 亿多年漫长的智慧演化史从中国的澄江起步。现在，这些先祖已经获得了最广泛的认同，图文并茂地走进多国越来越多的教材、百科全书、辞典和博物馆。正是远古祖先创造基因和传递基因的不懈努力，才造就了我们今日完美的身躯和聪明的大脑。

5.2　从无到有的高效捕食器——颌

最原始的脊椎动物是海洋中的无颌纲，从无颌到有颌是脊椎动物进化史上的大事件，颌的出现使它们能主动捕食并将称霸海洋变为可能。

5.2.1　脊椎动物进化的第一步——颌的出现

在生物进化史上，发生过一些重大的事件。这些重大事件的意义超过各种一般性事件的总和，具有革命的性质，深远地影响着后来的进化方向。由较早期的动物向较晚期的动物进化的过程，实际上是通过其结构由具有一种功能向具有另一种功能转变来完成的。颌就是由一些原来执行的功能与取食无关的结构转变而来的。

脊椎动物登上历史舞台之后，第一步就经历了颌骨的演变，由早期的无颌类逐步演化出了有颌类（图 5-7）。颌的出现使动物体的主动攻击捕食成为可能，是高效的捕食器官。颌的出现在脊椎动物进化史上是一个大事件，它改变了无颌类的滤食性和少运动的情况，使主动捕获和取食较大的生物成为可能，因而这些鱼类可以长得更大，并适应多种多样的环境。

任何新构造都不是凭空出现的，都有一定的产生原因和发展过程。一般认为颌是由原始脊椎动物前面的一或两对鳃弧发展来的，即这些鳃弧最初起支持功能，后来它们逐渐用于取食并变成了颌。从鱼类的胚胎发生看，前部的鳃弧转变为颌。从现生最低等的软骨鱼类头部的神经分布特点看，上、下颌的神经和鳃弧的神经是相连的，可见颌和鳃弧的关系极为密切。再从化石记录看，无颌类的鳃弧较多，到棘鱼类和盾皮鱼类，鳃弧的数目就减少了。

与颌相伴出现的往往还有偶鳍，这在鱼形动物有颌类中也很重要。具有肌肉和骨骼的偶鳍常被认为是起源于头索动物腹部的褶襞，胚胎发育过程已经证实了这点。化石中已发现棘鱼类及盾皮鱼类有着多种多样的偶鳍，其发生似乎用多系起源解释较为合理。偶鳍的出现大大加强了动物的运动能力，并为陆生脊椎动物的四肢进化打下了基础。

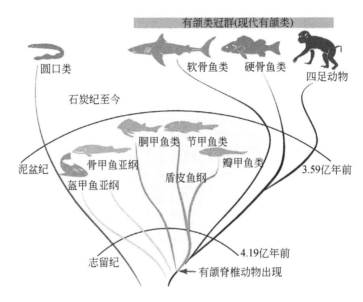

图 5-7　有颌类的演化（潘照晖和朱敏，2017）

如果没有颌，巨大的嗜（噬）人鲨、凶残的恐龙、狰狞的剑齿虎和人类都不会出现。颌的起源是脊椎动物进化史上非常重要和意义深远的一次进化事件。

5.2.2　无颌类的良辰美景

脊椎动物是动物界中最高等的一个亚门，身体里有骨化了的脊椎，主要骨骼为肌肉所包围，属内骨骼，并具有发达的中枢神经和脑。脊椎动物属两侧对称动物，整个身体分头、躯干和尾三部分（图 5-8），躯干部具附肢（偶鳍或四肢），中枢神经位于身体背侧，循环系统在腹侧，水生种类以鳃呼吸，陆生种类用肺呼吸，内骨骼支持整个身体并供肌肉附着。体外常着生毛、鳞、羽、爪、刺、外骨板及角等。脊椎动物的内外骨骼及牙齿、鳞片等容易保存为化石。由于内骨骼及牙齿等可以充分反映动物身体各部的功能及形态，因此可以清楚地显示出动物的谱系，而使脊椎动物化石在生物学领域中具有重要意义。

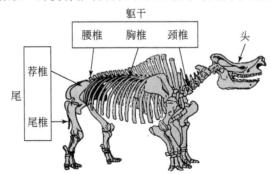

图 5-8　脊椎动物的骨骼（据童金南等，2007 修编）

脊椎动物亚门分为两个超纲（鱼形超纲和四足超纲）、9 个纲，鱼形超纲可分出：无颌纲、盾皮鱼纲、软骨鱼纲、棘鱼纲、硬骨鱼纲；四足超纲可分出：两栖纲、爬行纲、鸟纲、哺乳纲。鱼形超纲和两栖纲称为无羊膜动物，爬行纲、鸟纲、哺乳纲为有羊膜动物。鸟纲和哺乳纲为恒温动物，其他都是变温动物（附图 5-2）。

无颌纲是脊椎动物中最原始的一类，水生，无真正的上、下颌，不具硬骨和外骨骼，没有真正的脊柱，只在脊索上部出现一些成对排列的软骨组织，有奇鳍而无偶鳍。无颌类始见于寒武纪，泥盆纪繁盛，此时的无颌类，因体外一般披有坚厚的骨质甲片，常统称为甲胄鱼类（图 5-9）。

图 5-9 甲胄鱼类的主要类群（盖志琨和朱敏，2017）

在 5 亿～4 亿年前的古生代，无颌纲与现代的形态有很大不同，因其头骨常具各种形状的骨质甲片，可以保存为化石。化石无颌类目前已描述有 600 余种，主要见于非典型的陆相地层，也有零散的骨片见于含腕足类的海相地层。这些证据说明早期脊椎动物可能起源于海洋。甲片的功能具有保护作用，防止被大型的无脊椎动物侵害，也可防止失去水分，或者作为钙质和磷酸盐的储集场所。

泥盆纪末无颌类绝大部分绝灭，仅少数无颌类残存至今，如七鳃鳗和盲鳗，七鳃鳗靠其头部腹面吸盘式的杯形口漏斗吸附其他鱼类身上营寄生生活。实际上，七鳃鳗（图 5-10）是地球上某种最早期的脊椎动物——无颌类的一种极度特化了的孑遗，它们的特化表现在许多方面。例如，

图 5-10 里尼古七鳃鳗生态复原图（N. Tamura 绘）
（盖志琨和朱敏，2017）

它们没有骨质的骨骼或骨甲，这显然是为适应寄生生活使骨骼退化的结果。不过，我们还是可以从七鳃鳗那十分原始的一般特征上对最早期的无颌类脊椎动物的状态窥豹一斑。

七鳃鳗还有一个近亲叫作盲鳗，盲鳗退化得连眼睛都没有了，也是没有颌构造的脊椎动物，它们与地球上最早出现的那些无颌类脊椎动物非常相近。通过七鳃鳗和盲鳗，我们大致可以想象出 5 亿多年前那些古老脊椎动物的样子和生活状态。

无颌类的化石代表是头甲鱼（图5-11），具扁平的头甲，身体后部覆有长形鳞片，头甲上具有敏感区。无颌类主要繁盛于志留纪和泥盆纪，之后绝大部分已绝灭，现生圆口类为其残存的特化后裔。无颌类的良辰美景虽然短暂，但它的伟大功绩在于其中一部分演化成了真正的鱼类。

图5-11 莱伊尔头甲鱼（*Cephalaspis lyelli*）化石（图源：Haplochromis/Wikimedia Commons）

5.2.3 "海中装甲车"——春风得意的盾皮鱼

在志留纪，无颌类依然拥有一支浩浩荡荡的队伍，但有颌类也开始暗中"积聚力量"。迄今发现的最原始的有颌类是盾皮鱼纲，这是一类绝灭的原始鱼类，盾皮鱼这一名字就是"长有板状皮肤"的意思。它们具有原始的上、下颌（图5-12），通常都有偶鳍，头部披有骨甲。最早出现于志留纪早期（如在重庆生物群中发现的最古老盾皮鱼类—奇迹秀山鱼）（Zhu et al.，2022），繁盛于整个泥盆纪（Young，2010），仅有少数延续到二叠纪。

30cm

图5-12 盾皮鱼纲——邓氏鱼（*Dunkleosteus terrelli*）的头颅骨（Engelman，2023）

虽然这种类似鲨鱼的脊椎动物个体大小相差悬殊，大者可达2m，而小者仅几厘米，但是由于它们的身体披有厚重的骨板，看上去犹如一部小型装甲车。盾皮鱼在志留纪可谓是春风得意。在长达7000万年的进化过程中，盾皮鱼一直穿梭于海百合之间。盾皮鱼纲大多数是海生种类，少数则是淡水类型。保存的化石大多为孤立的甲片或联合甲片（头甲和胸甲）以及鱼鳞。

大部分盾皮鱼类的外形及其基本构造与无颌类相似，头部和由关节相连起来的躯干前部仍被骨质的甲片包裹起来。盾皮鱼类与现生软骨鱼类或硬骨鱼类的系统关系还有争论，在脑颅的解剖构造方面，它们显示出与鲨鱼相当多的类似性，但还没有发现中间有过渡类型，因此盾皮鱼纲构成一个独立的类群。盾皮鱼与无颌纲甲胄鱼类都身披硬甲，但甲胄鱼的骨甲是一整块，将身体全部装入后成为不能活动的筒状物。而盾皮鱼类的骨甲分成好几块，且彼此之间能够活动，这样就使盾皮鱼类在行动上比甲胄鱼类灵活得多了。

　　盾皮鱼类的这些优势使得它们在生存竞争中能够压倒甲胄鱼，到了泥盆纪时发展成为种类繁多的类群。在这些类群中，最繁盛的是节颈鱼类和胴甲鱼类。它的化石代表为沟鳞鱼化石（图 5-13），是世界性分布的胴甲鱼类化石。沟鳞鱼曾生存于中泥盆世。

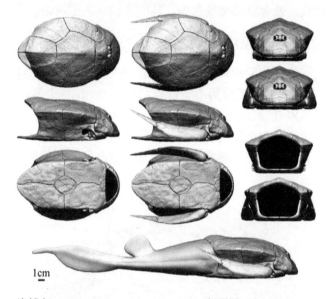

图 5-13　沟鳞鱼（*Bothriolepis canadensis*）3D 复原图（Béchard et al.，2014）

　　节颈鱼类头部和躯干部被坚固的骨质甲片所包裹，两个部分的骨片自成系统，只用一对关节相连。上下颌骨的构造很特殊，吃东西时与一般的脊椎动物相反，下颌不动，上颌向上抬起，然后向下切割，像铡刀一样。这类鱼中有的在泥盆纪中期发展出巨大的类型，如恐鱼（邓氏鱼）（图 5-14）身长可达 10m！它的头骨巨大，颌骨强壮，前端长有大而锐利的骨板状牙齿。这样的骨板形成了完善的剪刀式的锐利边刃，是很有效的捕食装置。恐鱼可以捕食当时的任何一种鱼类，堪称原始海洋中的霸主。

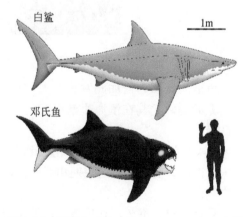

图 5-14　邓氏鱼（*Dunkleosteus terrelli*）与人类和大白鲨的体型比较（Engelman，2023）

　　化石所能记载的早期地球生物相当有限，更多的物种并没有留下任何化石，许多软体动物由于没有硬壳保护，它们的尸骨早已消失得无影无踪了，我们今天所发现的化石，仅是所有已灭绝生物的一部分，尽管新的发现也许会填补时间的空白，但若想建立一个地球上出现过的所有物种的图谱是相当困难的。又有谁会知道，今后在那些人迹罕至的岩层中还会出现什么奇怪物种呢？又有谁能保证，今天已被世人认可的那些史前生物理论，日后不会被颠覆呢？

5.3 海阔凭鱼跃——鱼形动物的千姿百态

志留纪和泥盆纪是鱼形动物最为繁盛的时代。从无颌类衍生出来的有颌脊椎动物——盾皮鱼、棘鱼、软骨鱼、硬骨鱼类相继登场，其中适应水生生活最完善的是硬骨鱼类。

5.3.1 棘鱼纲与软骨鱼纲出现

棘鱼纲是一类已经绝灭的原始鱼类（图 5-15），为较原始的有颌动物，介于盾皮鱼纲和硬骨鱼纲之间。这是一类具有大眼睛的小型鱼类，长 6～7cm，体表覆以斜方形或菱形鳞片，外形颇似鲨鱼，然而其内骨骼已开始骨化；有些早期种类在两对偶鳍中间还出现数目不等的附加鳍，这种配置常常被引证作为支持脊椎动物附肢构造的"鳍褶"起源理论。除尾鳍外，各个鳍的前端具有一根硬棘，命名即由此而来，这些硬棘常能保存为化石。

图 5-15 棘鱼（*Nerepisacanthus denisoni*）复原图（Burrow and Rudkin，2014）

棘鱼纲的鳍棘为何如此发达？人们猜想它们是起保护作用的。志留纪晚期，出现了较大的无颌类，尤其在滨海生活者，还会遇到大型节肢动物的侵害，因此必须具有防身的"武器"。

棘鱼类生活于海洋中，但早泥盆世时许多棘鱼也生活于河流、湖泊和沼泽之中。出现于早志留世，繁盛于志留纪晚期和泥盆纪，从此以后它们衰退了，到了古生代末期即退出了历史舞台。

在棘鱼纲出现不久，软骨鱼纲也于志留纪紧随其后，软骨鱼纲已属于高等鱼类。高等鱼类也就是我们每一个人日常概念中所谓的鱼类，包括软骨鱼类和硬骨鱼类。其适应水生生活的能力是如此完善，使得地球上水域中几乎各个角落都能发现它们的存在，海阔凭鱼跃真真切切地将它们在进化上的成功表达得淋漓尽致。

早期鱼形动物背腹扁平，如无颌类、盾皮鱼类、棘鱼类等。这些早期鱼类身体要么披有甲片，要么有许多硬棘，可想而知这些鱼类的活动一定相当笨重。其甲片和硬棘可用于防护，背腹扁平的体形适于底栖生活。然而，脊椎动物要想在险恶的环境中继续生存并发展下去的话，还必须有积极的斗争手段，要放下"包袱"，体形改变成侧扁流线型，以利于快速游泳，这就是大多数软骨鱼类和硬骨鱼类的形态，典型的偶鳍则用来平衡身体。

高等鱼类最重要的一个进步性状表现在体表。它们不再长有连成一体的或大块的、沉重而不灵活的各种骨甲，代之以各种小的、彼此之间能够灵活地活动的鳞片，这就使它们运动的灵活性大大加强。

软骨鱼类多在海中生活。在泥盆纪中、晚期以相当进步的面貌突然出现，它经历了一段相当长的进化历史当无疑问。但因其骨骼软弱，很难保存为化石，身体结构不强，终没摆脱对水体的依靠。

软骨鱼类的化石代表为弓鲛。弓鲛外形与现代鲨类十分相似，可视为现代鲨类的祖先。在古生代晚期的地层里还发现有数量极多的适于研磨的齿板，这种牙齿可将浅海底栖壳厚的腕足类大卸八块。软骨鱼纲的化石以牙齿、鳍棘、鳞为主，其牙齿的齿冠已具珐琅质（图5-16）。软骨鱼类出现于志留纪（如世界上目前发现的最早的软骨鱼类大化石——蠕纹沈氏棘鱼出现于志留纪早期）（Zhu et al.，2022），繁盛于石炭纪，一直延续到现代。

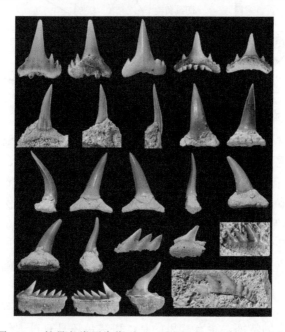

图 5-16　软骨鱼类牙齿化石（Adolfssen and Ward，2013）

5.3.2　硬骨鱼家族的常盛不衰

志留纪和泥盆纪是鱼形动物最为繁盛的时代（图 5-17），包括无颌类，有颌类的盾皮鱼纲、棘鱼纲、软骨鱼纲及硬骨鱼纲等（附图 5-3）。硬骨鱼纲是脊椎动物亚门中最大的一个纲，它的内骨骼部分或完全骨化成硬骨，体外生有骨质鳞，可分为辐鳍鱼亚纲和肉鳍鱼亚纲两大家族。辐鳍鱼亚纲又可分为软骨硬鳞鱼、全骨鱼和真骨鱼三个次亚纲，代表逐步发展和相互过渡的三个阶段。硬骨鱼纲适应于水生生活是最成功的，是水域中高度发展的脊椎动物，以其广泛的辐射适应分布于海洋、河流、湖泊各处，其类型之复杂、种类之繁多可为脊椎动物之首。自晚志留世出现后，从二叠纪直到现代均极为繁盛。现代硬骨鱼类大部分属于辐鳍鱼亚纲。据 2015 年统计，现生脊椎动物约有 66113 种，其中辐鳍鱼就占了31483 种，占整个脊椎动物的 47.62%，而包括我们人类在内的哺乳动物仅有 5560 种，占8.41%（附图 5-4）（Wiens，2015）。

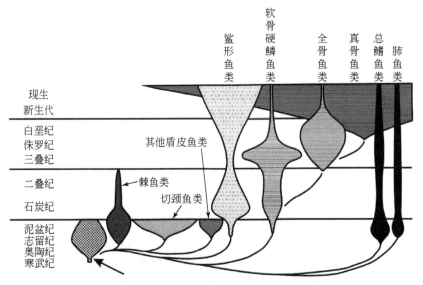

图 5-17　鱼形动物的繁盛时代（据童金南等，2007 修编）

辐鳍鱼是今天日常生活中水产品的主要来源。长江水域的中华鲟和白鲟是现生辐鳍鱼中的原始种类。我国重要的淡水养殖鱼"青、草、鲢、鳙、鲤、鲫、鳊"等属于辐鳍鱼类的鲤科。辐鳍鱼的化石代表有中华弓鳍鱼和狼鳍鱼。狼鳍鱼像今天海洋中的沙丁鱼一样喜欢群居，生存于晚侏罗世至早白垩世。在山东平邑天宇自然博物馆保存的辽西化石标本，展示着 10 万条狼鳍鱼保存在一起的生态现象（图 5-18）。

原始肉鳍鱼曾经是泥盆纪一支庞大的鱼类种群。它已进化出像动物的手臂或腿部一样健壮的鱼鳍。这是生物进化中一次意义重大的变化，肉鳍鱼的后裔确实进化出了四肢，而后又离开海洋，爬到干燥的陆地上，开始新的生活。

近年来发现的斑鳞鱼不但具有肉鳍鱼类所特有的颅间关节和整列层组织，而且具有一些过去认为是辐鳍鱼类的特征。更有意思的是，斑鳞鱼还具有过去仅发现于盾皮鱼类和棘鱼类的特征。这种奇特的特征组合既填补了肉鳍鱼类和辐鳍鱼类之间的某些形态鸿沟，也将硬骨鱼类和其他有颌鱼类更紧密地联系在一起，同时也确立了斑鳞鱼在整个硬骨鱼纲分类系统中的祖先位置（图 5-19）。

图 5-18　狼鳍鱼（孙柏年摄于山东平邑天宇自然博物馆）

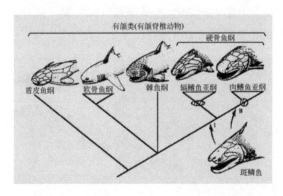

图 5-19　有颌鱼类的分类（据朱敏，1999）

　　21 世纪初，在云南曲靖志留纪海相地层中发现了大量的盾皮鱼类和一件完整的硬骨鱼下颌标本，还出人意料地发现了一件近乎完整的硬骨鱼标本。这件完整保存的标本被命名为"梦幻鬼鱼"，属名来源于汉字"鬼"和"鱼"，种名则取梦中的、幻想之意，喻其是一条来自梦里、拥有原始有颌脊椎动物梦幻组合特征的古鱼（Zhu et al.，2009）（图 5-20）。这是志留纪晚期完整保存的有颌类之一，为全面揭示早期有颌类的演化提供了最佳证据。近来，在重庆秀山发现了重庆特异埋藏化石库，时代为志留纪兰多维列世特列奇期，距今约 4.36 亿年，是目前世界上唯一保存志留纪早期完整有颌类化石的特异埋藏化石库，为探索早期有颌类的演化提供了更多关键证据（Gai et al.，2022；Zhu et al.，2022）。

图 5-20　"梦幻鬼鱼"（*Guiyu oneiros*）复原图（Zhu et al.，2012）

5.3.3 六千万年前死而复生的矛尾鱼

原始肉鳍鱼曾经是泥盆纪一支庞大的鱼类种群（图 5-21）。与辐鳍鱼类不同的是，已经有一部分肉鳍鱼进化出像动物的手臂或腿部一样健壮的鱼鳍，这无疑又是生物进化中一次意义重大的转变，因为肉鳍鱼的后裔的确进化出了四肢，而后又离开海洋，爬到干燥的陆地上，开始新的生活。肉鳍鱼中仅有的幸存者是腔棘鱼和肺鱼。一种泥盆纪鱼类竞争中特别优秀的幸存者名叫矛尾鱼，它是大型硬骨鱼中腔棘鱼的分支。当人类的远祖用双腿刚刚站立起来的时候，矛尾鱼早在 6000 万年前就已灭绝了。但万万没有想到 1938 年在南非居然会捉到一条活的矛尾鱼，这是一条 1m 多长的大鱼，有 8 个肉质的鳍，整个形体粗壮，下颌方形，长有牙齿。在外貌上与它的古代前辈矛尾鱼化石如出一辙，它们长着宽大的嘴巴、光滑而坚硬的釉质鳞片。之后，陆续在科摩罗群岛（Comoros）水深 70～400m 的水域中捕获了一百余尾矛尾鱼。中国古动物馆就保存着这样一条"活化石"，它肥硕肉质的腹鳍和胸鳍很容易让人联想到陆生脊椎动物的四肢。

图 5-21 原始肉鳍鱼——箐门齿鱼生活复原及脑颅复原图（Brian Choo 绘）（卢静等，2016）

一般认为，矛尾鱼（图 5-22）是两栖类以至最终产生我们人类的演化分支处的原始鱼类。矛尾鱼有 6000 万年的"长寿"，再加上那惊人的外貌，很快赢得了不折不扣"活化石"的称号。据推测，矛尾鱼胸鳍和下侧的第二对鳍可能用于在海底上爬行——两栖动物大踏步登陆的原始前身，矛尾鱼鳍的活动与爬行蜥蜴的腿或马小跑时的腿相似：一侧的附肢向前时，另一侧的附肢在后。矛尾鱼在鳍的活动协调上可看作是早期的臂和腿相协调的雏形。这种特殊的适应能消除由海洋到陆地时的困境。虽然这些既像鱼类又像四足动物的原始肉鳍鱼只能暂时生活在水中，但是它们的体内已经进化出类似肺的器官，并且已经可以呼吸空气了。这些不伦不类的"两栖动物"随即便对陆地展开突袭，不久之后，无论是海里，还是陆地上，地球上到处都可以看到它们的身影。

图 5-22　西印度洋矛尾鱼（*Latimeria chalumnae*）（图源：sybarite48/ Wikimedia Commons）

生物的身体结构一旦发生变化，它们通常都会适应改变后的生存环境。对一个物种来说，那些长得最健壮的，并且已经快要生儿育女的子民肯定是最成功的适应者。而那些适应性较差的，则要面对严酷的生存竞争。随着时光的推移，适应就只剩下进化或灭绝这两种结果。生物的某些进化很可能就发生在瞬息之间。不过，那些飞跃性的生物进化或许还是要经历一段缓慢的、循序渐进的过程才能实现。从鱼类到两栖动物的进化最初就是要有一个相当缓慢的渐进过程才能实现。

5.4　弃水登陆先锋——两栖类

发现于上泥盆统的鱼石螈化石是最早两栖动物的代表之一，之后在石炭系和二叠系又发现非常多的两栖类化石。从水中到陆上，两栖类登陆后需要解决呼吸困难、干燥危险和运动功能等问题。此外，它们的听觉器官和脑也在进化。

5.4.1　从鳍到腿的坎坷历程

地球上最早出现的四足动物是生活在泥盆纪的肉鳍鱼进化而成的。肉鳍鱼中的总鳍鱼偶鳍中骨骼的排列方式与陆生脊椎动物的肢骨可以大致对比。古老总鳍鱼类可以生活在淡水中，它们中的一类逐步适应陆地生活并发展成为古老的两栖类。

原始肉鳍鱼类生活在浅海水域，支撑这些鱼类的鱼鳍逐渐进化成带有腕关节和肘关节的四肢。它们展示出由鳍到腿这一进化过程对浅海鱼类的影响。这种鱼类前后各长有两片鱼鳍，而它们鱼鳍中的骨骼则与后来出现的、首批四足动物肢体的骨骼非常相似。这种身体构造更像是早期的四足动物，而不像鱼类。它们长有长长的扁平头部，鱼鳍更像是初期动物的四肢（图 5-23）。

当肉鳍鱼类冒险从水中爬上了陆地，成为最早的两栖动物后，脊椎动物便进入了一个与它们曾经居住了亿万年的环境截然不同的新天地。它们与当时较高级的肉鳍鱼类有许多的共同特征，同时在这两个脊椎动物类群之间也存在着巨大的差别。它可以挺起脖子，把鳍当腿，从水中走出，踏上长满植物的陆地。这些最早爬上陆地的动物，便是早期两栖类。

图 5-23　原始肉鳍鱼类——奇异东生鱼复原及脑颅复原图（Brian Choo 绘）（卢静等，2016）

　　早期两栖类遇到的第一个重大问题是呼吸问题，肉鳍鱼类的肺是发育完善并可能是经常使用的。两栖类与肉鳍鱼类祖先在这方面的主要不同是，大多数有肺的鱼类仍然用鳃来呼吸，肺通常只是一个辅助性的呼吸器官，但是两栖动物基本上是用肺在空气中进行呼吸，只是它们在幼年阶段用鳃在水里呼吸。

　　早期两栖类遇到的第二个重大问题是干燥问题。鱼类因为总是浸泡在水里而不存在干燥问题，但是当最早的两栖类不再浸泡在水里时，它们就面临着需要保持体液不被蒸发的问题。这一方面是早期两栖类不得不像现代绝大多数两栖类一样不能离开水域太远，而且要经常性地回到溪流或湖泊中；另一方面它们进化出了能够抵抗空气干燥的身体覆盖物。早期两栖类虽然保留着它们鱼类祖先那样的鳞片，但是二叠纪以后的两栖类发育出了强韧的皮肤，当两栖类的皮肤防止体液蒸发的能力逐渐增强，并且足以成为防御外界侵害的一件坚韧的外衣时，两栖类对水的依赖性也就随之减少，能更长时间地在陆地上活动。这对于从两栖类发展到爬行类更为重要。

　　两栖类发展了支撑身体的附肢：鱼类在水中生活，重力对鱼类的影响很小，无须用鳍支持身体，而是靠水的浮力来支持。两栖类登陆之后，形成了一种新的运动方式，在这种运动中，四肢起最重要的作用。四肢不但要支持身体的重量，而且还使身体抬离地面，推动身体在地面上行进。

　　对于生活在陆地上的脊椎动物来说，重力是一个对个体的结构和生活都有重要影响的强大因素。最初的两栖类离开水体以后，肯定与增大了的重力作用作过斗争，结果是发育了强壮的脊椎骨和强有力的附肢骨骼。那些比较简单的构成肉鳍鱼类脊椎骨的椎体变成了互相连接的结构，共同形成了支持身体强有力的脊柱。蛙类甚至发展出了很强的弹跳能力。两栖类的支撑和运动靠的是五趾型的附肢。鉴于肺鱼的偶鳍骨骼为双列式，与两栖类的差别较大，一般认为两栖类的五趾型附肢起源于总鳍鱼类的偶鳍。

　　两栖类的附肢比鱼类的鳍有很大的发展。鱼类的鳍像一个单支点的杠杆，只能划水游动。两栖类及其他陆栖脊椎动物的附肢则如同多个支点的杠杆，不但整个肢体能够相对身体转动，而且附肢的各个部分也可以弯曲转动，既有力又灵活，能够支持身体并在地面爬行，甚至进行跳跃。但两栖类的附肢仍比较原始，不能将躯体长时间抬离地面，也不能很快地奔跑。

早期的陆生脊椎动物已经克服了重力的作用，在这方面，我们看到了鱼类与两栖类之间运动功能的颠倒现象：鱼由身体和尾巴完成运动功能，偶鳍起平衡作用；早期两栖类的尾巴由前到后逐渐变细成为一个平衡器，而成对的附肢变成主要的运动器官。由早期两栖类开创的这种运动方式使后来居上的爬行类受益无穷。

5.4.2　两栖王者的昙花一现

两栖动物是怎样演化的？尽管化石记录并不丰富，但可以总结为五个字：漫长而曲折。从世界范围看，两栖动物的种类很少，仅占现生脊椎动物全部物种的 11.2%。在地质历史中，它们的演化也是波澜不惊，没有特别繁盛的时期。

最早的两栖类在泥盆纪晚期姗姗登陆后不久，大概还没来得及甩干身上的水迹，更加适应于陆地生活的爬行动物便在石炭纪登场了。这让两栖类还没来得及尽显妖娆，就被后者取而代之，抢尽了风头。虽然石炭纪—二叠纪两栖类化石比较多，但与古生代"鱼类时代"，中生代"恐龙时代"和新生代"哺乳动物时代"相比，两栖类从未实现过称霸地球，所有的风头和伟绩至多是昙花一现。中国的两栖动物化石（图 5-24）更是十分稀少，也因此十分珍贵，这与两栖类简单的骨骼特征、习性和生活环境有关。两栖类大概算是脊椎动物化石中的"大熊猫"了！

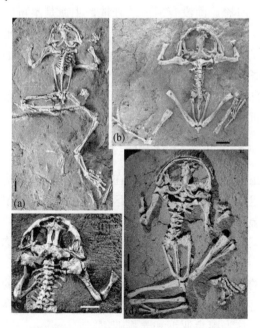

图 5-24　发现于中国辽宁省朝阳市北票的赵氏辽蟾（*Liaobatrachus zhaoi*）（Dong et al.，2013）

相对于其他类群而言，古两栖类更好研究，因为化石数量不多，对比起来相对容易；骨骼比较简单，尤其与鱼类相比，头骨简化了许多。两项加起来，可以少记很多拉丁文和英文呢！其实化石少未必就容易研究，数量少再加上世界上绝大多数两栖类化石都比较残破，使用骨骼解剖学和分类学分析起来困难重重，以至曾有学者把原始的两栖动物鉴定为鱼类。

　　最早的两栖动物化石为晚泥盆世的鱼石螈（图 5-25），体长约 1m，形态构造等特征与总鳍鱼很相似，二者头骨的数目和排列极为相近，还都具迷齿，即牙齿中的珐琅质深入齿质中，形成复杂的迷宫状构造。但是，鱼石螈已经生出了具有五趾的四肢，据这些进化特征判断，鱼石螈已经属于两栖动物的范畴了。玄武蛙为我国两栖类著名化石（Young，1936），产于山东临朐中新统山旺组，化石保存完整，皮肤印痕亦保存了下来，与现代蛙极为相似。

图 5-25　鱼石螈（*Ichthyostega*）复原图（图源：N. Tamura/Wikimedia Commons）

　　生命真正的登陆，不只是靠鱼长了腿，还依赖于地球核心的动力。因为生命星球上充满水分的气候，必然要侵蚀地貌，如果没有造山的机制，那么地球上有过的山脉早就被磨平了，平地就意味着没有河流。而没有河流的陆地，生命是不可能深入的。幸运的是地球有一个造山的"发动机"，这就是转动的地核。地核是一个热核。地核的岩浆通过层层地幔向上传导热量，由它而引发的造山运动从来没有停止过。这种造山运动，几乎每隔 1 亿～2 亿年就把地球的面貌彻底修理一次。最近一次大规模的造山运动，离我们只有几千万年，它造就了地球上最高的喜马拉雅山脉和辽阔的青藏高原，同时也影响了至少半个地球的生态、气候和人类文明的布局。

5.4.3　登陆——脊椎动物演化的里程碑

　　原始的两栖类自从在晚泥盆世出现以来，在 3.5 亿年前开始的石炭纪得到了很大的发展。石炭纪的蕨类植物组成了热带和亚热带地区的沼泽森林，潮湿而炎热的气候以及茂盛的森林沼泽，为需要温湿环境的两栖动物的发展创造了理想的条件。最早出现的两栖纲代表是鱼石螈，因其与总鳍鱼类似，都具有迷宫一样的迷齿，因而称为迷齿类，归入两栖纲的迷齿亚纲。

　　由鱼石螈演化而来的两栖动物，其头骨都有由膜原骨所形成的完整骨板覆盖，通常称为坚头类。在石炭纪，坚头类曾经大量辐射发展，产生了多种不同的类群，其中包括迷齿类和壳椎类，分类上分别称为迷齿亚纲和壳椎亚纲。

　　两栖动物初步适应了陆地生活，其骨骼（图 5-26）、肌肉和生理功能与其水生的祖先鱼类相比，都有不少改变，但与更加进化的爬行动物比，其功能还有许多不完善的地方：两栖类继承并发展了总鳍鱼和肺鱼的肺呼吸方式，呼吸动作比较低级，因此两栖类还要依靠

薄的皮肤经常保持湿润状态（图 5-27），以及丰富的皮下毛细血管进行皮肤呼吸，才能满足
其生理需要。有尾两栖类的肺呼吸功能更弱，有些种类终生保持用鳃呼吸，还有的种类如
蝾螈则完全靠皮肤呼吸。随着呼吸系统的改变，血液循环系统也相应改变，由鱼类的单循
环变为两栖类不完全的双循环。两栖动物需同时进行肺呼吸和皮肤呼吸。

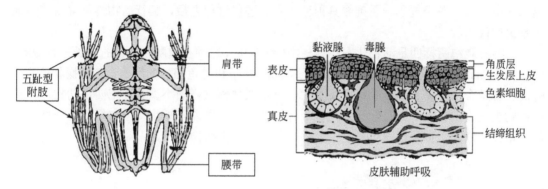

图 5-26　两栖动物的骨骼（据童金南等，2007 修编）　　图 5-27　两栖动物的皮肤（据童金南等，2007 修编）

　　两栖类的脊柱不仅强度增加，而且出现了颈椎、躯椎、荐椎和尾椎的分化。鱼类的脊
柱只有躯椎和尾椎的分化，头部不能灵活转动。两栖类开始出现一节颈椎，头部的转动稍
有改善；爬行动物有多节颈椎，头部才能灵活转动。两栖类上陆之后，其后肢需要承担体
重，腰带与脊椎直接相连，于是有了荐椎的分化。因此荐椎的分化及其与腰带直接相连，
是其后肢对承受体重适应的结果。

　　两栖类的听觉器官也发生了改变。由于陆地与水体中的声音介质不同，只有把空气中
的声波扩大后再传导到内耳，才能产生听觉，因此两栖类出现了中耳，可以听到空气传来
的声波。由于陆地的生活环境远比水中复杂多变，两栖动物的感知器官和运动器官也比鱼
类发达，因此两栖动物的脑也比鱼类发达，大脑的两个半球已经完全分开，并且大脑顶部
也有了神经细胞，即大脑皮层，主要管理嗅觉，在鱼类中只有肺鱼才有此构造。

　　在泥盆纪之前就已经生活在地球上的两栖类，到了泥盆纪已然是一个庞大的家族了。
家族成员们不但类多势重，而且高矮胖瘦、美丑善恶，无奇不有，有的腿脚极短，却身长
似蛇，还有的长得和现在的蜥蜴差不多。根据化石和生物学的证据，爬行纲无疑起源于两
栖纲，特别是迷齿亚纲最接近于爬行动物的祖先。

　　经过一系列的进化历程，两栖类终于登陆成功了，登陆成为脊椎动物演化的里程碑。

5.5　爬行动物的盛世

　　从两栖类中分化出来的爬行纲很快适应了各种陆地环境，其中羊膜卵的出现是脊椎动
物进化的关键一步，使得脊椎动物彻底摆脱了对水体的依赖。以双孔亚纲为代表的爬行动
物四大类呈陆、海、空辐射发展。

5.5.1 最早的爬行动物

早期爬行动物是一种长得很像蜥蜴的小型生物，它们长有锋利的牙齿和坚硬的头骨。与包括两栖动物在内的大多数四足动物相比，爬行动物有一个最大的优势：它们根本不必返回水中产卵。在经过了一系列颇具神秘色彩的进化过程之后，爬行动物终于可以在陆地上繁衍后代了。

一种石炭纪两栖四足动物化石称为林蜥（图 5-28），这种小型陆生动物的体长只有 20cm（Vitt and Caldwell，2009），和那些体长可达 5m，样子和鳄鱼相仿的原始食鱼蜥蜴相比，林蜥简直就是个小侏儒。别看它们个头不大，可是像林蜥这样的小型石炭纪四足动物，在脊椎动物进化史上却有着举足轻重的地位。林蜥的遗骸显得非常矮小，但它们却是脊椎动物的鼻祖。林蜥的子孙是地球历史上生存时间最长的脊椎动物之一。

图 5-28　林蜥（*Hylonomus lyelli*）复原图（图源：N. Tamura/Wikimedia Commons）

美国得克萨斯州西蒙（Seymour）城所发现的蜥螈（或称西蒙螈）（图 5-29），则具有两栖纲与爬行纲之间的明显过渡特征。蜥螈与两栖纲迷齿类的石炭螈有相似之处，蜥螈的头骨和牙齿保持了两栖纲的特点，而其头后骨骼则具有爬行纲的特征。

图 5-29　西蒙螈（*Seymouria sanjuanensis*）化石（图源：James St. John/Wikimedia Commons）

爬行动物出现在晚石炭世，是由两栖动物进化来的。石炭纪的气候和植物界都发生了很大的变化。早石炭世的气候比较稳定均一，温暖且潮湿，其植物群主要适应生活于滨海低地环境，种属分异和地理、气候分带不明显。

在晚石炭世，由于板块活动的影响，构造运动造成了海陆和古气候的变化，许多原来温暖潮湿的气候变成了干燥的大陆性气候，冬季寒冷，夏季炎热，甚至出现了大片的沙漠。冈瓦纳大陆上则出现了大陆冰盖，历时达五千万年之久。随着古地理状况和古气候的变化，植物界也发生了改变。许多地区适应干旱气候的裸子植物，如松柏类和苏铁类，逐渐取代了沼泽森林的蕨类植物。

　　在气候变干燥的条件下，很多两栖动物因不能适应而死亡，逐渐被适应干旱陆生条件的爬行动物所取代。新生的爬行动物不但皮肤角质化可以阻止水分蒸发，而且肺具有比较完善的呼吸功能，还有适应陆地生活的繁殖方式，如体内受精、卵外有壳和羊膜，并且具有更加发育的骨骼构造和大脑，在生存竞争中比两栖动物有明显的优势。爬行动物经过石炭纪和二叠纪的发展，到了中生代的三叠纪便取代两栖动物纲，成为具有优势的陆生脊椎动物门类。

　　石炭纪是地质历史中冰期和间冰期交替出现的时代，气候的变化和大陆板块的活动使得海平面升降相对频繁，潮涨潮落也在岩层上刻下了永恒的印记。通过多地岩层的横断面可以看出，形成于石炭纪的岩石仿佛一块多层夹心蛋糕，每一块岩石的纹理都有数千层之多，这些岩石将各种动植物化石紧紧地"抱在怀中"。数亿年来，无论天塌地陷，还是严寒酷暑，它们始终用自己坚硬的身体保护着那些远古的档案。今天，我们通过这份珍贵的记录，再一次看到石炭纪时期地球上的世事变迁，尤其石炭纪大气层中的含氧量可能高于任何一个地质时期。对于那些原有呼吸器官无法适应新环境的无脊椎动物来说，氧气含量的激增却意味着其成员数量的减少。我们即将看到，无脊椎动物进化出新的呼吸器官。之后，随着新陈代谢的增加，娇小的无脊椎动物还将逐渐演变成一个个体形巨大的生物。

5.5.2　陆地上繁衍子孙的关键——羊膜卵

　　从两栖类进化到爬行类，羊膜卵的出现是关键的一步，这也是脊椎动物演化历史上的一个重大飞跃。正是由于有了羊膜卵，才使得脊椎动物在生长发育过程中能够摆脱对于水的依赖和活动的限制，终于成为陆地的统治者。

　　爬行动物的卵被称作羊膜卵（图 5-30），说起羊膜卵，我们常见、常吃的鸡蛋和鸭蛋都属于羊膜卵。爬行动物的蛋如龟蛋、鳖蛋、蛇蛋和鳄鱼蛋等也都属于羊膜卵。恐龙蛋就是早期的羊膜卵。羊膜卵的外面包有一层石灰质的硬壳或者不透水的纤维质的卵膜，像皮革一样坚韧，其功能是防止卵受到机械损伤并避免卵内的水分蒸发和阻遏细菌对卵的侵害，起到保护胚胎的作用。卵壳上有许多细小的穿孔，可以让氧气渗入和二氧化碳排出，保证了胚胎在发育过程中能进行正常的气体代谢。卵囊的特殊构造可以提供胚胎成长及代谢所

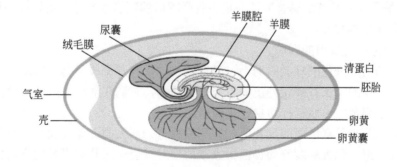

图 5-30　羊膜卵结构示意图

需，这一进化确保了脊椎动物的胚胎可以在干燥的陆地上孵化。这种特殊卵囊的出现，标志着爬行动物的个体发育过程完全脱离了对水的依赖。

羊膜所包围的空腔称为羊膜腔，里面充满液体，即羊水。羊水实际上相当于一个特殊的小水池，使胚胎能像鱼类或者两栖类一样生活在水中，从而防止胚胎干燥或者受到各种机械损伤。卵黄囊位于羊膜的液囊内部，可以为胚胎提供营养。

羊膜卵最主要的特征是具有羊膜，围绕着胚胎逐渐形成两层保护膜，即外层的绒毛膜和内层的羊膜。绒毛膜生在卵的外面，紧靠着卵壳，可以与外界进行气体交换并阻止细菌侵入。此外还有绒毛膜和尿囊膜，即在胚胎发育的过程中，胚胎本身产生出这3种重要的胚膜，保证了在陆地条件下胚胎发育的生理需要。尿囊则收集胚胎发育过程中的排泄物。

羊膜卵的产生使得爬行动物能够在陆地上生殖，繁衍后代，而无须再回到水中。爬行类及其衍生的后裔哺乳类和鸟类也因此总称为羊膜动物。正是由于有了羊膜卵，再加上一系列对于陆地生活适应的构造及生理功能，如已具有羊膜动物所特有的胸廓，由胸椎、肋骨及胸骨组成。胸廓的功能不但能保护内脏，而且还加强了肺脏的呼吸功能。

这样的特征使得爬行动物得以扩大其生态领域，扩展到了远离海洋、湖泊和河流的平原、山区、森林、草原、干旱的荒原等不同的环境，甚至在极为干旱的沙漠中也有爬行类生活（附图5-5）。爬行动物真的是在一个相对较短的时期内出现的。原始四足动物在陆地上爬行的情形，的确是地球上前所未有的奇观。

爬行动物是统治地球时间最长的动物，出现于晚石炭世，二叠纪增多，全盛于中生代。爬行纲从两栖类中分化出来后，很快适应各种陆地环境，其主宰地球的中生代是整个地球生物史上最引人注目的时代，那时爬行动物不仅是陆地上的绝对统治者，而且还掌控着天空和海洋，地球上没有任何一类其他生物有过如此辉煌的历史。

5.5.3　爬行动物四大家族的纷争

爬行动物具有下列特征，使其能更好地适应陆地上干燥且变化剧烈的气候环境。

1）皮肤角质化程度加深，已不具有呼吸的功能，而能有效地防止体内水分散失。

2）趾端都有爪，也是内外皮角质层演变而来，便于在陆地上爬行。

3）骨骼比较坚实，大多数为硬骨，其分化程度更高。它的脊椎分化为颈椎、胸椎、荐椎和尾椎。颈椎数目加多，使头部能自由转动和俯仰，便于捕捉食物（图5-31）。

4）头骨最主要的特点是具有颞孔，是头骨眼眶后的颞肌包容处。头骨较高且隆起，反映其脑腔扩大（图5-32）。

5）具有典型的五趾型的四肢。

爬行动物的鳞片进化成鸟类的羽毛，爬行动物的前肢则变成了鸟类的翅膀。爬行动物是地球上最早出现的、长有鳞状外皮的冷血脊椎动物，它们在陆地上产卵或分娩。鳄鱼、恐龙甚至鸟类也都是从早期爬行动物进化而来的。

爬行动物以头骨眼窝后面的颞孔的位置和数量分为四大类：无孔亚纲、龟鳖亚纲、下孔亚纲和双孔亚纲，代表着爬行动物四大家族的辐射发展。无孔亚纲是爬行动物中最保守最原始的一类，化石以下二叠统的中龙为代表。龟鳖亚纲从原无孔亚纲分出，是具有甲壳的爬行类，躯体为厚重的壳所保护。下孔亚纲是连接原始哺乳动物和爬行动物的桥梁，特别是该亚纲中的兽孔类已十分接近哺乳动物，被称为似哺乳爬行类。双孔亚纲是四大家族中的老大，数量最为丰富，多样性最高，除龟鳖外的所有现生爬行动物都归于此，呈陆、海、空辐射发展。

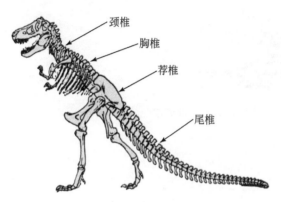
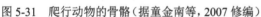

图 5-31　爬行动物的骨骼（据童金南等，2007 修编）

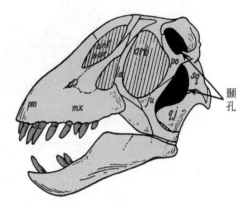

图 5-32　爬行动物的头骨（据童金南等，2007 修编）
pm: 前上颌骨；mx: 上颌骨；ju: 颧骨；orb: 眼眶；qj:
方轭骨；sq: 鳞骨；po: 眶后骨；la: 泪骨；anr: 眶前窗；
nar: 鼻孔

在内陆地区，早已不再需要返回水中产卵的爬行动物摩拳擦掌准备大展拳脚。虽然下孔亚纲和其他纲都处于"人丁兴旺"的时期，但在二叠纪初期，下孔型动物的阵容则要庞大一些，此时，地球上近四分之三的四足陆生脊椎动物都属于下孔型动物。因此，在二叠纪生物化石中，可以发现大量的下孔型动物的骨骼化石，及其与众不同的牙齿化石。

受二叠纪气候变化影响，下孔型动物开始由北向南逐渐地扩张自己的栖息地。它们身披鳞甲、满口獠牙、颚部结实有力，任何动物见了都会胆战心惊。盘龙目家族中有一种面貌凶狠的异齿龙，它是地球上最早可以捕食和自己体形相仿的猎物的陆生动物之一，它们经常猎杀其他的食草类盘龙目动物。

由于早期食草动物个个大腹便便、体态臃肿。为了能轻而易举地猎杀它们，那些凶悍食肉类的恐头兽也变得体形高大、身强力壮。尽管恐头兽"能征善战"，但是依然没有摆脱灭绝的命运。而另一群食肉类兽孔目——犬齿兽则比较幸运，这些长相似犬、行动敏捷的食肉动物，成功地进入了下一个重要的地质时期——三叠纪。

在二叠纪出现的早期双孔亚纲中，最值得一提的是空尾蜥（图 5-33）（又名始虚骨龙），它们的身体两侧长有类似"翅膀"的皮膜，可以在空中滑翔。

无孔亚纲又被称作帕拉蜥蜴，它们有的体形瘦小、貌似蜥蜴，有的身材高大、面目狰狞，有的甚至不但身上竖满尖刺，而且还披着厚重的板甲。帕拉蜥蜴还有一群"身材苗条"的姊妹——中龙（图 5-34），又名中型蜥蜴。可是，这种小型爬行动物非但没有沿着进化之路继续前进，反而走上回头路，它们放弃了陆地，返回水中继续生活，成为大陆漂移学说中的一个有力证据。

图 5-33 空尾蜥（*Coelurosauravus*）复原图（图源：Scott Reid/Wikimedia Commons）

图 5-34 纳米比亚中龙（*Mesosaurus tenuidens*）化石（Nuñez Demarco et al.，2018）

5.6 二叠纪末期生物大灭绝

在过去的 5 亿年间，地球上一共发生了多次生物大灭绝，而二叠纪末期的这次大灭绝是地球演化史上规模最大、涉及生物类群最多、影响最深远的一次，使得占领海洋近 3 亿年的主要生物从此销声匿迹，堪称地球生命史上的一次最为彻底的浩劫。

5.6.1 2.5 亿年前的大灾难

距今 2.5 亿年，二叠纪进入尾声，喧闹的地球再度沉寂下来。此时，生物史上最大的一场浩劫正在这个星球上蔓延。这次毁灭性的打击使得地球上超过 90% 的海洋生物种、70% 的陆生脊椎动物属和大多数的陆生植物从此绝迹，堪称地球生命史上的一次最为彻底的浩劫。一时间，大地上，海洋中，到处都弥漫着死亡的气息。

美丽的珊瑚虫群突然间消失了，于是原本鲜艳的暗礁被剥去了华丽的外衣，只留下乌黑的身体浸泡在冰冷的海水中（图 5-35）。那些三叶虫也未能幸免，虽然这些小生命已经在地球上熬过了 2.7 亿个寒暑，但所有的一切都在顷刻之间化为乌有。

图 5-35　二叠纪生物礁（冯伟民，2021）

生活于石炭纪—二叠纪热带或亚热带正常浅海环境下的纺锤虫动物，隶属原生生物界由著名地质学家李四光赐名䗴的海生有孔虫也无一生还。䗴是一种浅海底栖动物，具纺锤形钙质包旋的多房室壳，常呈纺锤形或椭圆形，有时呈圆柱形、球形或透镜形。䗴的演化趋势一般为个体由小变大，壳形由短轴向长轴变化，旋壁由原始单层分化为多层，以及蜂巢层的出现，旋脊由强变弱或演化为拟旋脊。一般大如麦粒，最小者直径不到一毫米，大者可达 30～60mm。连这么微小的生灵都难逃厄运，可见这次灾难有多么巨大了。

在这场大灾难中,海洋中绝大多数占统治地位的古生代群体生物都遭受了灭顶之灾（图5-36），包括海洋中全部的三叶虫和古介形类、原生动物䗴类、棘皮动物海蕾纲等，古生代型腕足类也几乎全部灭绝，鱼类灭绝率高达 93%；在陆地上大量的昆虫和四足动物从此消失；植物界也遭受重创，繁盛于古生代的庞杂蕨类植物绝大部分灭绝，仅有些草本植物遗留下来。

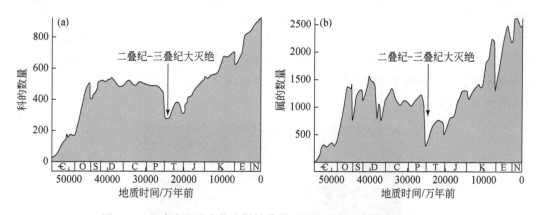

图 5-36　显生宙海洋生物多样性曲线（据宋海军和童金南，2016）

这次大灭绝是地球演化史上规模最大、涉及生物类群最多、影响最深远的一次，使得占领海洋近 3 亿年的主要生物从此销声匿迹，让位于新生物种类，生态系统也获得了一次最彻底的更新，为恐龙类等爬行类动物的进化铺平了道路。科学界普遍认为这次大灭绝是地球历史从古生代向中生代转折的里程碑。其他各次大灭绝所引起的海洋生物种类的下降幅度都不及其 1/6,也没有使生物演化进程产生如此大的转折。总之,二叠纪末生物大灭绝是一次地质历史时期最大规模的生物灭绝事件,现在认为这次事件可能是多幕制(宋海军和童金南,2016)。研究发现,二叠纪大灭绝事件对生态系统的破坏程度,要比目前的认识更为严重,破坏后的恢复和重建时间远长于生物多样性的恢复时间(Dai et al.,2018;Song et al.,2018)。

地球演化史可以说是一段物种消失的历史,茫茫黄沙上再也不会出现二叠纪爬行动物的串串脚印,冰冷海水中恐难再现海洋生态优势类群腕足动物滤食的声音。因为它们已经永远地离开了这个星球,在每一个生物大家族之中,那个最后活在地球上的成员一定是孤独的,它已经举目无亲、孤苦无依,一旦倒下,就意味着一个物种的永远灭绝。然而,在二叠纪最后这段险象环生的地球生物年代史中,还有一点让我们值得欣慰——仍有某些生物在历尽磨难之后,顽强地活了下来。命运之神似乎有意网开一面,并没有将它们的名字从生死簿上抹去。脊椎动物就是这些幸运儿之一,在历经了这次大灭绝事件后,它们依然活到了今天。

5.6.2　灭绝的"元凶"

在过去的 5 亿年间,地球上一共发生了 5 次生物大灭绝,这说明地球的确是一个危机四伏的栖息地。陨石撞击是导致某些大规模生物灭绝事件的直接原因(图 5-37)。如今,地球上直径超过 10km 的陨石坑共有 30 个,能造成如此严重的地表凹陷,可见那些陨石当时的破坏力有多大。对于脆弱的地球生物来说,猛烈的陨石撞击更是一场毁灭性的灾难。然而,大多数的生物灭绝事件却是地球自身原因所导致的。在前面的章节中我们曾经提到过,地心内核外包裹着一层炽热的液态金属外核,地心外核的温度波动会引发地球深层结构的强烈震颤,从而推动地质构造板块不断漂移。板块的漂移会对大陆块的位置进行重新配置,同时板块漂移引发的板块挤压还会导致山脉板块的剧烈活动,而山脉板块活动则是引起火山喷发的主要原因,造成大量的熔岩、气体和尘埃从火山口中喷薄而出。周而复始的地壳抬升,加之地球绕日运行轨道的定期改变,令这个星球在漫长的演化过程中多次经历冷暖交替变化,于是便出现了地球冰期与温暖期数次更迭的现象。事实上,今天的地球依然处在冰期的某一个阶段。

图 5-37　陨石撞击(图源:Pixabay)

到底是什么原因造成如此大规模的物种灭亡呢？一种说法是，火山作用（Zhang et al.，2021）是这次灭绝事件的最根本原因。多项地学的综合研究表明，在西伯利亚上百万平方千米的范围内发育的厚达近 3000m 的岩浆熔岩是在二叠纪末生物大灭绝发生前后形成的，而且是多个大型火山口喷发形成的。于是对于当时的情形有了这样的设想：大面积和高能量的火山作用在平流层中留下大量的尘埃，屏蔽阳光，形成"白色地球"。同时，火山活动还喷发出大量的甲烷（CH_4）和硫化氢（H_2S）等气体。甲烷气体消耗掉大量氧气，使得大气和海洋环境变得缺氧。这种恶劣的海洋环境必然导致海洋生物的大规模消亡。陆地上的生物同样在劫难逃，火山喷发出的熔浆瞬间就能导致大量动植物的死亡。此外，火山作用产生的大量酸雨使得陆地上土壤酸化，植物大量死亡。从食物链的角度分析，处于食物链较底端的生产者（植物）因恶劣的环境而遭到重大打击；随之，那些消费者（食草动物）没有了食物来源，就被活活饿死，进而较高级的食肉动物及杂食动物也会面临危机，最终惨遭灭绝。

另一种比较流行的解释是全球范围内的海水缺氧环境（Wignall and Twitchett，2002）导致二叠纪末生物大灭绝，这方面的证据也是多方面的。古生物学方面的证据主要包括大量底栖喜氧的生物在长兴期末灭绝，其中包括四射珊瑚类、䗴类、三叶虫类等，大灭绝期间残留的生物是那些对环境压力忍耐度比较高的生物类型，其中包括腕足类舌形贝（Lingula）、双壳类克氏蛤（Claraia）等，它们往往在早三叠世地层非常丰富，但分异度非常低。另外，在二叠纪末大灭绝期间生物个体明显趋于小型化，被称为 Lilliput 效应，这也被认为是环境压力所致。海水缺氧方面的证据还来自在事件层位中黄铁矿高度富集以及通过对黄铁矿的硫同位素分析表明其比值与现代具有较强滞流环境的黑海地区数据相类似等。富含大量硫化氢的缺氧海水环境已经被最近的生物标志化合物研究所证实，根据煤山剖面的研究，对大灭绝层位中生物标志化合物的研究表明当时古海洋的海水中富含嗜硫化氢的细菌，而数个二叠纪末沉积层的铀/钍值，也指示在这次灭绝事件发生时，海洋有严重的缺氧现象。

地质学家清楚地看到，二叠纪末发生了海平面下降、大陆漂移和火山活动。所有的大陆聚集成一个联合的古陆，富饶的海岸线急剧减少，大陆架也缩小了。生态系统受到了严重破坏。更严重的是当浅层的大陆架暴露出来后原先埋藏在海底的有机质被氧化，这个过程消耗了氧气，也释放出二氧化碳。海洋里也成了缺氧地带，富含大量硫化氢的缺氧海水环境已经被生物标志化合物所证明。与此同时，硫化氢气体溶于古海洋中，使得海水酸化。珊瑚虫窒息造成珊瑚礁死亡，生活在珊瑚礁丛林中的数千种不同的海洋生物也成了陪葬品。

5.6.3　劫后余生与异军突起

历史的演化规律告诉我们，大灭绝后必然迎来万物的新生与繁荣。而环境的改善又是生物复苏的前提。灾难中，仅有少数适应能力特别强的物种侥幸存活下来，但由于长期与恶劣环境的抗衡，也都奄奄一息。灾难过后，仍有部分物种因不适应新的环境，还是被无情地驱逐出历史的舞台，剩下的这些能安全度过灾难期，并在后期逐渐复苏、繁衍后代的物种就少之又少了。当然，在新的生态环境中，必然会有适应新环境的新物种产生。复苏期间，生态系统发生了重组，复苏后的生态面貌发生了革命性的转变。众所周知，古生代与中生代之交的这次灾难带给海洋生态群落的打击最大，致使其后的海洋生物复苏过程异常缓慢，我们可以从贵州龙（图 5-38）的家乡来追踪它们复苏的痕迹。在贵州龙的家乡贵州省西南部，发育着非常完整的海相三叠纪地层，这些地层中保存着无脊椎动物腕足类、双壳类、腹足类、菊石等和脊椎动物鱼类、爬行类等化石，地质古生物学家从这些化石中可以诠释它们复苏的面貌。

图 5-38　胡氏贵州龙（*Keichousaurus hui*）复原图（N. Tamura 绘）

　　二叠纪末生物大灭绝以后，地球历史经历了一个漫长的生物复苏期，生物再一次高度多样化，一直到了五百万年以后的中三叠世初。大灭绝以后海洋中生物的生态域明显降低，三叠纪早期的主要生态系统，无论是植物还是动物，也无论是海洋还是陆地系统，优势生物都是少数特定且全球性分布的物种。游泳生物菊石类、营穴居生物腕足类海豆芽和具有更强适应能力的双壳类得到了迅速发展，生物分异度很低，而某些种泛滥成灾，个体数量到了极度丰富的程度。在整个早三叠世，全球范围内出现了煤、硅质岩、磷酸岩和生物礁沉积的巨大空缺，而一度在前寒武纪广泛存在的微生物岩在早三叠世初期再度广泛出现；同时，陆地上由于高大陆生植物消失，地表菌类非常繁盛，表明当时地球环境非常恶劣。对华南地区多条剖面的碳同位素分析表明，在这期间碳同位素值发生了多次大规模波动，反映了当时大气 CO_2 含量可能非常高，而氧气含量较低，海水营养匮乏，环境频繁地发生波动。这些因素都大大抑制了三叠纪生物的复苏。

　　另外一类海洋动物——双壳类，虽然在三叠纪早期是主要类群，但其属级分异度很低，生态群落类型较简单、成种现象极少，表明生态环境始终比较恶劣。三叠纪初的海侵使孑遗型和土著型生物进一步消亡，适应能力强的克氏蛤和正海扇则开始灾后泛滥，给海底世界带来了生机。

　　此外，在早三叠世的"创业者"中还有"游泳健将"头足类，以蛇菊石和驰蛇菊石为主（图 5-39），它们在近乎死寂的海洋中孤独地寻找着食物。之后到了早三叠世晚期，随着环境的改善，食物来源日益丰富，这类动物也开始繁盛。研究表明，在华南地区鱼类和牙形类一样都是大灭绝后在三叠纪最早复苏的类别，最早复苏的鱼类为裂齿鱼类（冯伟民，2020）。鱼类从灭绝期到辐射期仅用了 130 万～400 万年的时间，从地质时间考虑，大灭绝

图 5-39　三叠纪的古菊石（*Arcestes*）复原图（冯伟民，2020）

后鱼类的复苏和辐射是相当快的。

　　经过大灭绝事件后，爬行动物也有了新的重大发展。也就是在此期间，中生代海洋霸主鱼龙类的祖先产生了，而且其演化相当迅速，到早三叠世晚期，多种形态的鱼龙类开始出现（图 5-40），于是进入鱼龙类的复苏期。到中三叠世，鱼龙类已经成功蔓延到世界各地，这便是鱼龙类的辐射期。

图 5-40　邓氏贵州鱼龙（*Guizhouichthyosaurus tangae*）复原图（N. Tamura 绘）

复习思考题

1. 什么是脊椎动物?

2. 昆明鱼的哪些特征让我们认为它是脊椎动物的祖先?

3. 简述鱼形动物的演化史。

4. 如何看待矛尾鱼的演化地位?

5. 脊椎动物演化史中的第一个重大事件是什么?

6. 羊膜卵的出现对脊椎动物的演化有什么意义?

7. 试述羊膜卵的出现历程。

8. 试述羊膜卵的功能和重要性。

9. 早期两栖类登陆遇到的问题及应对方法是什么?

10. 两栖类是如何适应陆地生活的?

11. 简述爬行动物的出现及演化轨迹。

12. 简述爬行动物为适应新环境而出现的新构造、新演化特征。

13. 试述二叠纪大灭绝的程度及意义。

第6章 龙族兴衰

在中生代的地球上，恐龙和翼龙类、蛇颈龙类、沧龙类、鱼龙类等爬行动物一起生活。作为统治地球的霸主，不同恐龙之间的生活习性、形态特征相差也非常大。而恐龙在白垩纪末期突然灭绝，也让人们对恐龙灭绝的原因提出了许多假说。热河生物群是一个极其重要的早白垩世陆相生物群，具有较高的生物多样性，已成为国际古生物学界和相关科学界关注的热点。

6.1 飞龙在天

在中国提到"龙"，人们都会联想起来一些动物和传奇的故事。在人们的印象中，它的长相奇特，很像各种动物的大集合，身体像蛇一样有鳞片且修长，长着像鹿角一样的角，耳朵像牛，嘴上有两条像虾一样的胡须，圆眼睛又大又凸，拥有长长的鹰爪，背上有鳍，身上还包覆着火焰。龙的行动能力也非常了得，能在天空中飞行，地上爬走，也可以悠游水中，在深海中安家，属于一种结合海、陆、空三栖幻想出来的动物。那么在地球上有没有曾经存在一种类似这样的能飞的像龙的生物呢？下面我们将介绍会飞的爬行动物——翼龙。

6.1.1 会飞的爬行动物——翼龙

人类至今只在地球出现了几百万年，而在恐龙统治地球的时代，还有一类生存了大约1.6亿年会飞的爬行动物，它们和恐龙一起活跃在中生代的地球，在白垩纪末期的生物大灭绝中消失，这种神奇的生物就是爬行动物中灭绝的一类——翼龙。

在科学家的眼中，翼龙是一类很奇特的爬行动物。它与恐龙相伴而生，相伴而终。它出现时便能在中生代地球的空中翱翔，比鸟类早约7000万年飞上蓝天，从空中鸟瞰下面的大千世界。翼龙类是地球生命演化史上第一类能主动飞行的脊椎动物，也是包括鸟类、蝙蝠等三类飞行脊椎动物中唯一绝灭的类群。它们体形大如战机，小如麻雀，或满嘴獠牙利齿，或空无一齿。它们伸展着长长的翼指，支撑着宽阔的飞行翼膜飞行于天空。它们在海岸、湖边安家，于水面、林间穿梭飞行。中生代时期，当恐龙统治陆地时，翼龙始终占据着广阔的天空领域（附图6-1）。它们时而栖息在悬崖峭壁上闭目养神、养精蓄锐，时而快速掠过水面捕食鱼虾。

实际上，各国科学家对翼龙的研究和探索经历了一个漫长的历程，他们通过对大量化石的研究，才有了今天的深入了解。在研究的早期，地层中保存的翼龙究竟是一类怎样的动物，这个问题曾困扰科学家很多年。1784年意大利古生物学家科利尼（Cosimo Collini）在德国发现第一件翼龙化石时，甚至不能确定它属于哪一类动物。当时人们对翼龙的长相也有种种猜想和推测，绘制的翼龙复原图也千奇百怪。有人认为它生活在海洋中，也有人认为它是鸟和蝙蝠的一个过渡类型，甚至还有人认为翼龙像中国传说中的凤凰。直到1801

年，法国著名的比较解剖学家居维叶（Georges Cuvier）才鉴定它为翼手龙，并归于爬行动物。自从翼龙被鉴定之后，人们对这类最早飞向天空的奇特动物就充满了好奇，一直在苦苦探求隐藏在它身上的秘密。

翼龙为了适应飞行的需要，在解剖学方面具有许多类似鸟类和蝙蝠的骨骼特征，如头骨多孔，骨骼纤细中空轻巧，胸骨及其龙骨突发达等。但是最为"抢眼"的还是其高度特化的前肢：它的第四指加长变粗成为飞行翼指，由四节翼指骨组成，与前肢共同构成飞行翼的前缘，支撑并连接着身侧和后肢，形成与蝙蝠相似的具飞行功能的翼膜。翼龙的腕部还发育有一个向肩部前伸的翅骨，对前膜起支撑作用。前肢第一至第三指生长在翼膜外侧，具钩状爪尖，活动自如，第五指则完全退化消失，而蝙蝠的第二到第五指都加长并附着翼膜，仅第一指生长在翼膜之外。由于飞行需要很高的热量和较强的新陈代谢能力，科学家推测翼龙同鸟类一样，都是热血的恒温动物，而不像其他大部爬行动物那样属于变温的冷血动物，越来越多的化石证据也支持这一假说。

传统的分类认为翼龙可分为两大类群，即喙嘴龙类和翼手龙类。

其中喙嘴龙类是一类相对原始的翼龙，它们起源于晚三叠世，繁盛于侏罗纪。喙嘴龙类的主要特征表现在它的嘴里长满长而尖利的牙齿，鼻孔和眶前孔各自独立，颈椎和翼掌骨都很短，而第五脚趾和尾巴却很长，甚至有的个体尾部的末端发育一个由膜组成的扇形尾帆，在飞行中起平衡作用。蛙嘴翼龙类是这一类群中特殊的一支，它具有所有该类群的形态特征，唯独尾巴较短，如发现于我国宁城的热河翼龙（附图 6-2）和德国索伦霍芬（Solnhofen）的蛙嘴龙等。

翼手龙类是一类相对进步的翼龙，起源于晚侏罗世，在白垩纪最为繁盛。翼手龙类的鼻孔和眶前孔愈合形成一个鼻眶前孔，其他骨骼形态与喙嘴龙类的许多特征恰好相反，如脖子和掌骨都很长，尾巴和第五脚趾却很短，等等。翼手龙类牙齿发育呈多样性，有的在其上下颌前部发育牙齿，有的牙齿完全退化消失，如晚白垩世大型无齿翼龙等。

其中，最古老的翼龙化石为真双型齿翼龙，它们来自意大利三叠纪晚期海相地层，最晚的化石记录为来自北美洲的个体庞大的无齿翼龙。

6.1.2 飞龙在中国

在翼龙发现后的 200 多年，科学家命名了超过 150 种翼龙。翼龙化石记录分布非常广泛，七大洲中仅南极洲尚未有其化石发现的报道，在欧洲的德国、英国、意大利，北美洲的美国，南美洲的巴西、阿根廷，亚洲的中国、蒙古国、哈萨克斯坦，非洲坦桑尼亚、尼日尔等国家和地区都发现过重要的翼龙化石。

由于翼龙的骨骼纤细中空等特殊的骨骼结构，翼龙化石的形成和保存远比骨骼相对粗壮的恐龙等爬行动物困难很多，需要特殊的埋葬环境才能保存完整的翼龙化石。正因为如此，在热河生物群的翼龙化石被大量发现之前，中国的翼龙化石发现比较零星，分布也很局限，主要来自新疆、甘肃、山东和浙江等少数几个省区。第一个研究我国翼龙化石的学者是著名古生物学家杨钟健，他报道的第一件翼龙化石标本于 1935 年采自山东的蒙阴。此外，在山东莱阳也发现过一些破碎而不完整的翼龙肢骨。而在我国发现的第一件保存相对完整的翼龙化石为采自准噶尔盆地的魏氏准噶尔翼龙化石（Young，1964）（图 6-1），其后，

图 6-1　水边的魏氏准噶尔翼龙生态复原图（陈鹤，2020）

又发现了来自同一地区的复齿湖翼龙（Young，1973）。

但 20 世纪 90 年代以来，我国辽宁西部的热河生物群脊椎动物化石发现的序幕逐渐拉开，保存完整的翼龙化石也被大量发现。发现了近百件翼龙化石标本。在辽西及邻近地区热河生物群核心分布区记述的翼龙化石有近 20 个属种，这一地区也因此成为世界上最重要和最富集的翼龙化石产地。在这些翼龙中，进步的翼手龙类占绝对优势，包括东方翼龙、郝氏翼龙、北票翼龙、北方翼龙、飞龙、格格翼龙、树翼龙、中国翼龙、辽宁翼龙、朝阳翼龙、努尔哈赤翼龙、帆翼龙和森林翼龙等。目前，中国已经成为世界上发现翼龙数量和种类的最多的国家之一，也可说是翼龙的故乡。

2004 年，我国古生物学者报道了在辽西页岩（沉积岩的一种岩石类型）中发现的世界上首枚翼龙蛋与胚胎化石（Wang and Zhou，2004）（图 6-2）。标本保存了正、负模，通俗来讲就是一个化石的正反两面，蛋的最大长度 53mm，最大宽度 41mm，在椭圆形蛋中保存有一个几乎完整关联的翼龙胚胎化石骨架，翼龙胚胎不但骨骼保存完整，而且保存有翼膜纤维和皮肤，蛋壳的乳突状结构也有很好的保存，证明这枚发育了胚胎的翼龙蛋当时是被迅速埋葬而保存下来。根据化石做出的复原图，人们联想到这个翼龙胚胎已酣然入睡，也许它正在做着美梦。经分析，翼龙胚胎翼展约 27cm，初步归于鸟掌翼龙类，代表了翼龙在其胚胎发育过程中的最后阶段，同时还具有幼年阶段的许多特征，这也反映了这类翼龙出生后就具备自主觅食和飞行能力，这一发现让人们确信翼龙与其他爬行动物和鸟类一样是卵生的，同那些相对原始的鸟类类似，具有早熟性的胚胎发育模式。

我们在参观博物馆时，经常会见到恐龙蛋这样一类化石，但是翼龙蛋一直没有揭开它神秘的面纱，展现在世人面前。在 21 世纪之前，虽然也曾经报道过翼龙蛋壳的碎片，但是没有确凿的证据证明它们就是翼龙蛋化石。

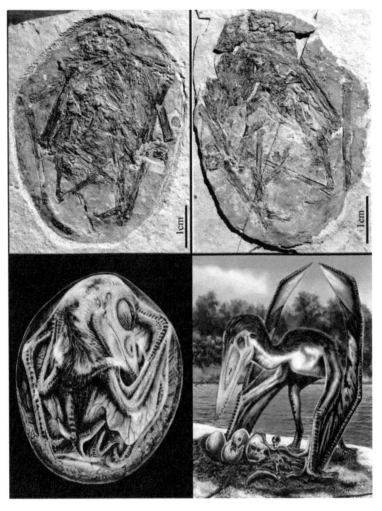

图 6-2　世界上首枚翼龙蛋与胚胎化石（张鑫俊等，2017）

　　翼龙具有产卵的特性，也可以很好地飞翔于空中，那么我们能否知道这类生物身上曾经长了如毛发之类神奇的东西呢？20 世纪初，英国生物学家西利（Harry Govier Seeley）就指出翼龙具备快速运动的能力，并预言翼龙像蝙蝠一样体上有毛，有与鸟类相似的生活习性，他认为翼龙是一类热血动物。而这个实证又来自热河生物群。2002 年，我国学者在内蒙古发现的热河翼龙化石，不但有保存很好的飞行翼膜，而且全身覆盖毛状结构，进一步证明翼龙属于热血动物。该热河翼龙是一件保存完整的蛙嘴龙类，它身上的毛状结构与翼膜纤维相比，一般短而粗，柔软弯曲，向远端变尖，并常呈簇状分布。这种毛遍布全身，虽然对它的性质还不清楚，还只能推测其功能，但是如此大面积的全身性覆盖的毛状结构很可能是用来进行体温调节的（Wang et al.，2002）。

　　迄今为止，除热河翼龙外，在辽西和相邻地区还发现多件带有毛状皮肤衍生物的翼龙化石，已经报道的包括与热河翼龙相同地点的翼手喙龙（Czerkas and Ji，2002）。产出的张氏格格翼龙化石（Wang et al.，2007；蒋顺兴和汪筱林，2011），虽然没有像热河翼龙等化石那样全身保存大量的毛,但是在其头部后上方等多处保存了类似的结构,这些毛状结构在不同类群翼龙身上的出现,让人们更加确信翼龙是热血动物。

6.2 潜 龙 在 渊

中生代是一个爬行动物称王称霸的时代。在陆地上,种类繁多、大小各异的恐龙类四处游荡觅食;在空中,翼龙家族展翅翱翔,取得了制空权;而在水域当中,除了许多两栖的爬行动物之外,还有一些爬行动物变成了完全水生的类群。其中就包括一些龟鳖类、盾齿龙类、幻龙类、蛇颈龙类、沧龙类和鱼龙类,它们全部或部分变成了水生的生物,返回到了它们的远祖所生活的水中。当时的地球上常见到"翼龙飞于天,水龙潜于渊"的情景。这些水中的爬行动物存在着著名的水中"三剑客":长脖子的水中怪物——蛇颈龙、海洋中的恶霸——沧龙、海洋中的精灵——鱼龙。

6.2.1 长脖子的水中怪物——蛇颈龙

蛇颈龙,水生爬行动物。首次出现在约 2.3 亿年前的三叠纪中期,在 2.01 亿~1.45 亿年前的侏罗纪特别繁盛,直到 6600 万年前灭绝。它们的身体看起来像肥胖的现代海豚,突出的特点是长脖子上长着一颗小脑袋,而且脖子长度竟然占身长的一半以上,短小的身体上还长着四片像船桨一样的鳍足(附图 6-3)。它们在水中,依靠四个鳍脚互相配合,不仅能快速游动,而且能随意转换方向。有时它们往往被看作推测的尼斯湖水怪外表的模型之一。

它们都是残暴的肉食者,要天天开荤,以鱼类、带壳的蚌类或贝类为食,不仅如此,它们还能捕食同时代的翼龙以及其他蛇颈龙的幼仔。它们在恐龙时代的海洋里,高居生态系统的顶端,堪称当时海洋霸主之一。但它们也是有对手、有天敌的,科学家推测可能是鲨鱼和沧龙。

蛇颈龙类可根据它们颈部的长短分为长颈型蛇颈龙和短颈型蛇颈龙两类。

长颈型蛇颈龙主要生活在海洋中,脖子极度伸长,活像一条蛇,身体宽扁,鳍脚犹如四支很大的划船的桨,使身体进退自如,转动灵活。长颈伸缩自如,可以攫取相当远的食物。生活在白垩纪的薄片龙,颈长是躯干长的 2 倍,由 60 多个颈椎组成。

短颈型蛇颈龙又称上龙类。这类动物脖子较短,身体粗壮,头部较大,有着长长的嘴,鳍脚大而有力,适于游泳。发现于澳大利亚白垩纪地层中的一种长头龙,身长 15m,头竟有 3.7m 长(Holland,2018),嘴里上下长满了钉子般的牙齿,大而尖利,呈犬牙交错状,这显示了当时它的凶猛性。上龙类适应性强,分布广泛,当时的海洋和淡水河湖中均有它们的种类生活着,是名副其实的水中一霸。蛇颈龙类是当时最大的水生动物之一,最小的也有 2m 长。它们体型大多比最大型的鳄类还大,也比它们的后继者沧龙类大。

古生物学家分析蛇颈龙的骨架整体并复原后发现,蛇颈龙完全不具备基本的登陆能力。蛇颈龙的化石骨架表明,肋骨起不到对腹部内脏的支撑和保护作用。假如我们趴在地上,我们的心肺器官不会因自重压迫而不能正常工作,因为人类从脊椎延伸出来的肋骨把我们的腹部器官整个包围并支撑了起来。如果它们爬到陆地上,身体的自重就会压迫心肺,导致呼吸困难或无法呼吸，所以它们不可能到陆地上去，也不能在陆地上产卵。多种证据表明，蛇颈龙很可能是胎生动物，它们的幼子一生下来就会游泳。

最能和蛇颈龙捕食绝技挂上钩的要算是它们的长脖子了。化石证据表明，蛇颈龙的颈椎骨的数量是哺乳动物的几倍到几十倍。蛇颈龙长长的脖子增加了头与身体之间的距离，这样，在黑暗的海水里，它们可以使自己在整个身体还没有暴露的时候靠近猎物。而它们的猎物即使发现了它们，也因为看不到它们庞大的身躯，不会立即躲避它们。另外，蛇颈龙脖子侧面肋骨似的骨头可能在捕食中扮演了非常重要的角色，这些骨头使脖子有了硬度，虽然可以自由伸缩，但又不会像蛇一样柔软。这可以使它们在捕食时迅速突进。

6.2.2　海洋中的恶霸——沧龙

1780 年，在荷兰的马斯河（Maas）附近一处深达 30m 的石灰石矿井下，发现了一个巨大的不知为何物的颚骨化石。一位名叫霍夫曼（Hoffmann）的军队外科医生指挥矿工将这块巨石搬到地面上，但这块化石很快就不翼而飞了。该矿矿主高价悬赏寻找这块化石，但一直没有结果，直到 1795 年才发现化石已经被拿破仑（Napoléon）的连队运到了巴黎。这是人们关于沧龙的最早发现。沧龙（图 6-3）同鱼龙、蛇颈龙一道被视为白垩纪"三足鼎立"的海洋霸主。

图 6-3　博格沧龙（*Mosasaurus beaugei*）复原图（图源：Dmitry Bogdanov/Wikimedia Commons）

作为水生爬行类的一个种类，沧龙起源于 9000 万年的白垩纪中期，繁衍了 2500 多万年。沧龙的所有种类都是蜥蜴类，是从早白垩纪的半水生有鳞目动物演化而来，如现代巨蜥的近亲崖蜥科（Aigialosauridae），与当时生活在地上的爬行类动物——恐龙只是远亲关系。沧龙祖先是陆生的，但它们进入水中后，已完全适应了开阔的海洋生活，它们的腿进化成了鳍状肢，尾巴变长了，进化成一种扁直形尾巴，与美洲鳗和鳄鱼的尾巴很相似。其中的某些种类在海洋中进化得非常庞大。

作为一种食肉类动物，它们在海洋中占据了霸主地位，可以说是没有敌手。栖息在近海水域的沧龙在捕捉猎物时大都采取潜伏的方式随时准备捕获从它旁边路过的猎物。还有一些种类则进化出又大又圆的牙齿，使它们能够咬碎双壳贝类动物厚厚的壳。为了获得食物和保护领地，它们可残忍地把其他鱼龙类、蛇颈龙类赶尽杀绝。

沧龙的祖先是在陆地上产卵的，而生活在水中的沧龙进化出这样一种生育功能：它能将幼龙直接排入水中，与今天的鲸鱼很相似。沧龙可能是冷血动物，与目前仍生存着的爬行动物一样，许多种类之所以栖息于浅海水域，是因为这里相对要暖和一些。然而沧龙中的某些种类似乎具有深潜的本领，或者经常出入较冷的水域，由此推测，这类沧龙可能是半温血或温血动物。

它的下颚骨两边的中部各有一个活动自如的关节，使得它们能够吞咽体形较大的动物，这说明它是一种灵活的食肉动物。沧龙的牙齿能不断地更换，确保了它的牙齿始终处于锋利状态。另外，大部分沧龙的嘴巴顶部硬腭都有翼状骨，长有牙齿，使它们在用颚牙咬住猎物后能防止光滑的鱼类、鱿鱼以及其他挣扎的猎物从其口中滑脱。所以说，沧龙在捕食进程中完全就是一台开动的"杀戮机器"。倒钩状的锐利牙齿会轻而易举地将猎物咬断，然后上颚处的内齿则将猎物随意拖拽。整个捕食过程毫不拖泥带水，残忍至极。

作为一种伏击式食肉动物，沧龙有其独特的生理优势。沧龙在捕猎时能通过突然加速逮到猎物。沧龙细而长的身体结构使它在推开前面的水体时能将其阻力减小到最低程度。沧龙长尾巴的末端在游动时能产生一种额外推力，尤其是那种尾巴很长的沧龙。它的上颌侧面有一组神经，可以检测到猎物发出的压力波，利用压力波声呐来狩猎，这个系统能让沧龙的听力扩大 38 倍，可准确获取目标方位，更有机会捕捉到猎物。它的上述装备，使得它成为一个真的海洋"屠夫"。

6.2.3　海洋中的精灵——鱼龙

鱼龙（图 6-4），是一种大型海生爬行动物，呼吸空气，卵胎生爬行动物，直接把幼仔产在海里，外形类似鱼类和海豚。最早出现在约 2.45 亿年前，比恐龙早出现约 1100 万年，比恐龙提前约 2500 万年灭绝。鱼龙的头部像海豚，拥有长口鼻部，口鼻部布满牙齿。鱼龙类的体型适于快速游泳；有些鱼龙类则适合潜至深海，类似现代鲸鱼。无论是它们流线型的外形、奇异的背脊、超大的眼睛还是存储氧气的能力，甚至生活及饮食习惯等似乎都在演进的过程中不断发生着变化。这些神奇的变化帮助鱼龙在海洋世界里遨游了将近亿年之久。

鱼龙的出现是因为一些陆地爬行动物重新回到海洋生活，逐渐演化而来。鱼龙最明显的变化就是四肢向鳍状肢的转变。鱼龙的

图 6-4　切齿鱼龙复原图（图源：Dmitry Bogdanov/Wikimedia Commons）

鳍状肢化石表明，与其长期生活在陆地上的祖先相比鱼龙"前肢"的骨头更短，骨骼宽且平，踝关节及脚掌部分呈现出船桨一样的形状。原本独立的手指和脚趾分别被流线型的软组织连成了整体，形成了具有相当硬度的鳍，类似于现代的鲸、海豚、海豹及海龟等。

长期生活在海洋中的鲨鱼可以任意在深海驰骋，也出现在靠近大陆架的浅海海域，它们可以在捕食过程中随时加速。而对于生活在陆地上的蜥蜴而言，尽管它们可以在水中以波动的行进方式游动，但效率却比鲨鱼低得多。早期鱼龙在行进方式和生活场所的选择上

很可能最接近蜥蜴。波动式的游动方式使这些捕猎者很快适应了海岸沿线区域的生活。由于陆地和近海海域有着丰富的食物资源，所以它们根本无须改变原有的慢速行进方式也可以不愁饥饱。

然而对于那些生活在深海海域的捕猎者来说，由于食物分散，它们必须具备更高效的游动方式才能生存下去。以鲭鱼为例，为了提高速度，它摒弃了波动的行进方式，转而采用绷紧全身、前后摆动尾巴的新方式，结果大大提高了行进速度。古生物学家在晚期鱼龙化石身上发现了新月形的尾部，表明它也可能采用了类似鲭鱼的游动方式。

由于具备了较强的活动能力，鱼龙的活动范围得到空前拓展。科学家在检验鱼龙胃部化石时发现，鱼龙捕食的主要对象是类似乌贼的海洋生物。以乌贼等动物为主食的现代海鲸主要活动在海平面以下 10～1000m 范围内，偶尔它们还会潜入 3000m 左右的深海。结合鱼龙化石在饮食和体形等方面表现出的种种特点可以推断，至少有一部分后期鱼龙是潜水高手。

它们在 2.01 亿～1.45 亿年前的侏罗纪特别繁盛，分布尤为广泛。在 1.45 亿～6600 万年前的白垩纪，它们被蛇颈龙类取代。据推测，它们的灭亡可能跟栖息地消失有关。由于全球气候突变，海平面下降，浅海区域变成了陆地，鱼龙统治海洋的时代随之终结。与此同时，那些生活在深海区域的鱼型鱼龙开始遭到上级食物链中捕食者的骚扰。有证据显示，鱼型鱼龙逐渐消失的时期恰好是某种凶猛的蛇颈龙逐渐控制海洋世界之际。当然在它们之间是否存在直接的生存竞争，这个问题还有待科学家的进一步研究，是一个待解之谜。

6.3 恐龙的家族成员和"明星"

恐龙种类繁多，根据其骨骼形状，可以被划分为蜥臀目和鸟臀目两大演化分支，而其中最为人们所熟知的就是经常出现在各影视作品中的大"明星"——霸王龙了。中国作为世界上产出恐龙化石最多的国家之一，保存了许多著名的恐龙化石，包括禄丰龙、合川马门溪龙等。

6.3.1 恐龙家族的分类

目前，科学家给恐龙在生物学中的分类位置是：动物界、脊索动物门、爬行纲、双孔亚纲、恐龙总目。许多史前爬行动物常被一般大众非正式地认定是恐龙。例如，翼手龙、鱼龙、蛇颈龙、沧龙、盘龙类（异齿龙与基龙）等，但从科学角度来看，这些都不是恐龙。

对恐龙长期系统的研究表明，恐龙种类繁多，体形和习性相差也很大。根据它们的牙齿化石，还可以推断出它们为食肉类还是食草类，但这只是大概的分类，并不是很严谨。科学家从目前恐龙骨骼化石的复原情况发现，其实不仅恐龙的种类很多，它们的形状更是无奇不有，因此对这些恐龙进行科学的分类就显得十分重要。

130 年来，根据它们骨骼的形状，恐龙一直被分为两大演化分支（图 6-5）：骨盆与爬行动物相似的蜥臀目（Saurischia）恐龙、骨盆与鸟类相似的鸟臀目（Ornithischia）恐龙。

鸟臀目恐龙除了一些早期原始的种类，都属于颌齿类恐龙类。它们长有喙，属于食草恐龙，是食肉恐龙兽脚亚目的猎物。鸟臀目分成两个演化支：装甲亚目、角足亚目。装甲亚目包括剑龙下目（如剑龙）与甲龙下目（如甲龙）。角足亚目包括头饰龙类（角龙下目与肿头龙下目），以及鸟脚下目（如鸭嘴龙科的埃德蒙顿龙）。

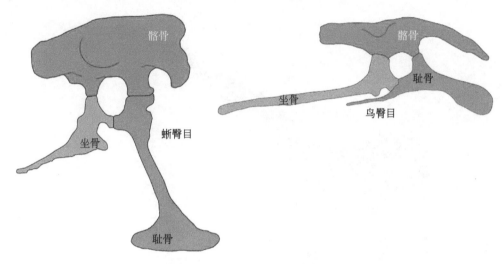

图 6-5　蜥臀目和鸟臀目恐龙骨盆对比图

　　剑龙下目恐龙是一类草食性恐龙，都有多排特别的骨头，称为皮内成骨，这些骨头沿着背部与尾巴，发展成骨板与尾刺。这些骨板与尾刺可能具有防卫掠食动物、物种内的打斗行为的功能，也可能有调节体温、同一物种的视觉辨识功能。甲龙下目包含了大部分有着骨鳞片形式装甲的恐龙。甲龙亚目都是有着短而壮的腿的笨重四足动物。

　　蜥臀目主要包括两个亚目：二足、大部分是肉食性的兽脚亚目（Theropoda）；长颈部、四足、草食性的蜥脚亚目（Sauropodomorpha）。

　　兽脚亚目，是一类双足恐龙，存活于 2.34 亿～0.65 亿年前，在地球上生活了约 1.69 亿年。虽然它们主要是肉食性动物，但是在白垩纪时期，一部分的兽脚类恐龙演变成为草食性动物、杂食性动物，甚至食虫动物。它们前两肢短小而灵活，用于捕获猎物；后两肢粗长而有力，善于奔跑，最高时速达 60km。兽脚亚目后来演变出一类特殊的小型恐龙，称为虚骨龙类（Coelurosauria），可能是鸟类的共同祖先。最著名的虚骨龙类有霸王龙、中华龙鸟、似鸟龙、北票龙、原始祖鸟、尾羽龙、小盗龙、中国鸟龙、中国猎龙、近鸟龙、寐龙、郝氏耀龙、树息龙、擅攀鸟龙等。

　　兽脚类恐龙包括较原始兽脚类恐龙（艾雷拉龙、圣胡安龙）；腔骨龙类（理理恩龙、腔骨龙等）；坚尾龙类（冰脊龙、重爪龙等）；肉食龙类（中华盗龙、异特龙等）；暴龙类（霸王龙、羽暴龙等）；虚骨龙类美颌龙科（美颌龙、中华龙鸟）；似鸟龙类（似金翅鸟龙、北山龙、中国似鸟龙、似鸡龙、似驼龙等）；镰刀龙类（镰刀龙、北票龙、二连龙等）；窃蛋龙类（窃蛋龙、尾羽龙）；驰龙类（中国鸟龙）；鸟翼类（胡氏耀龙）。

　　蜥脚亚目，取"蜥蜴般的脚"与"形态"之意，是蜥臀目的一个演化支，包含蜥脚下目与其祖先近亲（原蜥脚下目，可能是并系群）。蜥脚下目是一群长颈部、长尾巴、大体型的草食性恐龙，最后演化成完全四足行走，并且为出现过的最大陆地动物。原蜥脚下目的生存年较早，体型较小，在生理上能够以二足方式行走。蜥脚形亚目是三叠纪中期到白垩纪末期的优势草食性动物。著名的有梁龙（*Diplodocus*）和马门溪龙（*Mamenehisaurus*）（图6-6）等。

图6-6　马门溪龙骨架（王原等，2019）

6.3.2　恐龙中的大"明星"——霸王龙

说起霸王龙，那可真是古生物化石中鼎鼎大名的超级"明星"。不仅仅是其本身，它的"七大姑八大姨们"也都跟着沾光，像阿尔伯塔龙属、蛇发女怪龙属、恶霸龙属和特暴龙属等都成了古生物爱好者最熟悉的一群恐龙。

霸王龙家族的正式名称叫作暴龙类（暴龙超科），因此霸王龙，又名暴龙、雷克斯暴龙，就是"蜥蜴暴君"的意思，是兽脚类恐龙中暴龙属中目前唯一的有效物种，是一种巨型的肉食性恐龙（图6-7），从其头部到粗重尾部的长度大约是12m，体重超过4t，并拥有长达30cm的牙齿。霸王龙虽然在6600万年前就已灭绝，但它至今仍是地球上有史以来体型最大的肉食性陆地动物之一。难怪最先发现这种可怕动物骨骸的科学家会替它取名为霸王龙。不过，科学家首度发现霸王龙化石的时候，确实认为长相如此凶猛的动物，肯定是恐龙之中强大而又残忍的霸

图6-7　在伊利诺伊州（State of Illinois）芝加哥菲尔德自然历史博物馆（Field Museum of Natural History，Chicago）展出的霸王龙标本"苏"（图源：Evolutionnumber9/Wikimedia Commons）

主。霸王龙具有很大的牙齿（附图 6-4）以及巨大的颚部，清楚地显示出它是强健的肉食性动物。

霸王龙行走时，身体大概是弯腰往前倾斜，同时利用大尾巴平衡自身的重量。霸王龙的后腿粗大有力，前臂却很短小。它的前臂甚至碰不到它的嘴巴。因此，霸王龙可能是将长有爪子的后腿放在猎物尸体身上，然后用力撕咬猎物的肉。这种恐龙也绝对称得上是其他恐龙的"噩梦"了。在霸王龙捕猎三角龙时，霸王龙的血盆大口能轻易地杀死猎物，刺穿肉和骨头，然后一块块地撕裂猎物血肉模糊的遗骸，大快朵颐。

基于上述的原因，霸王龙又是有史以来最著名的恐龙类群之一，在影视作品中通常以一种张着血盆大口，不断寻找食物的怪物形象出现。

但是也有人提出霸王龙也有其"温柔"的一面，研究人员研究霸王龙所需的生存环境后得出结论，它仅靠"不劳而获"的食腐方式进食，同自然界中现存的秃鹫一样。他们认为，霸王龙已经灭绝，而秃鹫却能存活至今，是因为食腐鸟类只需消耗较少的食物就能生存，而霸王龙却需要吞食大量的食物。

关于霸王龙能跑多快，此前科学家争论很大。在我们熟知的影片《侏罗纪公园》中，霸王龙的速度是能够追上汽车的，当然这也只是导演为了艺术表现的猜测。研究结果表明，霸王龙也许跑得没那么快。研究者利用数学模型，通过对短吻鳄、鸡、人、鸸鹋、鸵鸟等 8 个物种进行分析，测量了快速奔跑（超过 40km/h）所需要的腿部肌肉质量。最终测算，霸王龙的时速大约在 18km，这一速度相当于人类马拉松比赛的平均水平（Hutchinson and Garcia，2002）。

6.3.3　恐龙的"中国派"

中国的中生代陆相盆地地层分布连续，因此各类恐龙化石埋藏十分丰富。自 20 世纪初以来，在中国先后发现的恐龙化石达到 100 多个属，160 多个种，包括蜥脚类 21 个属，32 个种；原蜥脚类 7 个属，8 个种；兽脚类 44 个属，53 个种；鸟脚类 14 个属，15 个种；剑龙类 7 个属，8 个种；甲龙类 8 个属，8 个种；角龙类 7 个属，8 个种。目前中国已经是世界上产出恐龙化石最多的国家之一。

在中国发现的最早的恐龙动物群是西南地区的"云南禄丰动物群"，20 世纪 30 年代，我国古生物学家杨钟健在抗战年代极端困难的条件下，在云南禄丰发现了大量的恐龙骨骼化石，其中最出名的就是禄丰龙（图 6-8）。这些发现告诉我们：约 1.6 亿年前，云南与现今的气候完全不同，银杏、芦木、桫椤、苏铁这些粗壮高大的裸子植物是当时陆地植物群落的主要组成部分，体长 6m 的禄丰龙就生活在这里，这种巨大的食草类恐龙与其他动物一起在这里繁衍生息，给后世的我们留下了诸多的骨骼与遗迹，甚至是胚胎化石。

在与之临近的四川"自贡恐龙动物群"，古生物学家也发现了一种闻名中外的巨型食草恐龙——合川马门溪龙，其体长可达 26m，身高 7m，体重达 55t，其中脖子几乎占了身体总长度的一半，不仅构成颈的每一个颈椎长，且颈椎数亦多达 19 个，是蜥脚类恐龙中颈椎数最多的一种，也是地球上存在过的生物中脖子最长的生物。

一直以来，恐龙都被认为是体表覆盖着光滑鳞片的爬行动物，但是近几十年在中国辽西发现的化石表明，有些恐龙的体表已经长出羽毛（Xu et al.，2009a），这无疑证明了鸟类是由恐龙进化而来的这一假说。发现于中国山东半岛的山东龙是目前已知最大、最长的鸭嘴龙科恐龙之一。其身长 15～16m，头颅骨长 1.63m（胡承志，2001），重量估计达 16t，具有的长尾巴可能使身体的重心维持在臀部。如同所有鸭嘴龙类，它的喙状嘴缺乏牙齿，但颌部有 1500 颗咀嚼用牙齿。山东龙鼻孔附近有个由宽松垂下物所覆盖的洞，可能用来发出声音。

图 6-8　禄丰龙骨架（郭建崴，2015）

在中国北方地区还保存了许多其他著名的恐龙，如黑龙江满洲龙（*Mandschurosaurus amurensis*）（图 6-9）、刘家峡黄河巨龙、巨型山东龙等。黑龙江满洲龙是鸭嘴龙科的一种大型的植食性恐龙，化石发现于中国的黑龙江省，是我国境内发现的第一种恐龙化石，至少有 6m 长，生活在中生代的白垩纪晚期（Riabinin，1930）。

正如加拿大著名的恐龙学家罗素（Dale A. Russell）所说："恐龙时代的记录极为完整地被保存在华夏大地，全世界各地的古生物学者，被近年来中国科学家持续描述的全新恐龙家庭着迷不已"。我国新恐龙化石和新属种不断被发现和记述，表明中国已成为世界恐龙大国之一。

图 6-9　黑龙江满洲龙复原图（董枝明和赵闯，2011）

6.4　恐龙是如何生活的？

　　面对博物馆中、书本上和电影里那些形态各异、大小不同的骨架，一些人常常提出："恐龙生活在什么地方""恐龙吃什么东西""恐龙是群居还是独居""它们的行动速度有多快"等一系列涉及恐龙生活习性的问题。古生物学家就这些问题都给出了科学的回答。上述问题，可以从恐龙化石的地理分布、埋藏环境和埋藏特征以及恐龙的形态功能解释等诸因素来进行推论和解答。

6.4.1　恐龙的食物

　　很多人以为恐龙全是可怕的肉食性动物，但其实并不是这样，因为就食性来讲，许多恐龙是温和的植食性动物，只穿梭在树丛间，撕扯树梢的叶子吃，一般来说大部分体形庞大的恐龙都是食草的，常见的有梁龙、剑龙、三角龙（图 6-10）。

　　还有一部分是肉食性恐龙，要天天开荤，它们凶猛、残暴，以捕猎其他动物，不仅是其他恐龙，有时会是自己的同类，还有任何会动的东西如昆虫和鸟类作为食物，其中最具代表性的就是霸王龙、异特龙；除了这两类恐龙，还有像人类一样荤素都吃的杂食性恐龙，它们既吃肉也吃植物。

　　如肉食性恐龙通常具有大的头部、短而有力的颈，以便把猎物的肉撕扯下来吃。而大多数草食性恐龙则具有长长的颈，以方便它们取食树梢上的叶片。两足行走的原蜥脚类，过去曾被人认为是食肉动物，但目前大多数古生物学家都认为它们是陆生的植食性动物。

它们吃高大树木上的嫩叶，长长的脖颈以及"三点支撑"的吃食姿势（以两只后肢和粗壮的尾部支撑），都扩大了觅食范围。

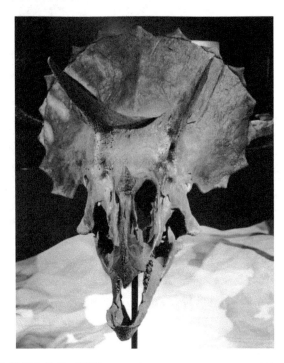

图 6-10　三角龙的巨大头骨（图源：Ed T from Sugar Land，TX/Wikimedia Commons）

目前，对兽脚类恐龙的生态问题，看法基本一致，即它们是生活在平原（包括湖岸）或树林之中，以食植物的恐龙为食。大型的肉食龙，如霸王龙、永川龙等，就像今天的老虎和狮子一样喜欢独居；小型的肉食恐龙如虚骨龙类，早期是以肉食为主，后期就转变为素食或杂食。它们奔跑迅速，可能比今天的鸵鸟跑得还要快，这些小恐龙像今天的狼一样是群居的，以小的爬行类、哺乳类、昆虫或恐龙蛋为食。

多年来，古生物学家一直在想：在某种情况下，凶猛的霸王龙会吃自己的同类吗，能在化石中找到证据吗？在美国怀俄明州（State of Wyoming）东部出土的 6600 万年前化石，为此提供了一些强有力的证据，揭示了霸王龙凶残的一面。这是一块霸王龙的腿骨碎片，大小如人前臂，骨头上面是伤痕累累，深深的凹槽可能是一个大型肉食者留下的。虽然像鳄鱼那样的平滑齿状掠食者可造成这种情况，但化石证据表明当地并无此类生物存在，只有霸王龙这种生物符合条件。因此，这些证据支持了霸王龙在某些情况下是自食族的观点（McLain et al.，2018）。同时，凹槽的形状清楚地表明，这只霸王龙是在死后才被啃食的。

美国蒙大拿州博兹曼市落基山博物馆（Museum of the Rockies，Bozeman）古生物学家霍纳（John R. Horner）和加利福尼亚大学伯克利分校（University of California，Berkeley）的古德温（Mark B. Goodwin）认为，霸王龙很可能是一个伺机捕食者，类似今天非洲的鬣狗一样，它们的食谱不仅有大型植食性动物，腐肉及其他猎物也是其餐桌食物的主要组成。

6.4.2 恐龙的筑巢行为

许多恐龙巢（图 6-11）与恐龙蛋的发现能帮助我们对恐龙的生活习性有更多的了解。现已发现数以百计的恐龙蛋和恐龙巢化石，而这些恐龙蛋和恐龙巢总是和恐龙父母在一起，这能够帮助我们了解更多恐龙做父母时的生活行为。例如，在恐龙窝巢里发现了许多植物化石，由此一些古生物学家认为，恐龙在它们的蛋上堆放植物，是利用植物腐烂时温度升高来温暖它们的小胚胎的。在挖掘恐龙窝巢时，科学家还发现恐龙死亡时前肢伸开趴在恐龙蛋上，据此认为，恐龙在生命最

图 6-11　一个伤齿龙的蛋巢（图源：Kevmin/Wikimedia Commons）

后的一刹那还在试图保护它们即将出世的幼崽。

许多原角龙的巢筑在一小块地方，这说明原角龙是结群繁殖后代的。原角龙是在干燥的沙质泥土中筑巢的，它们在沙土中挖出坑，然后在外围筑上一圈低矮的"墙"，而原角龙所筑的巢不深，一般是大约 1m 宽的坑，呈碗状，并且在原角龙化石遗址还发现新巢建在旧巢上，这说明原角龙群年复一年地在同一个窝里生蛋繁殖后代。

西班牙古生物学家桑斯（José Luis Sanz）在调查比利牛斯山脉（Pyrénées）南部 $9km^2$ 的 7000 万～6500 万年前的古代海滨积物中的化石时，发现这是一个巨大的恐龙筑巢地，也许是世界上现知最大的恐龙筑巢地。在一块约 $9100m^3$ 的砂岩中发现有大约 300000 个恐龙蛋化石，其中包括 24 个保存十分完整的蛋巢化石，每个蛋巢含有 1～7 个不规则排列的 8 英寸[①]宽的圆形蛋。除蛋壳外，还发现了一些微小的很可能属幼年恐龙的骨骼碎片。这些蛋巢与在蒙古国发现的呈螺旋状排列的恐龙蛋不同，在距地表几英尺[②]深的恐龙蛋巢仍然保存良好，据此推测，来到这个群栖地的"新移民"没有践踏先前来到这里筑巢的动物的蛋巢，这才产生这种显得过于拥挤的状况。这说明当时恐龙非常喜欢这个地区，每年的繁殖季节都要返回到这里产蛋来繁殖后代。恐龙喜欢在海边筑巢或许因为海边柔软的泥沙可以保护蛋，以防破碎。古生物学家曾经从海洋沉积物中发现了幼年恐龙的骨骼，但那很可能是被流水冲到里来的个体化石。在西班牙发现的蛋巢是恐龙在海滨筑巢行为的第一个明确的证据。

6.4.3 恐龙也有集体性

恐龙的地理分布十分广泛，世界各大洲均有化石发现，且在高低纬度均有分布，如在

① 1 英寸=2.54cm。
② 1 英尺=30.48cm。

寒冷的北极圈白垩纪地层中发现了鸭嘴龙化石，但大多数恐龙还是主要分布于热带和亚热带，它们主要栖息于湖岸平原（或海岸平原）上的森林地或开阔地带。同现在大自然界中许多动物类似，植物食性恐龙以及小型的肉食性恐龙营群居生活，而大型的肉食性恐龙一般倾向过独居生活。古生物学家发现的化石证据表明，在恐龙群体内，很可能具有其社会性（Pol et al.，2021）：即幼年个体受成年个体保护，雌性恐龙多于雄性恐龙，并从属于居统治地位的雄性恐龙。

图 6-12　鹦鹉嘴龙育幼行为化石标本（张和，2007）

2004 年，世界著名的学术期刊《自然》上发表了一篇鸟臀目恐龙的育幼行为的论文，证据来自个体数量最多的一窝恐龙化石标本，它是由 34 条鹦鹉嘴龙幼体和 1 个成年鹦鹉嘴龙个体组成，保存在一个不到 $0.5m^2$ 的石块上（Meng et al.，2004）。幼体平均长度在 23cm 左右，其头骨愈合疏松，骨缝明显，反映出是一群刚出生不久的幼仔（图 6-12），它的发现证明恐龙具有育幼行为。

古生物学家推测一些肉食性恐龙显现出集群捕猎的社会行为。一些证据显示，像暴龙和南方巨兽龙（*Giganotosaurus*）这种大型兽脚类恐龙成群捕猎，跟现代的狮群类似。在阿根廷，科学家发现南方巨兽龙（可以长到 13.7m、重 7t 左右）化石的集体产出的情况，共有四五只南方巨兽龙，骨骸显示它们一起死在了巴塔哥尼亚（Patagonia）平原上，并被一条湍急的河流卷走。骨骸还表明其中有两只恐龙体形巨大，其他的相对较小。科学家认为这显示出某种社会行为，比如集群捕猎。在群体中每个动物都有不同的角色，这使群体行动能力更强，追捕小一点或大一点的动物都可以。

恐爪龙的化石保存情况也能显示出此类生物集体捕猎的情况，曾发现许多只恐爪龙的化石积聚在一起，旁边是一只大型草食性恐龙的尸骨。推论认为，这些捕猎者在与这只大型恐龙厮杀的过程中突然遭到灭亡，显示出它们具有成群实施捕猎行为。

同样，恐龙的一些遗迹化石，如足迹化石和粪便化石，同样能够给予我们更多有关恐龙习性的信息。比如，有些恐龙群足迹化石表明，一些恐龙群往往包括不同年龄的恐龙：有刚孵出的幼崽、未成年恐龙和成年恐龙，为了保护幼崽，小恐龙可能像小象一样被安排在同类成年恐龙群的中央。但奇怪的是，在恐龙群化石中很少见到幼年恐龙的足迹。足印化石中还发现，同种恐龙可相安无事，而异种恐龙却不能和平共处。

6.4.4　恐龙的行动速度

同地球上的其他动物一样，恐龙为了活下去，必须去寻找食物或避免被捕杀，因此行动起来是它们的一门必修课。科学家可以利用发现的骨骼化石和足迹化石（图 6-13）来推测恐龙的行进速度。

通过测量步幅和脚印长度，科学家计算出 60 多种恐龙的行进速度。在这些计算中尤要注意的现实因素是恐龙在留下行迹时采用何种步法，也就是行走与奔跑间的区别以及两者间的转换。另一个因素是，恐龙腿骨长度。例如，雷克斯霸王龙腿部的股骨和胫骨长度相差无几，似鸟龙类恐龙则股骨较短胫骨较长，这意味着前者可达到的速度比不上后者。

和鸵鸟一样大小的似鸵龙是移动速度最快的恐龙之一，它没有硬甲和尖角来保护自己，只能依靠更快的速度逃跑，它可以每小时奔跑 50 多千米。由此推断，一些恐龙可以疾走如飞。棱齿龙是移动速度最快的恐龙之一，它在逃跑时速度可以达到 50km/h。迷惑龙有 40t 重，它每小时可以行走 10~16km，如果它尝试着跑起来，那么它的腿会被折断。三角龙的重量是 5 头犀牛的总和，它也能以超过 25km/h 的速度像犀牛那样冲撞，很少有掠食者敢去攻击它。腕龙是移动速度最慢的恐龙之一，它们的体重超过 50t，根本无法奔

图 6-13　一个发现于犹他州西南部蒙纳夫组（早侏罗世）的足迹化石（图源：Wilson44691/Wikimedia Commons）
在遗迹分类上属于实雷龙足迹属（*Eubrontes*），可能是某种原始兽脚类恐龙所留下的

跑，每小时只能行走 10km。跟小型恐龙不一样，这些庞大的动物从来不会用下肢跳跃。

在中型食肉恐龙中，有些恐龙的奔跑速度可达 16.5km/h，而食草恐龙的速度则慢得多。

6.4.5　恐龙也冬眠和迁徙吗？

现代许多爬行动物在漫长的冬季恐龙会进入行动迟缓的状态，这就是"冬眠"。作为爬行动物的恐龙是否也需要冬眠呢？有些地方极端的环境导致生活在该地区的恐龙不得不进行冬眠，在澳大利亚的"恐龙湾"（Dinosaur Cove）发现的小型植食性恐龙便可能进行冬眠。但只是极少部分恐龙出现这种情况。

因为有些身体庞大的恐龙，无法给自己建立御寒的"洞穴"。但如果恐龙的栖息地的温度下降，它们会采取什么办法防止寒冷对它们产生伤害呢？一个有效的方式就是随季节迁徙。还有一种情况就是因为食物、水源的多少，促使恐龙进行迁徙，就像现在非洲草原的动物大迁徙一样，大批量、各种各样的恐龙集体向某一地区行动，而后重返栖息地。有研究表明，蜥脚类恐龙很可能会进行季节性迁徙，它们经常到谷地肥沃的冲积平原中觅食，但当谷地遭受季节性干旱时，就迁徙到高地，等旱季过后再回到谷地。通过对它们牙齿化石中一些放射性同位素的分析，推测恐龙饮用的水源有很大的不同，这表明它们喝的水源来自不同的地方，而且相距甚远（Fricke et al.，2011）。正如我们常说"燕子去了，有再来的时候"，这个描写候鸟迁徙的句子如果放到一亿多年前的侏罗纪，也许要改成"恐龙去了，有再来的时候"。

6.5 恐龙的"武器"

恐龙是中生代时期地球上的霸主，它们有的凭借巨大的体形、灵敏的速度和自身致命的武器统治着当时的陆地。因为有了一些利器，有的恐龙可以说是所向披靡，其他动物无法匹敌。能让恐龙值得骄傲的武器都有哪些呢？目前研究表明，恐龙借以猎杀、捕食、防御的武器一般有牙齿、利爪、尾巴，以及坚硬得如同盔甲一般的皮肤等。

6.5.1 多样的牙齿

肉食性恐龙的主要猎杀武器是长着尖锐牙齿的嘴，牙齿也是恐龙身上最坚硬的部分，在恐龙化石遗骸中也最为常见。恐龙牙齿的形状大小各式各样：有短剑式的、大刀式的、剪刀式的、木桩式的、梳子式的、钉耙式的、锉刀式的、挤压式的和钳夹式等。

异特龙的牙齿呈刀片状，边缘有锯齿，能很容易切开肉块。它在捕猎时只需在猎物身上咬一口，就能划出一个大伤口，使其失血过多而死。蛮龙嘴里长着巨大的牙齿，形似长钉，不是特别厚实但边缘有小锯齿，能够较为轻松地撕开猎物的肉。与哺乳动物相比，恐龙的牙齿为同型齿，还没有分化。满口的牙都长得一个样子，这就叫作同型齿。而后来的哺乳动物有门齿、犬齿和白齿的区别，称异型齿。恐龙牙齿有的是终生生长的，不是像老鼠的门牙那样不停地长，而是一直进行新旧更替。

恐龙牙齿的形状、数量以及在颌骨上的分布状况能够清楚地说明一个恐龙以何为食。像重爪龙和霸王龙这样的肉食动物都长有巨大的利齿，用以撕咬猎物，而像阿普吐龙这样的植食性恐龙根本就没有常用于咀嚼的磨牙。

让我们再来看看食肉恐龙的牙齿。通常我们认为兽脚类恐龙都是食肉的，它们牙齿的一些共同特点是：匕首状，两缘或后缘有锯齿（图6-14）。

牙齿的大小，横截面的形状，齿冠的曲率，锯齿的形状、密度、大小，前缘锯齿密度与后缘锯齿密度的比值，都是牙齿鉴定的依据。而一些大型的食肉恐龙还会在锯齿的基部发育出褶皱，已经报道的种类有霸王龙、异特龙、鲨齿龙。恐龙的牙齿是强有力而致命的，恐爪龙是一种体型相对弱小的恐龙，但它却是与众不同的掠食性恐龙。它长着带有内弯爪子的较长前肢，嘴中充满着锯齿状牙齿。

图 6-14　伤齿龙复原图及其牙齿形态
（杨兴恺，2010）

6.5.2 锋利的爪

许多肉食恐龙靠后肢奔跑,前趾上的爪又长又锋利,跟现在大型猫科动物的爪差不多。类似于现今的爬行动物,恐龙的趾端都长有利爪或类似的坚硬组织,恐龙的利爪可能是由一种叫作角朊的物质构成的,这也是构成恐龙角的物质,我们人类的指甲也都出自这同一种物质。一般恐龙的身体大小不同,其相应的爪形状和大小就不一样,其利用利爪捕食的方法和对象就不同。比如小型的食肉恐龙伤齿龙可能用它那带爪子的"手"抓捕小型的哺乳动物以及蜥蜴等爬行动物,或在土里刨食昆虫和蠕虫;而大一些的肉食恐龙如跃龙可能用它带爪子的"手"紧紧抓住猎物和撕扯猎物。值得一提的是,伤齿龙可能是迄今武装最完备的恐龙猎手,它的爪子很长且致命,这使得它在快速奔跑时能够抓住猎物并紧紧按住不放。

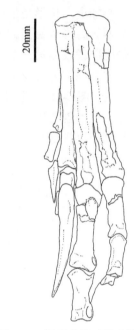

图 6-15　迅猛龙的爪的素描图
(据 Cau et al.,2015)

迅猛龙被称为"敏捷的盗贼",是一种两足、有羽毛的肉食性恐龙,是恐龙中相当聪明的一类。成年迅猛龙体长 1.5~2m,臀部高约 0.5m,体重大约 150kg。它的四肢细长灵活,并长有利爪(图 6-15)。其前肢的主要作用是来抓握树枝等,而后肢则用来行走。迅猛龙捕猎时,一只脚着地,另一只脚举起露出后肢的镰刀状趾爪。它们先用前肢上的利爪钩住猎物,一跃而起,再将镰刀状的趾爪如刀子一样插进猎物的腹部,然后用力撕咬猎物的脖子等致命部位,将猎物置于死地。蒙古国境内出土过一具与原角龙搏斗身亡的迅猛龙的化石,它长长的前肢已经插入了对手的头颅,而它后肢上的利爪则还留在原角龙的肚子里(Carpenter,1998)。

6.5.3 致命的尾巴

这里所提到的致命实际上有两层含义,一是如果没有尾巴则对动物本身的生存是致命的;二是尾巴产生的伤害对其他动物来讲是致命的。我们知道所有的恐龙都有尾巴,对不同的恐龙其功能还是存在一定的差异。

从水里到陆地,生物失去了可以帮助身体保持平衡的浮力,此时就需要用四肢来支撑身体,保持身体的平衡。不过快速运动的时候,仅用四肢来维持平衡难度很大。小猫、小狗在快速奔跑时的状态,除了四肢在快速运动,它们的尾巴也高高地扬起来,并且按照一定的节奏摆动,这就说明它们的尾巴在快速奔跑的时候可以起到保持平衡的作用。恐龙的尾巴和小猫、小狗的尾巴有同样的功能,只是更加粗壮:只有粗壮的尾巴才能更好地平衡恐龙巨大的上身重量。行走或者奔跑的时候,恐龙会把长长的尾巴抬离地面,或者高高翘起,或者直直地平伸出去,这样做既可以平衡身体,也可以防止在群体活动的时候被同伴踩住尾巴。

对于两腿行走的恐龙来说，尾巴主要平衡上半身的重量。此时，恐龙的臀部就像天平的支点，而上半身和尾巴就是天平的两端。如果没有尾巴，恐龙的身体就会向前倾斜，容易摔倒。快步如飞的棱齿龙以及动作迅猛的暴龙都是用尾巴来平衡身体前端的重量。另外，在快速转弯的时候，恐龙的尾巴也能起到控制方向的作用。

我们都知道三角形是最稳固的结构，恐龙两脚站立不动的时候，它们的尾巴可以作为支点，与两只脚形成稳固的三角结构。比如长脖子的梁龙在进食的时候要用后腿站立，此时它的长尾巴就成为第三个支点，这样它就可以放心地吃树叶而不用担心摔倒。

也有相当一部分恐龙把尾巴当作武器来攻击敌人，比如甲龙的尾巴后端长着两个大大的骨质包块（图6-16），它甩动的尾巴能像棍棒一样猛烈地扫击敌人。科学家曾对一只肉食性恐龙化石上的创伤进行过研究，认定这一致命伤口是由一只剑龙造成的，剑龙虽然笨重，然而其带刺的尾骨却是一件致命的武器。

图 6-16　甲龙类的大面甲龙（*Ankylosaurus magniventris*）复原图

（图源：Emily Willoughby/Wikimedia Commons）

可见尾部有骨质包块

6.5.4　坚硬的皮肤

迄今为止发现的少量的恐龙皮肤化石表明，大多数恐龙的皮肤是粗糙而有鳞的，就像现代爬行动物。

生活于白垩纪的埃德蒙顿龙的皮肤粗糙，有皱褶，带有骨板。1908 年，科学家在北美洲发现了鸭嘴龙的"木乃伊"化石，据此人们知道了鸭嘴龙的皮很厚，其上有角质突起，呈现出星星点点的形态。蜥脚类恐龙的身体表面，与现生蛇、蜥蜴的体表相似，都具有一层近于平坦的角质小鳞片。与鸭嘴龙相似，鸟脚类恐龙皮肤厚、有皱褶，内有不同大小的骨状突起。一些小型的兽脚类恐龙，像中华龙鸟，皮肤上可能有作为热度调节的羽毛状的特征（Ji and Ji, 1996）。

雄性肿头龙（图6-17）像今天的野羊一样为了获得异性，它们要互相进行头部撞击决出胜负，头顶皮肤很厚，如果它们的皮肤不够厚、不够坚硬，就很容易受到伤害。甲龙的身体看起来就像一部"装甲车"，身上长着一排排厚重的骨化皮肤，而且它的肩部皮肤变成了矛状。骨化皮肤密度测试揭露，这些披甲实际上很脆弱，不能作为防御武器，而肩部的"矛"才是很好的防御武器。

个别的种类，如巨龙，体表嵌有甲板。肉食性恐龙的皮很粗糙，上面有一排排凸出体表的角质大鳞片，并且在有的部位，如颈部，还可以看到具有大鳞片的厚皮形成的褶皱。

角龙类的体表具有成排的、大而呈纽扣状的瘤状突起，有的瘤状突起直径可达 5cm，从颈部一直排列到尾部，瘤与瘤之间覆有小鳞片。这类厚的皮肤在调节身体温度和抵御细菌侵入上发挥重要的作用。

图 6-17　肿头龙（*Pachycephalosaurus*）头部的重建图（图源：Ryan Steiskal/Wikimedia Commons）

6.5.5　有力的颈部

恐龙还有一些比较特殊的武器，比如暴龙的最大武器就是其强壮有力的颈部。研究显示，暴龙真正具有力量的并不是颚部，而是其颈部。虽然暴龙较小的前臂和肌肉组织就像肉钩一样能够捕获猎物，但这些恐龙还是主要利用头部和颈部捕杀其他恐龙。美国科学家利用恐龙骨骼化石上留下的伤痕和现代鸟类和鳄鱼的解剖作为向导，建立了一个暴龙的数字模型，从而研究暴龙颈部的移动和肌肉力量（Snively and Russell，2007）。结果令人感到非常意外，暴龙颈部肌肉十分强壮，能够快速摆动头部击向猎物。或许它们并不使用短小的前臂攻击猎物，而是通过头部撞击和牙齿撕咬即可对猎物实施致命打击。古生物学家还发现暴龙能够将 50kg 的猎物尸体抛到 5m 高半空中，然后落入颚部直接吞食，这种奇特的进食方式能够让颚部肌肉缓解疲劳。据科学家测量，在自然界类似的进食方式被称为"惯性进食"，在如今的自然界中，一些鸟类和鳄鱼也存在该现象。

此外，毒液也是一些恐龙的特殊武器，通过对与伶龙相似的鸟龙头骨进行重建，结果表明，有毒液能够隐秘地从上颚腺流到锋利的牙齿上，因此认为这类恐龙可能是将毒液注入猎物体内进行捕食（Gong et al.，2010）。

副栉龙（图 6-18）是鸭嘴龙科当中的一个属，在它的头部有一个共鸣腔，它可以发声。美国的桑迪亚国家实验室（Sandia National Laboratories）

图 6-18　沃克氏副栉龙（*Parasaurolophus walkeri*）的头部复原图（图源：Steveoc 86/Wikimedia Commons）

做了一个 3D 模型，并把它的声音给恢复出来了。有了这个共鸣腔，招呼它的同伴的时候就有很多便利，可以互相联络。

恐龙的"武器库"中有很多装备，不仅仅是上述几类，还包括它身上的羽毛、当时先进的消化系统等。也正是这些武器，能让它们在地球这个美丽的家园中生活了 1 亿多年。

6.6　在劫难逃的龙族

白垩纪末期，地球上发生了一次生物大灭绝事件，在地球上的大部分植物和动物突然灭绝，恐龙也未能幸免。人们也提出了许多可能造成恐龙灭绝的假说，而最为人们所熟知的就是"陨石撞击说"。

6.6.1　白垩纪末期生物大灭绝

但到了白垩纪晚期，地球上的情况发生很大变化，可能由于长期火山喷发，空气污染较重，气温升高，加上发生了全球大规模的海退，陆地迅速扩大，从而导致全球气候变得越来越干旱，越来越炎热，使得生态环境开始恶化：许多适于潮湿环境的裸子植物开始衰落，虽然被子植物能适应干旱、炎热气候，但它们数量少，不占统治地位，所以地球上的植被范围迅速缩小。在白垩纪时期，形成了大片红色地层和厚厚的蒸发岩（如石膏、岩盐）及钙质层。我国北方和南方当时就分布着大片红色地层。由于植被大量减少，大型的草食恐龙如著名的马门溪龙等相继消失。随着各类草食恐龙的减少，肉食恐龙也随着大减。恐龙灭绝的原因是多方面的。2022 年，研究人员对陕西山阳盆地内采集的 1000 多件原位埋藏的恐龙蛋和蛋壳标本进行了研究，提出了一种恐龙灭绝可能的新机制：在晚白垩世时期，随着自然生态系统和恐龙自身的协同演化，恐龙多样性发生了持续性衰退，降低了恐龙这个类群的环境适应能力，并导致其无法从德干火山爆发或小行星撞击等重大灾害事件所引起的环境剧变中生存和复苏，从而最终走向灭绝（Han et al.，2022）。有的科学家认为其实恐龙并没有完全灭绝，鸟类就是恐龙经过这巨大的灾难事件后，幸存并逐渐演化而来的，也就是说，"恐龙"其实就在我们身边。

而到了大约 6600 万年前，即白垩纪末期，地球上的大部分植物和动物种类突然之间灭绝了，这被称为"白垩纪——新近纪大灭绝"，在这次大灭绝中，大多数体重超过 25kg 的陆地动物全部灭绝，另外还有许多小型生物退出历史舞台。有学者认为，这次生物大灭绝的规模仅次于二叠纪末的大灭绝。当然它与奥陶纪末、晚泥盆世的大灭绝相比，谁大谁小，只能是仁者见仁，智者见智!不过这次大灭绝确实规模较大。据资料统计，有些纲、目、科在这次大灭绝中全部从地球上消失，如脊椎动物门爬行纲中的翼龙目，恐龙类的蜥臀目和鸟臀目，海生蜥鳍目的幻龙类和蛇颈龙类，楯齿龙目、鱼龙目中的有些鱼龙类，这些当时海、陆、空的霸主全部灭绝，确实是极其惊人的。除此之外，还有大量海生软骨鱼类和硬骨鱼类也惨遭灭绝。据统计，当时的脊椎动物超过一大半都从地球上消失了。海中脊椎动物的灭绝率除软骨鱼较低外，硬骨鱼和爬行类都很高，分别达 79% 和 90%。而陆生的脊椎动物也未能幸免。

陆生植物在大灭绝时也受了极大的打击，其中裸子植物的本内苏铁类（Bennettitales）

植物全部灭绝，只有苏铁类和银杏类植物少数幸存下来，但松柏类灭绝得少。裸子植物经此大灭绝后，从此一蹶不振，很快从植物界的霸主地位上跌落下来。被子植物受影响相对较小，许多属种都存活下来，并为大灭绝后的新生代大发展奠定了基础。

6.6.2　著名的陨石撞击说

在人类社会发展过程中，经常会出现一些悬案，而在地质历史时期生物演化过程也是悬案层出不穷。其中一个大的悬案就是什么样的"幕后之手"导致恐龙灭绝，科学家像大侦探一样，对此有种种推测，但还没有定论，并提出了各种假说。

提起恐龙灭绝，就不得不提在大约 6600 万年前坠落在地球上的陨石了（图 6-19），这是一颗直径大约 10km 的巨大陨石，在它全速冲向地球时，地球上分布的恐龙可能完全不知道它们的命运将走向何处。当小行星掉进大海时，巨大的热量把周围的一切都气化了，地壳中的岩石被融化然后大量抛向空中。冲击波和带着 100m 巨浪的海啸迅速杀死了距离陨石 1000km 内的所有动植物。熔岩碎块冲出了大气层，环绕地球运行然后又掉落到大气层。几个小时以后，它们造成了覆盖整个地球的火雨。整个地球表面成了烈火炼狱。大火烧掉了全球几乎所有的植物，同时杀死了无处躲避的动物。

图 6-19　白垩纪末生物灭绝假想图（冯伟民，2022）

随后，撞击产生的碎片与包含铱元素的尘埃蔓延全球，遮住了阳光，白天变成黑夜，全球温度骤降。依赖光合作用的幸存植物陆续死亡，食物链彻底崩溃了，食草动物和食肉动物陆续遭到了灭顶之灾，这个时候恐龙已经几乎走向了灭绝。最后的打击是全球变暖，因为在陨石撞击时，同时也从地层中释放出了大量的二氧化碳，导致全球变暖，升高的温度破坏了原有的生态圈，地球上的多数地方成为荒漠。这时候，地球上 70% 的生物已经死亡了，其中重要的一员——恐龙，正因如此灭绝了。

著名的"小行星撞击说"是 1979 年由美国学者路易斯·阿尔瓦雷斯（Luis Alvarez）提出的，他在研究地磁倒转时，发现了一种奇特的现象：在白垩纪末期的石灰岩里，有孔虫的化石种类比较多而且体积也比较大；在这岩石之上，有一层 10cm 厚的黏土（clay），其中没有任何的有孔虫化石，而就在这层黏土之上，又有很多有孔虫的化石，但种类少、体型小，与之前的化石完全不同。这一变化在他看来实在是太突然了，更重要的是，有孔虫化石消失的地层年代，正好就是恐龙灭绝的时间，因此他认为这不是偶然。随后，他的父亲建议可以使用元素铱来测量这层黏土的时间，元素铱在地球上很稀少，但在陨石中却很常见，所以铱会以一个稳定缓慢的速度落在地球上，它沉积的速度是一定的，阿尔瓦雷斯计算出，这层 10cm 的黏土正常沉积的时间至少需要一百万年，但这与他研究地磁倒转的成果是相悖的。他之前已经计算出，包含这 10cm 黏土层的 2m 厚的岩层的形成时间，大约需要 50 万年就形成了，那么根据元素铱的正常沉积速率来说，这是不可能的。因此，只有一种解释就是，当时发生了陨石撞击地球的事件（Alvarez et al.，1980）。

6.6.3　世界级化石宝库——热河生物群

热河生物群是我国著名的化石生物群，也是可与澄江生物群媲美的生物群。它是 1.4 亿～1.2 亿年前生活在亚洲东部地区，包括今中国东北部、蒙古国、俄罗斯外贝加尔（Забайкальский край）、朝鲜等的一个古老的生物群，以中国辽西义县—北票—凌源等地区为主要产地。最早提出热河生物群的是时任北京大学教授的美国地质学家葛利普（Grabau），在其 1923 年出版的《中国地质学》一书中，将当时热河省凌源县（即现今辽宁省凌源市）附近含化石的地层命名为"热河系"（Jehol series）；1928 年，他又称热河系中所含动物群化石为热河生物群。这里所提到的"热河"一名来源于化石群产地，当时属于"热河省"管辖而得名。

近几十年来，由于辽西热河生物群大量珍稀化石的发现，如带羽毛恐龙、原始鸟类、早期真兽类哺乳动物以及迄今已知最早的花等，热河生物群已成为国际古生物学界和相关科学界关注的热点。热河生物群诸多重要化石的发现，为研究鸟类起源（包括羽毛起源）、真兽类起源、被子植物起源及昆虫与有花植物的协同演化等重大理论问题提供了极为宝贵的化石依据。

自 20 世纪 90 年代中期起，辽西热河生物群化石不断有新发现，引起了世人的关注。如中国古鸟类学家侯连海、周忠和等首次报道了原始鸟类——孔子鸟（侯连海等，1995），1996 年古生物学家季强等首次发现带羽毛恐龙——中华龙鸟（Sinosauropteryx）（Ji and Ji，1996），1998～2002 年古植物学家孙革等发现"迄今已知最早的花"——辽宁古果和中华古果（Sun et al.，1998，2002）；2003 年古脊椎动物学家徐星报道了具有 4 个翅膀的恐龙——顾氏小盗龙（Microraptor gui）（Xu et al.，2003）；2007 年发现会滑翔的蜥蜴——赵氏翔龙（Li et al.，2007）等。一系列有关热河生物群的新发现，大大刷新了人们对热河生物群和生命演化的认识。

从化石记录上看，热河生物群的化石数量丰富并具有较高的生物多样性，门类也是相当的多。迄今已发现恐龙（图 6-20）、鸟类、翼龙类、离龙类、两柄类、龟鳖类、蜥蜴类、哺乳类、鱼类、昆虫、蜘蛛、双壳类、腹足类、介形类、叶肢介、虾类、鲎虫类、植物（包括木化石和孢粉）、轮藻等近 20 多个门类、近千种化石。

其中，许多重要化石的发现已在国际权威学术刊物美国的《科学》和英国的《自然》等发表，为我国科学界赢得了声誉。但是这一世界级化石宝库现在仍在向世人展示它的神秘的"故事"，而且这诸多精彩"故事"会一直"讲"下去。

图 6-20 尾羽龙化石（裴锐和汪筱林，2021）

（a）邹氏尾羽龙；（b）董氏尾羽龙；（c）义县似尾羽龙

复习思考题

1. 恐龙在动物系统分类位置是怎样的？

2. 翼龙类和恐龙类之间的异同有哪些？

3. 中国产出了哪些"著名"的恐龙？

4. 恐龙为了生存需要在哪些方面武装自己？

5. 恐龙的社会性是如何体现的？

6. 中生代在水中生活的爬行类动物有哪些？

7. 著名的水中"三剑客"在生物演化中有哪些进步特征？

8. 热河生物群的物种多样性是如何体现的？

9. 恐龙是如何长大的？

10. 导致白垩纪末期生物大灭绝可能的原因有哪些？

11. 霸王龙生存的奥秘有哪些？

12. 中生代时期水生爬行动物与鱼类在形态功能上的相似性有哪些？

13. 翼龙类与鸟类在形态功能上的相似性有哪些？

扫码查看
本章附图

第 7 章 从 "龙" 到鸟的历程

脊椎动物从陆地到天空经历了艰难的蜕变,从羽毛出现到飞上蓝天见证了从 "龙" 到鸟的艰辛历程。始祖鸟和带毛恐龙的发现,使得 "龙" 与鸟的界限逐渐模糊,从而引发了没有休止的 "龙鸟之争"。

7.1 天高任鸟飞——什么是鸟?

鸟类是一种很常见的、一般营飞行生活的动物,但要问大家什么是鸟,普通人很难给出一个专业的回答。

7.1.1 会飞的不一定是鸟

众所周知,鸟类是一种体表被羽、恒温、卵生、胚胎外有羊膜、前肢成翼、多营飞翔生活的高等脊椎动物。它们是在爬行类动物的基础上发展演化而来,并进一步适应飞翔生活,可以说是一种很特化的脊椎动物,鸟类虽然不是唯一能够飞行的动物,但它们对飞行的适应却是最成功的。

目前,全世界鸟类有 1 万多种,在我国则有 1400 多种,它们体形大小不等,形态各异,鸟类是与人类社会生活有密切关系的脊椎动物类群。如果有人问大家:"什么是鸟?"每个人可能都会给出不同的答案,但这个问题会让人自然而然地想到鸟类那美丽的羽毛和它们在空中翱翔的优美姿态(附图 7-1)。

事实上,会飞的不一定是鸟,鸟类并不是动物界中唯一能够飞行的生物。在自然界中,有很多动物能在空中成功飞行,比如众多的昆虫:勤劳的蜜蜂、戏水的蜻蜓等。实际上,昆虫才是最早征服天空的生物,有翅膀的昆虫至少在石炭纪早期就已经出现,有可能在更早的早泥盆世就已经可以在天空中飞行。少量的哺乳动物也可以飞行,比如昼伏夜出的蝙蝠,蝙蝠从始新世早期开始出现在化石记录中。地质历史时期甚至还有可以飞行的爬行动物,像是现在已经绝灭的翼龙(图 7-1),它的最早的化石记录为晚三叠世的中诺利期;而鸟类是在晚侏罗世或更晚才开始占领天空的。

从另一方面来讲,鸟类也不一定都会飞行。例如,在人类家产圈养的鸟类中也有许多很少飞行,甚至有完全没有飞行能力的鸟类,如鸡、鸭、鹅、鸵鸟,还有生活于南极的企鹅。那么到底什么是鸟呢?

科学家通常把 "具有无齿的角质喙,长有羽毛" 作为现代鸟类最典型的特征。但不能说具有齿而没有角质喙的动物就肯定不是鸟类,因为早期的化石鸟类有的就是这种情况。比如大名鼎鼎的始祖鸟就是一种身披羽毛、口含牙齿的 "怪物"(图 7-2)。

近几十年来,我国辽宁西部中生代鸟类及兽脚类恐龙等一系列举世瞩目的古生物化石的发现,使得在现生鸟类当中毫无争议的许多区分特征又出现了新问题。例如,具有羽毛曾经是鸟类的最重要的且无可争议的特征，但在化石记录中，长有羽毛也不一定就是鸟类，仅辽宁北票四合屯地区就发现了多种长有类似羽毛或真正羽毛的爬行动物，如中华龙鸟、原始祖鸟、尾羽鸟、懒龙、意外北票龙等，它们现在大多数都被归入了兽脚类恐龙（季强和姬书安，1997；Wang，1998；Ji et al.，2002a；乔樵，2002；徐星等，2019）。

图 7-1　会飞的翼龙（*Pterosauria*）（王睿，2014）

图 7-2　始祖鸟（*Archaeopteryx*）复原图（图源：N. Tamura/Wikimedia Commons）

所以，我们现在能够说的是，羽毛是现代鸟类的独有特征，但对早期鸟类来说，还需要具体问题具体分析。鸟类的其他鉴别特征也存在类似问题，因此，鸟类这个概念需要综合考虑现代鸟类和化石鸟类的特征。那么，鸟类有哪些典型特征呢？

7.1.2　鸟的特征

对现代鸟类来说，身体基本呈流线型，全身被覆羽毛。其身体可分为头、颈、躯干、尾和四肢五部分（附图 7-2）。

现代鸟类的头部是鸟类分类的重要依据之一。鸟类的头通常比较细小，具有角质喙，喙可以用来取食、梳羽、筑巢、育雏、御敌，喙上有鼻孔，不同鸟类具有不同形态和功能的喙。鸡类的喙圆、短；雁、鸭的宽阔扁平，利于滤食；涉禽的喙长直，利于水中取食。鸟的颈部长而灵活，以弥补前肢变成翅膀后的不便。它们的躯干多呈卵圆形，结构紧凑，具有流线型的形态，可减少飞行时带来的阻力。鸟的尾部短小，末端有扇状尾羽，飞行时起到掌握平衡和升降的作用，也能起到气闸的作用；栖息时，主要起到掌握平衡的作用。对于啄木鸟而言，也可起到支持作用。鸟的前肢为翼，后肢为足，足是鸟类分类的重要依据，足常具四趾（第五趾退化），拇指与其他三趾相对而生，以适应树栖握枝，趾端有角质爪。不同的鸟类，足趾具有不同的特征，适于奔跑的鸵鸟足趾趋于减少（2～3 趾）。猫头鹰外趾能后转或呈对趾型（即两两相对，第一、第四趾向后，第二、第三趾向前），这样有利于抓握枝干；树栖攀禽杜鹃，为了适应树上生活，足也呈对趾型；楼燕后趾向前转，称前趾型。

羽毛是鸟类的典型特征之一（图 7-3），与爬行类的鳞片同源。那么鸟类的羽毛有什么重要作用呢？

目前的研究表明，羽毛的出现最初仅仅是为了保温，是变温动物向恒温动物演变的必然产物。随着羽毛的自身发展和变化，后来才具有了保护身体、运动平衡、性别展示、滑翔和飞行等功能。

鸟类皮肤薄、松、软、干，它是由表皮和真皮两部分构成。真皮中分布有血管、神经末梢，皮肌连着羽毛根部。薄而松软的皮肤，便于羽毛活动和飞翔时肌肉收缩。鸟类的骨骼为气质骨，大多愈合，坚固而轻，四肢骨发生了巨大的变化。头骨薄而轻，内有气囊充气的蜂窝状小孔，成鸟的颅骨已愈合为一个整体，头骨的腹面有枕骨大孔，具单一枕髁。脊柱由颈椎、胸椎、腰椎、荐椎及尾椎 5 部分组成。鸟类与飞行有关的肌肉发达，而背部肌肉退化。另外，鸟类具有特殊的鸣管肌，栖肌用来调节鸣管的形状和紧张程度，会发出多变的声音。雀形目鸟类的鸣管肌特别发达，因而被称为鸣禽。鸟类由于飞行消耗能量大、代谢水平高，所以具有很强的消化能力，消化迅速，进食量大，需要频频进食。鸟类适应飞翔生活最明显的特征是具有与气管相连通的、非常发达的气囊，特化成"双更呼吸"的方式，以保证完成飞翔所需的剧烈呼吸作用（图 7-4）。

图 7-3　鹦鹉（*Psittaciformes*）的羽毛（图源：Pixabay）

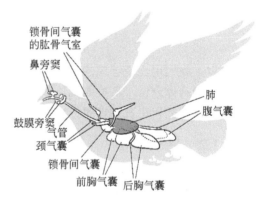

图 7-4　鸟类身体里的气囊示意图（图源：C. Abraczinskas/ Wikimedia Commons）

由于鸟类飞翔所需能量高、耗氧高，所以它们的血液循环为完全的双循环，心脏发达，分为四腔，心脏比例大，心跳频率快、血压高，血液循环快速，新陈代谢旺盛。鸟类在胚胎时期的排泄器官为中肾，成体为后肾，肾脏很发达，可占体重的 2% 以上，在比例上比哺乳类的还要大，这与其新陈代谢旺盛而产生的大量代谢产物需要及时排出是相适应的。

鸟类生殖腺的活动，存在着明显的季节性变化，生殖腺只有在生殖季节才显著增大，雌性个体只有左侧卵巢正常发育，而右侧卵巢退化，大型硬壳卵逐个成熟。这些都利于减轻体重，利于飞行。鸟类大脑纹状体发达，视叶发达，嗅叶退化，小脑很发达。这是与鸟类复杂本能和运动方式相协调的。鸟类的感官中以视觉最为发达，听觉次之，嗅觉最为退化。这些特点有利于飞行生活。

这些特征都是现代鸟的一些典型特征，是在上千万年的进化历程中逐步形成的。这些特征在化石中能否看到？化石鸟类又是从哪一类动物演化而来的呢？

7.2 一块火鸡腿骨引发的故事——鸟类起源的学说

关于鸟类起源的假说，最初竟然始于一块吃剩的火鸡腿骨！始祖鸟的发现，则为鸟类的起源和演化提供了化石实证。

7.2.1 始祖鸟的发现

关于鸟类起源问题的学术之争早在 160 多年前就已经开始了。1861 年，在德国巴伐利亚州索伦霍芬（Solnhofen）地区，始祖鸟被首次发现，它的出现震惊了整个学术界，它以绝妙的形态特征，为达尔文的惊世之作《物种起源》所阐述的进化理论提供了证据。在此后的 160 多年中，在德国巴伐利亚州索伦霍芬地区的同一个石灰岩地层中先后发现了 11 件完整程度不同的始祖鸟化石标本（图 7-5）（Wellnhofer, 1988; Wellnhofer and Roeper, 2005; Rauhut et al., 2018）。

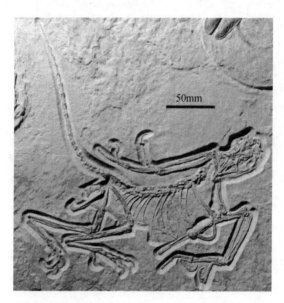

图 7-5 始祖鸟（*Archaeopteryx*）化石标本（Rauhut et al., 2018）

始祖鸟的骨骼构造既接近爬行动物，又具有典型的鸟类特征，因此引起了生物学家和古生物学家的浓厚兴趣（图 7-6）。

始祖鸟跟鸟类比较相似的主要特征为：

1）大小如鸡；

2）具有与现代鸟类相似的羽毛，已分化为初级飞羽、次级飞羽、覆羽及尾羽；

3）具有鸟类所特有的叉骨；

4）耻骨髋臼前部缩短，向后延伸；

5）足四趾，拇指与其他三趾相对；

6）第三掌骨与腕骨愈合等，这是鸟类的掌骨愈合成腕掌骨的开始；

图 7-6 始祖鸟标本在紫外线照射下的骨骼细节（Rauhut et al.，2018）

fu（furcula）：叉骨；ga（gastralia）：腹膜肋；is（ischium）：坐骨；lfe（left femur）：左股骨；lhu（left humerus）：左肱骨；lma（remains of left manus）：左手骨；lmt（left metatarsus）：左跖骨；lra（left radius）：左桡骨；lsc（left scapula）：左肩胛骨；lti（left tibia）：左胫骨；lul（left ulna）：左尺骨；pu（pubis）：耻骨；rfe（right femur）：右股骨；rhu（right humerus）：右肱骨；rma（remains of right manus）：右手骨；rmt（right metatarsus）：右跖骨；rra（right radius）：右桡骨；rsc（right scapula）：右肩胛骨；rti（right tibia）：右胫骨；rul（right ulna）：右尺骨；sk（skull）：头骨

7）据推测，始祖鸟已是恒温，并有一定的飞行能力。

同时，始祖鸟又具有一些原始的接近爬行动物的近祖特征，主要包括：

1）具有槽生的牙齿；

2）尾椎多达 20 个，荐椎数目少，肢骨骨壁厚，不充气；

3）前肢掌骨不愈合，具 3 枚分离的指骨，指端具爪；

4）其腰带不愈合，胫腓骨等长；

5）跖骨不愈合，肋骨短，无钩状突。

始祖鸟化石的发现给了进化论者以极大的鼓舞，这种身披羽毛却又口含牙齿的"怪物"，正是人们梦寐以求的爬行动物和鸟类之间的过渡环节。

几年后，在同一产地层位也发现了小型兽脚类美颌龙（图 7-7），其大小如鸡，形态与始祖鸟有很多相似之处。在这些基础上，英国著名学者赫胥黎（Thomas Henry Huxley）提出了鸟类起源于恐龙的观点。又过了十几年，著名学者奥思尼尔·查尔斯·马什（Othniel Charles Marsh）以《鸟类起源于恐龙吗？》为题，质疑赫胥黎的观点，认为恐龙出现的时代太晚，而且又是一群高度特化的动物。由此，一场持续 100 多年的鸟类起源之争拉

图 7-7　胃里有一只小蜥蜴的美颌龙（*Compsognathus*）化石（图源：Ballista/Wikimedia Commons）

开序幕，目前鸟类起源的研究虽然取得了许多进展，但人们对于这一演化事件的发生和过程仍然知之甚少。鸟类到底是从哪一类脊椎动物演化而来的呢？

7.2.2　鸟类从哪儿来？

有关鸟类起源的问题目前存在不同的观点，而且有对立之处。综合起来，有以下几种。第一种观点为槽齿类起源说。

图 7-8　派克鳄（*Euparkeria capensis*）复原图（N. Tamura 绘）

该学说最早由南非著名古生物学家布鲁姆（Robert Broom）在 1913 年提出。他认为，早三叠世的槽齿类爬行动物派克鳄（图 7-8）是鸟类和恐龙的共同祖先，鸟类是由槽齿类爬行动物进化而来（Broom，1913）。槽齿类是从原始爬行动物主干初龙类于早三叠世分异出来的，槽齿类是许多爬行动物如恐龙、翼龙、鳄鱼等的原祖，其标志性的特征就是头骨具槽齿。最早的槽齿类中的假鳄类与始祖鸟有诸多相似之处，曾经一度被认为是鸟类的祖先。1926 年，丹麦一位对古生物学有爱好的医生海尔曼（Gerhard Heilmann）对派克鳄进行了详细的研究和描述，并将其与德国始祖鸟进行了比较，出版了他的经典著作《鸟的起源》，相信鸟类起源于槽齿类爬行动物。但一些似鸟的假鳄类，如派克鳄均出现于三叠纪，与始祖鸟化石整整间隔了 5000 多万年，至今尚未发现从晚三叠世至晚侏罗世的化石。由于时间跨度大，缺少中间环节，所以这一假说也有其不完善的地方。

第二种观点为鳄形类起源假说。

这一假说是英国学者沃克（Alick Donald Walker）在 1972 年提出的。主要证据是早期鸟类，特别是发现于晚白垩世地层中的黄昏鸟（图 7-9）和鱼鸟（图 7-10）的牙齿与鳄类的牙齿非常相像。这些牙齿呈圆锥形且齿冠短而钝尖。另外包括方骨、内耳位置等处的骨骼特征都具有相似之处。所以包括沃克和他的弟子马丁在内的古生物学家认为鸟类是由出现在三叠纪的鳄形类动物演化而来。虽然后来沃克自己放弃了这一假说，但马丁却坚定地支持这一假说。马丁认为早期鸟类牙齿的形态特征和替换方式与早期鳄鱼相似，是与恐龙的祖先一样在三叠纪爬行动物大爆发中崛起的。然而这一学说由于缺乏化石证据，渐渐消失在历史长河中，近些年很少有人提及。

图 7-9 黄昏鸟（*Hesperornis*）复原图

（图源：N. Tamura/Wikimedia Commons）

图 7-10 异椎鱼鸟（*Ichthyornis dispar*）复原图

（图源：El fosilmaníaco/Wikimedia Commons）

第三种相对流行的观点为兽脚类恐龙起源假说。

这种观点认为：鸟类起源于蜥臀类兽脚类恐龙。这是一类小型的肉食性恐龙，两足行走，脖子长而灵活，骨骼轻便、具有空腔，属兽脚类恐龙中的虚骨龙类（图 7-11）。这种学说是 1868 年英国著名科学家赫胥黎博士在发现始祖鸟化石几年之后第一次提出来的，他认为鸟类和恐龙之间有着非常密切的关系。这一假说在 19 世纪末占优势，20 世纪初逐渐衰落，遭受冷遇，几乎被槽齿类起源假说所淹没。直到一个世纪后的 1970 年，美国古生物学家奥斯特罗姆（John Harold Ostrom）通过对比北美洲的小型兽脚类恐龙——恐爪龙（图 7-12）和始祖鸟，发现二者有很多相似之处，这才重新复活了"恐龙起源说"。他进一步提出：鸟类和恐龙不仅具有密切的关系，而且鸟类就是由某种小型兽脚类恐龙直接进化而来的

图 7-11 虚骨龙类（Coelurosauria）——勇士特暴龙

（*Tarbosaurus bataar*）（N. Tamura 绘）

（Ostrom, 1970）。

目前，尽管鸟类恐龙起源说得到了广泛支持，但还是有不少反对者。有人提出，鸟类恐龙起源说如果正确的话，和鸟类关系很近的一些兽脚类恐龙应该发育有羽毛或者类似羽毛的皮肤衍生物。碰巧的是，从 1996 年开始，中国辽西热河生物群中陆续产出了一批带羽毛的兽脚类恐龙化石，这为鸟类恐龙起源说提供了最为直接的化石证据。

图 7-12　恐爪龙（*Deinonychus*）（图源：AStrangerintheAlps/Wikimedia Commons）

7.2.3　"达尔文的斗犬" 与恐龙起源说

达尔文的名字家喻户晓，但你们知道 "达尔文的斗犬" 是谁吗？他就是达尔文进化论的坚定支持者，英国的博物学家赫胥黎先生（附图 7-3 左）。

1859 年，达尔文（附图 7-3 右）把刚出版的《物种起源》（附图 7-4）寄给了在伦敦皇家矿业学院担任地质学和自然史教授的赫胥黎。赫胥黎读后非常兴奋，他复信达尔文："我正在磨牙利爪，以备保卫这一崇高的著作"。他甚至说，必要时 "准备接受火刑"。赫胥黎下决心捍卫达尔文的进化论，公开并郑重地宣布："我是达尔文的斗犬"。可见他是达尔文进化论的坚定支持者。

据说鸟类起源于恐龙的假说是他在一个偶然的机会中发现的。1868 年，赫胥黎在一次晚宴中突然发现，盘子中吃剩下的火鸡骨骼，竟和早上实验室里研究的恐龙骨骼如此神似。回家以后，他仔细对比研究了恐龙与鸟类的骨骼，发现有 35 处相似之处，于是 "脑洞大开"，提出了 "恐龙和鸟类之间存在一定的亲缘关系" 的假说。

他的证据为：龙鸟同生，即始祖鸟的同一产地发现了小型兽脚类恐龙——美颌龙。美颌龙（图 7-7，附图 7-5）具有与始祖鸟非常相似的构造。之后由于缺乏新的化石证据，鸟类恐龙起源说逐渐销声匿迹，直到耶鲁大学的奥斯特罗姆在比较了平衡恐爪龙和始祖鸟等化石后，提出虚骨龙类是鸟类的祖先。以此为契机，学术界发动了著名的 "恐龙文艺复兴" 运动，这时才将鸟类起源于兽脚类恐龙这一假说重新提了出来。虽然在奥斯特罗姆之后大部分古生物学家都逐渐同意和接受了这种说法，但这一学说在当时并不普及。

直到 20 世纪 90 年代末，在中国辽宁发现了大量带羽毛恐龙化石（图 7-13）以后，这一学说才逐渐为人所知。这些带羽毛恐龙的发现，填补了恐龙到鸟类演化的空白，并将原本停滞不前的鸟类起源问题重新点燃，使得国际鸟类起源的研究热点从始祖鸟的故乡德国转移到了中国这片神奇的土地上。2000 年在中国召开的第五届国际古鸟类与进化国际会议暨热河生物群研讨会把鸟类起源的研究推向了高潮。

这些小型兽脚类恐龙在骨骼结构上表现出与现代鸟类的相似性，更重要的是它们还演化出了羽毛。这些化石资料给鸟类起源于小型兽脚类恐龙假说提供了重要的支持。现在，许多古生物学家正在对从 "龙" 到鸟这一演化历程进行深入研究。并且，近些年随着宣传力度的加大，各类科普书籍、影视作品中 "会飞的恐龙" 这一形象也越来越多地出现在公众的视线里面，让"恐龙变鸟"这一概念逐渐深入人心。

7.2.4 恐龙起源说的实证——来自中国的证据

辽西热河群产自我国中生代陆相地层，在我国古生物地层学研究历史上占有极其重要的地位。尽管这套地层中产出过大量的无脊椎动物和植物化石，但恐龙化石在 1996 年之前却一直较为贫乏。

发现于辽宁省朝阳市胜利乡下白垩统九佛堂组的鹦鹉嘴龙化石（图 7-14）是辽西热河群中产出的第一批恐龙化石（赵喜进，1974）。鹦鹉嘴龙属于鸟臀目角龙亚目，是一种两足行走的植食性恐龙。九佛堂组的鹦鹉嘴龙共发现了两个种：蒙古鹦鹉嘴龙和梅勒营子鹦鹉嘴龙。

图 7-13 带羽毛恐龙化石-赫氏近鸟龙
（*Anchiornis huxleyi*）化石（陈平富，2010）

图 7-14 鹦鹉嘴龙（*Psittacosaurus*）化石
（孙革等，2012）

从 1996 年开始，我国辽西及周边地区带羽毛恐龙和早期鸟类标本的发现，为鸟类的恐龙起源说提供了化石实证，其中包括中华龙鸟（图 7-15）、原始祖鸟、尾羽龙（附图 7-6）、意外北票龙（图 7-16）和小盗龙（图 7-17）。

目前的形态学和系统发育研究表明：中华龙鸟形态最为原始，和鸟类的关系最远；北票龙和尾羽龙次之；中国鸟龙和小盗龙在一系列骨骼形态特征上已经非常接近鸟类，某些部位的形态和原始的鸟类——始祖鸟几乎没有区别。这些恐龙属种的发现向我们清楚地展示了一系列适应飞行的结构变化在兽脚类恐龙向鸟类的演化过程中是如何完成的。

原始中华龙鸟（图 7-15）化石发现于朝阳市北票四合屯，赋存于早白垩世地层的凝灰质粉砂岩中，据中国和世界古鸟类专家研究考证，中华龙鸟是恐龙向鸟类演化的过渡性动物（季强和姬书安，1996；Morell，1997；Chen et al.，1998）。这一重大发现，为鸟类起源于小型兽脚类恐龙的假说提供了重要证据。1996 年 12 月，在四合屯又发现了中华龙鸟后代的化石，该化石产出层位在中华龙鸟化石层位之上的 5.5m、孔子鸟化石层位之下的 8.5m 处。据专家研究考证，该"鸟类"具有很低的飞行能力，比德国的始祖鸟还要原始些，故命名为原始祖鸟。该化石实际上同样为兽脚类恐龙（季强和姬书安，1997；Zhou，2006）。

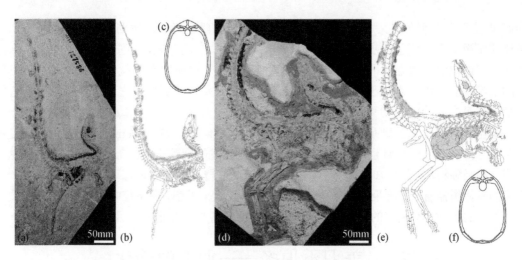

图 7-15 原始中华龙鸟（*Sinosauropteryx prima*）化石及素描图（Smithwick et al.，2017）

（a）（b）：编号 NIGP 127586；（d）（e）：编号 NIGP 127587；（c）（f）腹部横截面

图 7-16 意外北票龙（*Beipiaosaurus inexpectus*）化石复原图（图源：PaleoNeolitic/ Wikimedia Commons）

图 7-17 小盗龙（*Microraptor*）化石（王原和叶剑，2020a）

1997 年夏天，在四合屯又发现了尾羽龙化石，经专家研究确认，尾羽龙与原始祖鸟相似，且比原始祖鸟又进化了一步（Ji et al.，1998）。北票龙（图 7-16）则是一种长羽毛的草食恐龙。它的皮肤痕迹显示北票龙的身体被类似绒羽的羽毛所覆盖，就像中华龙鸟，但北票龙的羽毛较长，而且垂直于手臂。徐星等认为，北票龙的绒羽代表它们是介于中华龙鸟与较高等鸟类之间的中间物种（Xu et al.，1999a）。

小盗龙（图 7-17）则是已知最小的恐龙之一，成年身长 77~90cm。除此之外，小盗龙也是第一批被发现拥有羽毛和翅膀的恐龙之一。小盗龙的羽毛压痕大部分来自顾氏小盗龙。小盗龙相当独特，它是已知的鸟类祖先当中，脚部、前臂与头部都长有飞羽的少数物种之一。它们的身体覆盖着一层厚羽毛，而尾巴末端有个钻石状羽毛扇，在飞行中有可能增加稳定性。有些标本的头部拥有高起的羽毛冠饰，类似某些现代鸟类，如北美洲黑啄木鸟。

7.3　美羽不怕多——羽毛的演化

羽毛是现生鸟类的典型特征之一，也是自然界动物身上最为精巧的结构之一。它的起源和演化自然会引起大家的浓厚兴趣。

7.3.1　先有羽毛还是先有鸟？——带羽毛的恐龙

大自然为动物设计了各种躯体覆盖物，如头发、鳞片、毛皮、羽毛等，其中羽毛的花样是最多的，也是最神秘的。它的强度高得令人难以置信，却又极轻盈且结构精巧。那么什么是羽毛呢？它是如何进化来的呢？

羽毛是鸟类表皮细胞衍生的角质化产物，被覆在体表，质轻而韧，略有弹性，具防水性，有护体、保温、飞翔等功能。作为一种独特的生物结构，羽毛长期以来被作为鉴定鸟类最可靠的特征。然而，随着辽西热河生物群中带"羽毛"恐龙的发现说明，包括羽毛在内的许多过去以为鸟类独有的特征广泛分布于兽脚类恐龙中，依据羽毛的有无来定义是否为鸟类显然是不可靠的。

科学家研究后认为，羽毛在鸟类出现之前就已经从恐龙身上进化出来。目前已知最古老的带有羽毛的恐龙——赫氏近鸟龙（图 7-18），生活在 1.6 亿~1.5 亿年前的中国东北地区，其骨架周围清晰地分布着羽毛印痕，特别是在前、后肢和尾部都分布着奇特的飞羽，这是目前已知最早的长有羽毛的兽脚类恐龙（Hu et al.，2009；Xu et al.，2009a）。

赫氏近鸟龙相较于中华龙鸟等发育有原始羽毛，但相对原始的兽脚类恐龙而言，虽然长有原始的羽毛，但骨骼形态和鸟类差别很大。一些和鸟类系统关

图 7-18　赫氏近鸟龙（*Anchiornis huxleyi*）复原图
（陈平富，2010）

系很近的兽脚类恐龙与鸟类的骨骼形态差别却很小，区别这些进步的小型兽脚类恐龙和原始鸟类就比较困难。尽管如此，古生物学家还是找到了较为科学的区分鸟类和兽脚类恐龙的方法，为鸟类作了较为严密的定义。目前学术界流行的鸟类定义方法有两种，都是基于分支系统学研究而得出的。一种定义为：鸟类包括所有与现生鸟类的系统关系比恐爪龙近的手盗龙类；另一种则定义为：始祖鸟和现生鸟类的最近共同祖先及其所有后裔。

第一例报道的带毛恐龙是中华龙鸟，属于兽脚类恐龙中的美颌龙科，其上保存了类似单根纤维的毛状结构。小盗龙属于驰龙科，具有和现代鸟类相同的飞羽。初级、次级飞羽清晰可见，并且在第一指上出现了相对飞羽较小的羽毛，同样具有羽片的形态。小盗龙最重要的特征是具有羽片状结构的腿羽，特别是跖骨的羽毛具有不对称的结构（Xu and Norell，2006）。属于伤齿龙类的近鸟龙发现于距今大约 1.6 亿年的地层中，时代比最早的鸟类还早，同样具有羽片状的腿羽，在其前后肢上都分布着奇特的飞羽，目前推测飞羽的颜色可能相当华丽，像它这样全身披羽的鸟类，在已经灭绝的物种中尚无先例。在比小盗龙、近鸟龙与鸟类亲缘关系更近的侏罗纪足羽龙化石的胫、腓骨和跖骨处也发现了腿羽，跖骨处的羽毛更长，但其是左右对称的。

结合始祖鸟以及一些反鸟腿羽的化石资料，可以看出，在从龙到鸟的演化中，腿羽经历了从出现到退化的过程。最初，腿羽的出现可以辅助飞行，甚至出现了具有明显飞行作用的不对称的腿羽，如小盗龙；随着前肢飞行能力的不断提高，后肢羽毛的飞行辅助作用逐渐弱化、退化。除了上述与鸟类亲缘关系较近的虚骨龙类之外，毛状的皮肤衍生物在鸟臀类恐龙和翼龙中也有报道。异齿龙类的天宇龙（图 7-19）、角龙类的鹦鹉嘴龙在其尾部都发现了似羽毛的结构。翼龙中也有"毛"状皮肤衍生物的发现，宁城热河翼龙身体的大部分都存在一种波状的、弯

图 7-19 天宇龙（*Tianyulong*）复原图
（王原和叶剑，2020b）

曲的"毛"状结构，常常是单根出现、成簇聚集（汪筱林等，2002，2009）。当然，翼龙的毛状物是否和鸟类的羽毛同源还是一个悬而未决的问题。综上所述，由恐龙类的皮肤衍生物演化到鸟类的羽毛也经历了长期缓慢的过程。

7.3.2 羽毛的起源与演化

近年来关于羽毛和羽状皮肤衍生物的研究极大促进了我们对羽毛起源与早期演化的理解。结合最新的古生物学与现代生物学资料，通过对一些保存了皮肤衍生物的非鸟恐龙标本的观察研究，科学家推测羽毛的演化要早于鸟类的演化，在鸟类起源之前就已经完成了 5 个主要的形态发生事件（徐星和郭昱，2009）：

1）丝状和管状结构的出现；

2）羽囊及羽枝脊的形成；

3）羽轴的发生；

4）羽平面的形成；

5）羽状羽小支的产生。

这些演化事件形成了多种曾存在于各类非鸟初龙类中的羽毛形态，但这些形态可能在鸟类演化过程中退化或丢失了。这些演化事件也产生了一些近似现代羽毛或者与现代羽毛完全相同的羽毛形态。

非鸟恐龙身上的羽毛有一些现代羽毛具有的独特特征，但也有一些现生鸟羽没有的特征。尽管一些基于发育学资料建立的有关鸟类羽毛起源和早期演化的模型推测羽毛的起源是一个全新的演化事件，与爬行动物的鳞片无关，但是我们认为用来定义现代鸟羽的特征应该是逐步演化产生的，而不是突然出现。因此，对于羽毛演化而言，一个兼具逐步变化与完全创新的模型较为合理。从目前的证据推断，最早的羽毛既不是用来飞行的也不是用来保暖的，其他各种假说都有可能，比如为了向异性展示或者为了散热。

在热河生物群，与鸟类亲缘关系较近的虚骨龙类中，羽毛在谱系中分布广泛，而且具有多种形态，表明鸟类在从恐龙谱系演化出来之前，羽毛就已经出现并且呈多样性发展，已有材料表明羽毛很有可能首先出现在某一种初龙类身上。

图 7-20 热河鸟（*Jeholornis*）复原图（Xu and Chen，2018）

绝大多数已发现的带毛恐龙出现的时代晚于始祖鸟，但在比始祖鸟更老的地层中也发现了多种带毛的恐龙。在原始的基干鸟类，如始祖鸟、热河鸟（图 7-20）、圣贤孔子鸟（图 7-21）和反鸟类中，羽毛的形态结构更加复杂，而且与现生鸟类的羽毛几乎相同。也有比较引人注意的化石羽毛，如孔子鸟、原羽鸟和副原羽鸟长长的尾羽，具有和似尾羽龙（图 7-22）相似的结构，而最原始的反鸟类原羽鸟已经具有了小翼羽。

现存鸟类中，成熟羽毛中蛋白质的独特表达和氨基酸组成已被证明决定了它们的生物力学特性，如硬度、弹性和柔韧性。侏罗纪近鸟龙是迄今发现的最早的带羽毛的恐龙之一，在 2019 年，中国学者利用多种超微结构检测技术、原位元素分析和免疫学的方法发现，我国侏罗纪的近鸟龙的飞羽主要是由 α-角蛋白组成，但同时还具有少量 β-角蛋白，而我国发现的中生代鸟类如始孔子鸟、燕鸟和现存鸟类的飞羽主要由 β-角蛋白组成，这些结果表明，近鸟龙的羽毛在蛋白分子的构成上，代表早期羽毛从不适于飞行向现生鸟类羽毛演化的过渡类型（Pan et al.，2019）。

羽毛的起源和演化过程是一个相当复杂的问题，羽毛的五彩缤纷成就了鸟类的潇洒和美丽，但这种美丽在化石中又是如何体现呢？我们应该如何去追溯它、捕捉它？

图 7-21 圣贤孔子鸟想象图（*Confuciusornis sanctus*）
（图源：Matt Martyniuk/Wikimedia Commons）

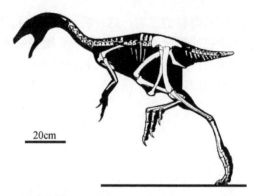

20cm

图 7-22 似尾羽龙（*Similicaudipteryx*）复原图
（图源：Jaime A. Headden/Wikimedia Commons）

7.3.3 羽毛的五彩斑斓及功能

五彩斑斓、色泽鲜艳的羽毛，是大自然赋予鸟类最为珍贵的礼物。当我们惊叹于眼前身着五彩羽毛的鸟儿时，或许也曾想过：数千万年前，原始鸟类的羽毛是什么颜色？

鸟类羽毛的颜色丰富多彩，这是由色素沉积后通过光的折射而产生的。黑色素产生黑、灰、褐色，而脂色素产生红、紫、黄、橙、绿等颜色。多数鸟类夏羽和冬羽颜色不同，鸟羽的颜色通常因性别而异，特别是在繁殖季节中，雄鸟羽毛色泽鲜艳（附图 7-7）。羽毛的颜色通常还具有保护色作用。

但对于古代鸟类来讲，经历数以百万年的地质作用，我们似乎很难从化石中直接找到答案。2008 年，耶鲁大学的古生物学家和鸟类学家组成的研究团队首次在巴西早白垩世的化石羽毛中发现了包含真黑色素的黑色素体，开启了古羽毛颜色研究之先河（Vinther et al.，2008）。

通过扫描电镜观察，目前已经在一些兽脚类恐龙、鸟类的羽毛化石中发现了黑色素体化石，黑色素体对鸟类羽毛的颜色具有重要作用，通过分析黑色素体的形态和分布，可以推测带毛恐龙和原始鸟类羽毛的颜色。通过研究与鸟类亲缘关系不同的恐龙羽毛的黑色素体，表明羽毛之间色彩差异的出现早于单个羽毛内部颜色差异的出现，而这两种基于黑色素的色彩差异出现的时间早于鸟类具备飞行能力的时间，这进一步表明羽毛最初的功能并非辅助飞行。或许，展示、吸引异性才是恐龙羽毛最初出现时所具有的功能。

早期羽毛化石的研究表明，羽毛的进化起初是为了展示。现代鸟类的羽毛色彩和形状各异，并带有明亮的条纹和色斑。如此美丽的羽毛有时候是为了吸引异性，如雄孔雀就会通过开屏来吸引雌孔雀。2009 年以后，当科学家对兽脚亚目恐龙身上的羽毛做进一步检查之后，羽毛进化以用来展示的可能性大大提高了。科学家甚至重新构建了恐龙羽毛的颜色。例如，中华龙鸟的尾巴就带有微红和白色条纹，也许雄性龙鸟在求偶时正是挥动着它这条艳丽的尾巴，又或者雌雄龙鸟都拥有条纹，它们像斑马一样利用条纹来识别同类或迷惑掠食者（Zhang et al.，2010）。

另外，赫氏近鸟龙（图 7-23）也是一种带羽毛的恐龙物种。该化石发现于建昌县玲珑塔地区的侏罗纪地层中。在其骨架周围清晰地分布着羽毛印痕，特别是在前、后肢和尾部都分布着奇特的飞羽，这种特征在灭绝物种中是第一次发现。它还是第一种被精确恢复出羽毛颜色的恐龙。该龙形状似鸡，嘴像啄木鸟，头顶有一簇红褐色的羽毛，翅膀黑白相间，翼间黑色；腿上也长满了长长的羽毛，一直延伸到脚趾附近，像另外一对翅膀，颜色同样是黑白相间。

图 7-23　依据现有资料绘制的赫氏近鸟龙（*Anchiornis huxleyi*）重建图

（图源：Matt Martyniuk/Wikimedia Commons）

羽毛、角质喙——这些在现生鸟类中很典型的特征在化石物种的进化长河中逐渐变得模糊，"龙"与鸟的界限不再鲜明。

7.4　"龙鸟之争"——没有终结的故事

龙也？鸟也？鸟类就是恐龙的直接后裔，它们两者的区分在于如何去定义鸟类。

图 7-24　中华龙鸟（*Sinosauropteryx*）复原图

（Smithwick et al.，2017）

（a）中华龙鸟的羽色复原图；

（b）中华龙鸟正在捕食一只大凌河蜥

7.4.1　"龙鸟之争"

1996 年《中国地质》第 10 期上发表了"中国最早鸟类化石的发现及鸟类的起源"一文，并将化石定名为"中华龙鸟"（图 7-24）（季强和姬书安，1996）。1996 年 10 月 17 日，美国《纽约时报》刊载了一块产自中国的"带毛的恐龙"（Browne，1996）。科学家后来发现：中华龙鸟与"带毛的恐龙"实际上属于同一标本的正反面，两者为同一个体。中华龙鸟到底是"龙"还是鸟，成为国内外古生物学界和公众媒体关注的焦点，最终引发了一场学术上的"龙鸟之争"。

1997 年 4 月，美国费城自然科学院（Philadelphia Natural History Museum）召开了一场新闻发布会。会上，"恐龙派"和"鸟派"的代表人物各自阐明了自己的观点。美国科学家奥斯特罗姆在会上认为，中华龙鸟标本身上长的确实是一种原始羽毛，中华龙鸟的发现是 20 世纪最重要的科学发现之一，有力地支持了鸟类起源于小型兽脚类恐龙的理论。美国的马丁教授（Larry D. Martin）则认为，中华龙鸟的发现在鸟类起源的研究上不具有任何科学意义，因为据观察，中华龙鸟的毛发状构造是一种皮下的胶原纤维组织，既不是羽毛也不是毛发。

鉴于中国这一惊人的发现，美国费城自然科学院的 5 位古生物学专家组成代表团，决定来中国进行实地考察、研究。这个具有世界权威性的代表团被称为"梦之队"。1997 年 5 月，春暖花开之际，"梦之队"代表团来到了北京。他们首先奔赴中国地质博物馆，观察了中华龙鸟正模标本。他们带着兴奋和惊喜，又匆匆来到南京，看了保存在中国科学院南京地质古生物研究所的"带毛的恐龙"化石。随后，又到化石产地进行实地考察。"梦之队"代表团最终达成一个共识，发表了一个声明：第一，承认中国的辽西是世界级的化石宝库，是最有希望解决鸟类起源问题的关键地区。第二，根据他们的观察，认为中华龙鸟身上长的是原始的羽毛，或者类似于羽毛的一种原始结构（图 7-25），但是目前还不能肯定。根据他们的研究经验和以往掌握的知识来看，中华龙鸟应该仍然属于一种小型的食肉恐龙。

——羽毛的演化过程——

图 7-25 羽毛的演化模式（王原和叶剑，2020b）

但是，这个新颖而不寻常的动物化石，最终的归属是"龙"，还是鸟？1998 年 1 月，英国《自然》杂志上发表了一篇中国学者的文章（Chen et al.，1998）。文章介绍道，正式的修改稿还是保持了最初命名的"中华龙鸟"的名称，但是在分类上，把它归到了恐龙的范畴。中华龙鸟的横空出世，标志着恐龙研究的一个新起点，它为研究恐龙，尤其是为研究鸟类起源方向，提供了关键性的信息，被认为是一个里程碑式的发现。

7.4.2 "龙鸟之争"新解

没有什么化石能够像"柏林标本"这只始祖鸟化石一样，吸引着全世界广大研究者和爱好者的目光。普通大众都知道始祖鸟是鸟类的祖先。但是，热河生物群中的"带毛的恐龙"对这种传统观点提出了挑战！那么，始祖鸟到底是不是鸟呢？

2011 年 7 月 28 日，英国权威杂志《自然》刊发了一篇来自中国学者的论文，论文中称，始祖鸟是"龙"而非鸟类。论文对发现于中国辽西地区大约 1.6 亿年前沉积地层中产出的一件小型恐龙标本——郑氏晓廷龙（图 7-26）进行了论述，郑氏晓廷龙的分类位置与始祖鸟的亲缘关系非常接近，属于一种小型兽脚类恐龙。这一新物种被添加到演化树后，始祖鸟在系统树中的位置被彻底重新定位，结果表明始祖鸟不属于鸟类，而是属于原始的恐爪龙类（Xu et al.，2011）。

图 7-26 郑氏晓廷龙（*Xiaotingia zhengi*）化石（图源：Bruce McAdam/Wikimedia Commons）

众所周知，始祖鸟于 1861 年被命名，标本发现于德国晚侏罗世地层中。作为最原始也是最古老的鸟类，从一开始始祖鸟的发现就成为进化论研究的标志性物种。在过去的 160 多年中，有关始祖鸟的研究从没间断，关于始祖鸟的飞行能力、生态行为，甚至一些形态特征一直存在着争论，但其作为最原始鸟类的地位几乎没有受到质疑，一直处在鸟类起源研究的核心位置。

中国科学家重新深入分析了始祖鸟的形态，结合近年来发现于中国的大量小型兽脚类恐龙和早期鸟类标本上的新信息，尤其是来自郑氏晓廷龙的新信息，他们对似鸟恐龙和早期鸟类的系统发育关系进行了重新分析，得出了一些极其重要的结论。结论是始祖鸟是迅猛龙（附图 7-8）的祖先，而不是鸟类的祖先（Xu et al.，2011）。这个结论引起了世界各地古生物研究专家的高度关注，而且动摇了"始祖鸟是鸟类的祖先"这一持续 160 多年的论断。

然而，针对始祖鸟化石的研究并未停止，来自南澳大利亚博物馆的一位科学家利用生物系统发育理论重新进行了类似的实验。他没有对所有的解剖学特征进行全盘考虑，而是将重点放在一些缓慢进化的特征上，以此来减小不相关世系造成的生物性状和独立进化特征的差异。通过研究，他们发现始祖鸟与诸如迅猛龙在内的恐龙差异较大，将其归结为鸟类更为恰当（Lee and Worthy，2012）。这项研究成果发表在英国皇家学会出版的生物快报（Biology Letters）上。由此可见，对解剖学特征的选择会影响到最终的推断结果。专家表示，由于大量物种和样本的发现，物种之间的区别变得越来越小，这也导致一些边缘物种在归类上产生争议。始祖鸟是不是鸟并不是一成不变的，重要的是我们如何去定义鸟类！

鸟类之所以被称为鸟，且受到人类的广泛关注，是因为它满足了人类自身"羽化升天"的梦想。那么，鸟类是如何飞上蓝天的呢？

7.5 对蓝天的向往——鸟类飞行的起源

鸟类的飞行是脊椎动物演化史上的一次重要飞跃，它的起源问题跟羽毛的起源一样，同样引起了学术界的广泛关注。

7.5.1 地栖疾走起源说

从解剖学角度来看，鸟类的祖先（小型兽脚类恐龙）具有诸多适宜快速奔跑起飞的特点，如体型小、灵巧敏捷、具叉骨、骨骼中空、两足行走、腿长、奔跑速度快等。

从中国辽西发现的化石来看，中华龙鸟、原始祖鸟、尾羽龙、意外北票龙、中国鸟龙等均为陆地生活的快速奔跑者，它们分别代表了兽脚类恐龙中的几个不同类群，如中华龙鸟属于与美颌龙比较相近的虚骨龙类，尾羽龙被认为是窃蛋龙类（图 7-27）的代表，北票龙属于镰刀龙类，中国鸟龙属奔龙类。

图 7-27 窃蛋龙类（*Oviraptor philoceratops*）孵蛋复原图（王原和叶剑，2020b）

从羽毛的类型和演化阶段来看，中华龙鸟和北票龙身上发育了纤维状的原始羽毛（绒羽），是羽毛演化早期阶段的产物。原始祖鸟身上覆盖了与中华龙鸟相同的原始羽毛，但其尾部发育了具有羽轴和羽片的"现代羽毛"。尾羽龙和中国鸟龙身上同样发育了与中华龙鸟相同的原始羽毛，但其尾部和前肢均发育了与现代概念相符具有羽轴和羽片的"现代羽毛"。根据现有的研究材料，至少可以得出以下结论：晚侏罗世羽毛已广泛存在于食肉性恐龙的许多类群，因此羽毛不再被作为区分恐龙与鸟类的标志；羽毛肯定出现在鸟类飞行之前，而且羽毛的出现最初与飞行功能无关；在鸟类获得飞行能力之前，羽毛已经历了一个缓慢而复杂的发展过程，与"爬树"没有必然的联系。

在辽西发现的众多的长羽毛的兽脚类恐龙中，无论是中华龙鸟和尾羽龙，还是北票龙和中国鸟龙，大家一致认为它们是两足运动的快速的陆地奔跑者。然而，唯一"例外"的是小盗龙。2002 年 9 月，国际著名的加拿大恐龙专家和美国古鸟类专家根据分支系统分析和解剖学研究认为，所谓的"小盗龙"实际上与中国鸟龙同物异名，从正模和副模标本看，小盗龙均是幼年期的中国鸟龙。所以关于小盗龙是否具有爬树能力的结论还有待进一步研究。

2002 年，我国辽西早白垩世地层中发现的会飞的"恐龙"——中华神州鸟（附图 7-9），其前肢明显长于后肢，显示出明显向翅膀演化的过渡特征，其飞行羽毛明显长于躯体，其叉骨呈"U"形等。种种特征表明，中华神州鸟已具有了一定的飞行能力。但是，中华神州鸟后肢的第一脚趾没有反转向前，表明其不具有对握或抓握的能力，也不具有爬树的能力。中华神州鸟的发现有力支持了鸟类的"陆地奔跑飞行起源"假说，中华神州鸟具有了一定的飞行能力，但不具有对握和爬树能力的事实正好说明，鸟类飞行能力获得的确与爬树没有必然的联系。中华神州鸟的出现支持了地栖疾走起源说。

7.5.2　树栖攀缘起源说

这一假说由马什首先提出。该假说从鼯鼠（附图 7-10）、飞蜥（附图 7-11）及树蛙（附图 7-12）的短距离飞翔中得到启示，认为早期鸟类的前肢具有羽毛的雏形，适于在树枝间进行跳跃，增强了落点的准确性（Marsh，1880）。经过长期的自然选择，羽毛变得发达，适于树枝间的滑翔及飞行。后来该学说又得到了进一步的发展和完善，认为鸟类的祖先是地栖的四足类爬行动物，经自然选择而进化发展到具两足，且具有攀缘能力的原始鸟类。该原始鸟类由最初树枝间的短距离跳跃，发展到长距离跳跃，进而可以借助空气进行短距离或长距离的滑翔，直至最后能够主动扇动翅膀的飞行。该学说主要依赖于始祖鸟的拇指与其他三趾相对，适于攀缘、抓握的特征。

图 7-28　小盗龙复原图（王原和叶剑，2020b）

最近，研究人员尝试利用数学分析和计算机模拟来确定早期鸟类的飞行能力，并根据化石建立物理模型，进行风洞试验。美国堪萨斯大学的研究者则从不同的思路重建了一个小盗龙的模型来进行实验研究。小盗龙（图 7-28）是一种类似于鸟类、因长有 4 个翅膀而闻名的恐爪龙类。研究人员先根据化石骨骼制作了一副骨架，并用黏土复原"身体"形态，然后选用能够完美地匹配保存在化石上的羽毛印痕的现代雉鸡羽毛制作了翅膀。研究人员再利用聚氨酯泡沫复制了这个模型，从不同的高度发射了这些小盗龙聚氨酯泡沫模型，并记录了它们每次滑翔的距离、速度以及角度。结果表明：小盗龙是一架老练的"滑翔机"，它如果想从一棵树干滑行到另一棵树干，应毫无困难。因此，早期鸟类可能是以树林间的滑行开始它们的飞行生涯的（Alexander et al.，2010）。

那么鸟类祖先上树的动机是什么呢？是为了捕食、躲避敌害，还是仅仅为了获得飞行能力？为了捕食或躲避敌害偶尔上树是可能的，但绝不是普遍而常见的现象。另外，鸟类的祖先不可能在爬树之初就想到几百万年后可以长出羽毛，飞向天空。它们是动物不是人，我们不能用人的思维来代替生物的思维。鸟类的祖先究竟是在上树前就长有羽毛的，还是在上树后才长出羽毛的？

我国辽西发现的长有羽毛的恐龙，特别是长羽毛的奔龙，已具有十分发育的羽毛，包括前肢上发育的原始的飞行羽毛。现在还没有任何证据表明，它们羽毛的逐渐发育与上树有关。相反，更为合理的解释是，它们正是由于羽毛发育到一定程度，才有可能从一定的高度向下滑落，而不至于被摔伤或摔死。再者，即使鸟类的祖先发展到一定阶段，可能具有一定的爬树能力，但并不意味着爬树是鸟类获得飞行能力的 "必由之路"。爬树可能是众多可能条件中的一种条件，但绝不是必要条件，也不是充分条件。即使是德国的始祖鸟，人们也普遍认为它不具有主动积极的飞行能力，它们也许只能在低矮的灌木间拍翅运动或滑行，但不具有爬树能力，因为始祖鸟用于固着飞行运动的肌肉构造发育得不是很完善。

7.5.3 多多益善——"四个翅膀"与飞行

鸟类是否翅膀越多，飞行能力越强？让化石来告诉我们答案！

2004 年英国《自然》杂志报道了一只生活在 1.2 亿年前的、既保存有完好的腿羽又有短的尾羽的鸟类化石。该鸟腿部的羽毛可能能够帮助我们揭开原始鸟类的 "短尾" 之谜，这也进一步支持了鸟类飞行演化经历了 "四个翅膀" 阶段的假说（Zhang and Zhou，2004）。

这枚发现于辽宁西部的鸟类化石在常人的眼里也许并不是一件宝贝：保存不完整，头部骨骼仅保存下颌等少量骨片，头后骨骼也仅保存腹面的一半。然而在专家的眼里这件化石却成了一件不可多得的珍贵研究材料。它不仅尾部具有短短的尾羽，而且腿部还保存了具有空气动力学特性的羽毛。在现生的飞行鸟类中，尾羽通常非常发达，羽轴粗长、羽片宽大，具有空气动力学特性，这是飞行中产生升力的辅助器官，更是重要的飞行操控器官。发达的尾羽一方面可以像翅膀一样为鸟的飞行提供升力，另一个重要方面是在起飞、降落和完成空中技巧动作时能发挥重要的操控作用。但是，在迄今发现的成百上千的鸟类化石中，除了有些种类保存有一对长长的、具有装饰功能的羽毛外，其他的尾羽都非常短。这与现代鸟类有很大的不同。对这些鸟类骨骼进行形态学的研究，发现它们确实应该具有了非常强的飞行能力，可以说与现代飞行鸟类并无太大差别。前肢翅膀羽毛的长度、宽度和形态构造与骨骼的形态学特征协调一致，都说明这些原始鸟类应该具有较强的飞行能力。这些鸟类的短尾巴过去并没有引起大家的注意，而且也不能很好地解释这些古鸟类已经具有较强的飞行能力。因此，原始鸟类是如何完成起飞、降落和一些空中技巧动作的，这一直是个未解之谜。

具有空气动力学特性羽毛在原始鸟类腿部的发现，使深受鸟类飞行起源之谜困扰的科学家获得了意外的收获和灵感。在这枚新发现的反鸟的小腿外侧，保存有明显弯曲的羽轴，这使得它们具有空气动力学的特性毋庸置疑。这些羽毛的另一个重要特征是它们的长度已经达到了胫跗骨长度的二分之一左右。虽然在有效负载面积上，排列在小腿外侧的 8～12 枚这样长的羽毛构成的飞行单元要远小于前肢的翅膀，但是在飞行布局上，它们处在身体的后部，这样大小的有效负载用于操控起飞、降落及完成空中技巧飞行等方面还是绰绰有余的，因为现代飞行鸟类的尾羽有效负载面积与前肢飞羽相比也是非常小的，但同样可以有效完成飞行操控。这样，原始鸟类的短小尾羽飞行操控能力的不足就能被发达的腿部羽毛所补充。在现代鸟类中，海雀的尾羽同样较短，但是海雀宽大的蹼足有效地补充了这种功能上的不足；而有些秃鹫的整个后腿，包括脚趾间的蹼瓣，能够在降落时帮助自身完成有效的 "刹车" 功能。

　　基于对不发达尾羽和发达腿羽的上述解释，他们的研究一方面佐证了基于骨骼形态学得出的原始鸟类的飞行能力较强的推测，另一方面也使看似怪异的短尾和后肢羽毛在飞行功能上得到了合理的解释。另外，在飞行起源演化上，新发现的反鸟化石也进一步支持了科学家在 1915 年提出的有关鸟类飞行起源经历了"四个翅膀"阶段的假说。

　　客观地说，有关鸟类飞行起源的研究和讨论还任重道远，目前发现的材料还不足以让我们对此问题过早地下结论。实际上，鸟类的祖先（小型兽脚类恐龙）在一定条件下，完全可以本能地借助于自然界中各种有利的地形和地物来滑翔和起飞（如倒卧的树木、有高差的土坡、山头和悬崖、低矮的灌木，较大的岩石块体等）。最终有一天，鸟类的祖先突然发现自己展开双翅后，能自由地翱翔于蓝天与大地之间。这是一种怎样的欣喜，怎样的豪壮！

复习思考题

1. 如何判别化石和现生鸟类？
2. 简述始祖鸟具有的近祖和近裔特征。
3. 鸟类的羽毛有哪些功能？
4. 请举例说明在中国发现的一些长有羽毛的恐龙及特征。
5. 简述鸟类起源的三种假说。
6. 中华龙鸟到底是龙还是鸟？请说明理由。
7. 简述鸟类飞行起源主要的两种假说。
8. 早期鸟类的"四个翅膀"支持了哪一种飞行起源，为什么？

第8章 "绿色使者"——陆生植物的兴起

早古生代地球环境发生了巨大变化，植物从水生向陆生逐渐过渡，陆地逐渐披上了绿装。随着志留纪裸蕨植物的出现，蕨类植物逐渐兴起，并在石炭纪形成大规模森林。从孢子植物到种子植物，植物演化经历了又一次重要革新。我们将中生代称为"裸子植物时代"，将新生代称为"被子植物时代"，从此，地球上形成了一个缤纷的有花世界。

8.1 古植物的分类体系

地史时期保存了大量的植物化石，它们是地球植被和环境演化的直接见证者。为了开展系统的古植物学研究，古植物学家在现代植物分类的基础上建立了古植物的分类体系。

8.1.1 植物的形态结构

在前面的章节，我们向大家介绍了地球的形成、生命的起源以及动物王国的更迭。其实，我们现今的地球如此丰富多彩，是离不开植物的。只有当植物从海洋走向陆地，地球才变得郁郁葱葱，一片生机盎然。从本节开始，我将带领大家去探索陆生植物的演化历程，看一个个植物王国的兴衰更替。

为了更好地认识和理解植物化石，在走进波澜壮阔的古植物王国之前，我先给大家介绍一些植物学的基础知识。植物的形态和结构十分复杂，除了一些原始类群之外，植物已经分化出真正的根、茎、叶，以及繁殖器官，如孢子和花粉、花、果实、种子等。对于化石植物来讲，一般很少整株保存，我们从地层中获得的化石，一般是植物体的某一器官，最为常见的是叶片化石。

根是植物的营养器官，一般处于地下部分，它将植物固定在土壤中，从中吸收水分和养分。根部化石最常见于煤层的底板，数量十分庞大，在古环境分析中有独到作用，但鉴定意义不大。

茎是连接根和叶的轴状结构，一般长在地面之上，主要功能是输送水分、有机盐、养料，并起到支撑树冠的作用。按照茎的生活方式，可将植物分为主干显著的乔木，主干不明显而且矮小的灌木，攀附他物的藤本植物，矮小、无木质茎的草本植物，以及寄生在其他植物体上的附生植物。茎的分枝方式又可分为单轴式和二歧式分枝。茎化石中，节蕨类化石以及硅化木化石等有重要的学术价值。

叶是植物制造有机质的营养器官，主要起光合作用和蒸腾作用，还具有一定的吸收作用和繁殖作用。叶通常包括叶柄和叶片，有的还长有托叶。叶柄上只有一枚叶片的为单叶，有多枚小叶片的为复叶。大部分被子植物的叶片为单叶，如常见的杨树、柳树等，也有复叶类型，如刺槐、椿树、核桃等。真蕨类大多数为羽状复叶。叶片是最常见的植物化石保存类型。

我们通常把叶序（叶在枝上的排列方式），叶的形状（包括整体轮廓、顶端、基部、叶缘），以及叶脉特征等作为叶化石的主要分类依据。叶脉实际上是维管束在叶面上的痕迹。叶脉又可细分为单脉、扇状脉、放射脉、平行脉、羽状脉、掌状脉、网状脉等不同类型（Ellis et al.，2009）。叶脉结构比叶形更为稳定，是鉴定植物化石的最重要特征之一。

8.1.2 古植物的分类

在地球的历史中，形形色色的植物体，以不同部位、不同形式保存在地层中。古植物学家为了更好地对这些植物化石进行研究，需要对这些植物化石进行分类和命名。

植物化石按体积大小，一般可分为植物大化石和植物微化石，植物大化石一般肉眼可以直接辨认，如根、茎、叶、果实、种子、花等，植物微化石一般肉眼不能直接辨认，需要借助显微镜手段进行研究，如角质层、孢子和花粉等。

大家知道，现代植物学是按照不同类群的起源和亲缘关系来对植物类群进行分类的，我们将这种分类方法称为自然分类。我们知道，化石的保存通常不完整，植物体的各器官往往分开保存，甚至仅保存某个器官的一部分，这显然给自然分类带来了极大困难。因此，在古植物学中，就产生了仅根据化石的形态特征分类，而不考虑亲缘关系的一种分类方法，即形态分类。这样一来，就会不可避免地出现这样一个问题，那就是经常将同一类型植物的不同器官分别命名，从而将同一植物归属到不同的形态类群。对于化石植物来讲，我们一般采用自然分类和形态分类相辅助的分类方法：一般古老的植物，多采用形态分类；接近现代的植物，多采用自然分类。

植物有低等植物和高等植物之分。低等植物主要包括藻类和地衣类，它们一般没有根、茎、叶的分化。高等植物包括苔藓植物、蕨类植物、裸子植物和被子植物，具有根、茎、叶的分化。依据古植物的演化历史，苔藓植物分为苔纲和藓纲；蕨类植物包括裸蕨纲、石松纲、节蕨纲和真蕨纲；裸子植物有种子蕨纲、苏铁纲、银杏纲、科达纲、松柏纲和买麻藤纲；被子植物包括单子叶纲和双子叶纲（附图 8-1）。

此外，苔藓和蕨类植物的生殖细胞称为孢子，产生孢子的器官称为孢子囊，因此苔藓和蕨类又称孢子植物。裸子植物和被子植物的雄性生殖细胞称为花粉，产生花粉的器官称为花粉囊。裸子植物和被子植物的胚珠经过受精会发育成种子，因此它们又合称为种子植物。果实是果皮和种子的统称，裸子植物的种子裸露在外，而被子植物的种子由果皮包裹。从裸蕨纲（Psilopsida）开始，植物开始出现维管系统，因此蕨类、裸子植物和被子植物也被称为维管植物。此外，通常认为被子植物才具有真正的花，因此被子植物也被称为显花植物。

8.2 远古的丛林世界

植物演化经历了漫长的水生演化过程。经过 30 多亿年的进化，终于在志留纪时期开始占领陆地的征程，并在石炭纪形成了大规模的森林。这些曾经茂盛的森林，形成我们今天宝贵的能源——煤炭，为人类的发展做出了重大贡献。

8.2.1 石炭纪—二叠纪的沼泽丛林

从植物登陆开始，经历上亿年的蹒跚，地球的时轮终于转到了晚古生代的石炭纪—二叠纪。在距今大约 3.6 亿年的石炭纪，全球的气候发生明显的分异，北方大陆温暖而湿润，到处是广袤的湿地与沼泽，空气中弥漫着水汽。此时的陆生植物不再像以前那样单调，蕨类的家族增添了许多新的成员，有节蕨类、石松以及真蕨类；裸子植物的种子蕨繁盛一时。已经绝灭的裸子植物科达类十分高大，与石松类植物的鳞木和封印木竞相争夺高层的"控制权"。芦木占据了丛林的中层，而真蕨和种子蕨是灌木丛中的旺族，挤满了森林中的下层空间（附图 8-2）。

二叠纪的植物界总体上延续了石炭纪的面貌特征。随着板块和古气候的演化，二叠纪全球形成四个著名的植物区系（图 8-1）。安加拉植物群位于亚洲北部，代表北温带季节性植被类型，以石松类稀少，多真蕨类、种子蕨类和大叶科达类为特征，特有植物有安加拉羊齿、安加拉叶、匙羊齿、异脉羊齿等。欧美植物群占据了北美洲和欧洲的大部分地区，以鳞木、芦木、楔叶、种子蕨等植物最为丰富。华夏植物群主要发育在亚洲东部，生长于气候湿热的环境。华夏植物群又称为大羽羊齿植物群，最典型的代表就是种子蕨植物大羽羊齿，这是一种在叶子上长着种子，又具有类似被子植物的复网状脉络特征的植物。当时的气候十分寒冷，植物的种类也相对贫乏，南半球的冈瓦纳植物群典型植物有种子蕨类的舌羊齿、恒河羊齿、匙叶等。

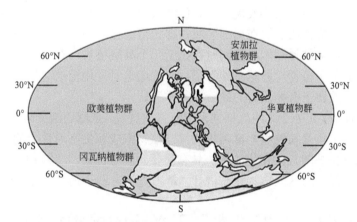

图 8-1　二叠纪全球植物分区（图源：RoRo/Wikimedia Commons）

石炭纪—二叠纪的热带雨林是那么的迷蒙和深邃。透过层层的迷雾，回顾那段物种极其丰富的史前阶段，我们不禁感叹生命的神奇与不可思议。

8.2.2　"植物庞贝城"——古植物群落复原

庞贝（Pompeii）古城始建于公元前 6 世纪，距罗马（Roma）约 240km，西接著名的西西里岛（Sicilia），南通希腊与北非。庞贝古城曾一度商贾云集，繁华奢靡，成为仅次于古罗马的第二大城。然而幸福骄傲的庞贝人没有料到，公元 79 年 8 月 24 日这一天竟然是他们的世界末日！维苏威（Vesuvio）火山突然爆发，通红的岩浆四处流淌飞溅，浓浓的黑烟夹杂着炙热的火山灰铺天而降，空气中弥漫着令人窒息的有毒气体。很快，厚厚的熔岩和火山灰毫不留情地将庞贝城，连同它曾经的奢靡与繁华，一起从地球上"抹"掉了。当考古学家再次找到它们，城中的一切又被"完美"地呈现，被埋葬的人、动物、家具、建筑物等反映了古罗马社会生活的真相，庞贝古城成为世界上一座罕见的天然历史博物馆。

然而在此我们介绍的重点不是古罗马的历史和文化，而是位于我国贺兰山西北角的一座远古森林遗址。大约在 3 亿年前，内蒙古乌达大地上生长着一片生机盎然的原始森林，森林里长满了植物，我们把它们称作乌达植物群（Zhou et al.，2017）。突然间，几十千米外的一座火山爆发了，这是一座"暴脾气"的火山，持续喷发了两天，厚厚的火山灰飘落到这片原本"安静"的森林，所有的植物被瞬间"封印"了起来。这一切的发生与考古学家发现的意大利庞贝古城极其相似，因此这座森林遗址也称作"植物庞贝城"。

乌达植物群保存面积大约为 20km²，最近我国的古植物学者对其中 1000 多平方米的森林面貌进行了三维复原重建（Wang et al.，2012a）。目前世界上有很多远古森林的复原图，但都是"概念性复原"，存在着巨大的时空误差。乌达"植物庞贝城"的实际复原图，在全世界是首例。这个"植物庞贝城"保存的群落结构堪称完美，可鉴定其植物类群组成、树木的密度分布、森林的分层结构等。植物群主要由石松类、节蕨类、瓢叶类、真蕨类、原始松柏类、苏铁类等六大植物类群组成。真蕨类植物构成了森林的主体，高层植被由原始松柏类的科达或石松类的封印木构成，底层植被包括节蕨植物的楔叶和星叶等。石松类是群落中的巨人，它们最高能长到 30m。最粗的树干直径有 1m 左右，但是大部分的树木只有碗口粗细。此外，科学家还发现了一种已经灭绝的孢子植物——瓢叶类拟齿叶的完整树冠标本，这些瓢叶类植物能够在局部区域占据统治地位。还有一个有趣的发现，那就是松柏类的科达与石松类的封印木不能同时存在于一个高层植被，在一些地区，高等的裸子植物反而被低等的孢子植物"赶尽杀绝"了。这难道是对进化论的"颠覆"？抑或是低等的孢子植物对高等的裸子植物发起的最后"反扑"？

三亿年前的地球，正处于冰室气候向温室气候的过渡，全球逐渐变暖。"植物庞贝城"的发现，不仅提供了华夏植物群与欧美植物群在植物组成和生态习性上的显著差异，而且对探索现代与未来植被随气候变化的趋势具有重要的参考价值。"植物庞贝城"所属的气候环境和现在很类似，对这些植物化石进行"解密"将有助于揭开全球变暖之谜。

8.3 依然"人"丁兴旺的蕨类植物

蕨类植物不仅是植物征服陆地的先驱，也是地史时期植物大家族中的佼佼者，它们形态优美，体型矮小或高大，至今依然是植物界中的一道靓丽风景线。

8.3.1 大地的绿色使者——裸蕨

蕨类植物是进化水平最高的孢子植物，具有真正的根茎叶以及维管组织，这是它们与苔藓植物最大的区别。蕨类植物是一个古老的大家族，它们构成石炭纪—二叠纪沼泽丛林的主体，然后继续活跃在恐龙盛行的中生代。即使在被子植物占统治地位的今天，蕨类植物的大家族依然"人"丁兴旺。现存蕨类植物约有 12000 种，广泛分布在世界各地。根据化石的孢子囊等特征，将蕨类植物划分为裸蕨、石松、节蕨和真蕨几大类。

裸蕨是地球的"绿色使者"，它们取代苔藓植物，真正地占领了陆地。裸蕨植物是最古老和最原始的蕨类，始现于距今大约 4.3 亿年的志留纪（Banks，1968）。它们是陆生植物中的矮子，体长一般不到 1m，而且显得有些"营养不良"，茎叶的分化还没那么明显；孢子囊常位于枝的顶端，或者侧生呈穗状。裸蕨植物是"革命的勇士"，它们不同于苔藓植物的"浅尝即止，欲语还休"，而是"昂首挺胸，义无反顾"地挺向大地。在泥盆纪的晚期，裸蕨植物完成了征服陆地的伟大使命，却又甘愿将所有的功劳"拱手让人"，并消失于历史的舞台。

裸蕨植物有两大代表，莱尼蕨亚纲和工蕨亚纲。莱尼蕨亚纲的库克森蕨（图 8-2）是已知最早的裸蕨植物，早期维管植物的代表分子之一，整体尚不明确，茎纤细。另一个著名代表是莱尼蕨，最早发现于苏格兰早泥盆世的燧石层中，结构简单，高约 18cm，根叶尚未分化，枝轴纤细，二歧式分叉，孢子囊圆球形或肾形，生于小枝的顶端（Kidston and Lang，1917）。

工蕨体型矮小，高 20～30cm，簇状丛生，基部分叉多，形成 H 形（即工字形）或 K 形的特殊分枝，组成盘根错节的拟根状茎，具假根，地上部分为不分叉或二歧式分叉的直立茎，宽 1～2mm，表面光滑，无叶。孢子囊球具短柄，侧生于枝轴的顶端，聚成穗状。分布于欧亚大陆、澳大利亚以及中国西南地区的早泥盆世地层（图 8-3）（Wang et al.，2018）。

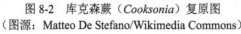

图 8-2 库克森蕨（*Cooksonia*）复原图　　图 8-3 中国工蕨（*Zosterophyllum sinense*）复原图
（图源：Matteo De Stefano/Wikimedia Commons）　　（图源：Matteo De Stefano/Wikimedia Commons）

裸蕨植物的出现，是生物进化史上的重要转折点，完成了生物从水域到陆地的飞跃。同时，陆地环境的多样性，也促进了裸蕨植物的进一步分化，加快了早期维管植物的演变。

8.3.2 齐头并进的石松和节蕨

石松和节蕨是古生代的重要造煤植物，它们在地史时期齐头并进，平行演化，最早出现在早泥盆世，晚泥盆世—二叠纪最为繁盛，分布遍及全球，常形成沼泽丛林，有乔木、草本、小型藤本各种类型。中生代以后的类型均为草本。石松类现存 5 属，其中以石松和卷柏最常见；节蕨植物仅存木贼一属。

石松植物的茎二歧式分叉；单叶，小型叶，螺旋状或直行排列，单脉；孢子叶常聚成孢子叶穗，位于枝顶或主枝基部。大部分石松植物叶的基部膨大，脱落后在茎枝的表面留下叶座。叶座印痕是石松类化石最常见的类型（图 8-4）。鳞木目是石松植物中的高大乔木，

图 8-4　鳞木（*Lepidodendron aculeatum*）叶座印痕
化石（图源：Fiona O'Brien/GBIF）[①]

常见的有鳞木、华夏木、封印木等，这些高大的石松植物，占据了石炭纪—二叠纪沼泽丛林中的上层植被，而其他的石松类通常为草本或小乔木。

节蕨植物的茎为单轴式分枝，明显地分为节和节间，枝、叶均轮生于节部。孢子囊着生于孢囊柄上，孢囊柄聚集于茎尖，组成孢子叶穗。节蕨植物包括歧叶目、羽歧叶目、楔叶目和木贼目，前三个目已绝灭。木贼目种类最多，主要的化石代表有芦木、瓣轮叶、

似木贼、新芦木等。芦木和新芦木一般指茎干的髓模化石，或植物体的总称。轮叶是芦木类的枝叶化石，叶片轮生，在一个平面上呈辐射状直伸排列，每轮叶 6～40 枚，几乎等大，相互分离。瓣轮叶是华夏植物群特有的芦木类枝叶化石，叶的着生方式与轮叶相似，但叶片长短差别大，多向外向上弯曲，形成显著的两瓣，具明显的上、下叶缺，近叶缺处的叶最短（附图 8-3）。此外，芦木这个节蕨中的乔木类型，也是石炭纪—二叠纪沼泽丛林中的重要成员。

8.3.3　真蕨类的盛世王国

真蕨类最早出现在中泥盆世，石炭纪开始繁盛，与石松和节蕨共为当时的主要聚煤植物。中生代是真蕨类又一繁盛时期，出现了很多新种类，并延续至今。现代真蕨类有 1 万多种，我国有近 2000 种，仅在西南地区就有 1500 种以上。

真蕨类最突出的特征是具有大型羽状复叶，孢子囊不聚成穗状，而是单个或成群着生于叶的下表面（背面或远轴面）。茎通常不发育，多为根状茎，但在热带雨林中也有高达数十米的树蕨。根据孢子囊的相关特征，真蕨类化石包括原始蕨目、厚囊蕨目和薄囊蕨目 3 类。原始蕨目主要为已灭绝的原始真蕨类，一般属于裸蕨与真蕨植物之间的过渡类型。厚囊蕨目，顾名思义，孢子囊壁厚，由多层细胞构成，孢子囊无环带构造。薄囊蕨目的孢子囊由一层细胞构成，孢子囊都具环带。

在石炭纪—二叠纪的沼泽丛林，起步较早的石松、芦木等植物早已确立了霸主地位，生存能力较强的裸子植物科达类后来居上，把控着相对较高的地带，因此真蕨类的生存空间十分有限。尽管在二叠纪之后，真蕨类的发展有了一定的起色，但随后全球气候变得干冷，性喜潮湿的真蕨植物只能艰苦求存，仅有少数成员逃过一劫。

持续 3000 万年的干旱终于迎来了转机，雨水开始丰沛起来，真蕨植物以开拓者的身份在潮湿的地区繁衍生息，终于在晚三叠世开创了真蕨植物王国的盛世。然而，这段盛世也不是一帆风顺，伴随中生代的环境变迁，真蕨王国几经兴衰。总体上，中生代真蕨植物经历了晚三叠世、中侏罗世早期和早白垩世三个昌盛阶段。

晚三叠世以厚囊蕨目和薄囊蕨目共存共荣为特征。其中厚囊蕨目以观音座莲科和合囊

[①] 全球生物多样性信息网络平台（Global Biodiversity Information Facility）。

蕨科为代表。观音座莲科是大型的真蕨类，高达数米，以其观音菩萨莲花宝座一般的肉质根状茎而得名。合囊蕨科与观音座莲科相似，也是一类大型真蕨类。薄囊蕨目的发展是另一个特色，最具代表的有紫萁科和双扇蕨科，前者主要生活在温带，后者是热带和亚热带的常见分子。双扇蕨科是一类体态优雅的植物，尤其是幼年的叶片，两叶对开，像两把展开的小扇。其中的一些化石成员，如荷叶蕨，构成了晚三叠世植物王国里的一道亮丽的风景线。

图 8-5 甘肃侏罗纪锥叶蕨（*Coniopteris*）复叶化石（图为作者在野外拍摄）

侏罗纪早期，是以古薄囊蕨为主导的阶段。紫萁科和双扇蕨科植物续写着往日的辉煌，辽西中侏罗世地层中的一块紫萁科的茎干，直径 5～10cm，可推断这种树状蕨至少高5m。蚌壳蕨科的出现和繁盛是侏罗纪真蕨王国引人注目的大事件。蚌壳蕨科植物也是树蕨，它们形态高大、姿态优美，锥叶蕨就是其中最常见的化石类型（图 8-5）。

早白垩世薄囊蕨目得到了空前发展，涌现出很多"新新蕨类"，真蕨的王国展现出一个异彩纷呈的世界。随着白垩纪末那场惊世灾难，中生代植物群遭到重创，裸子植物的时代终结，被子植物来临。真蕨植物也没能摆脱衰落的厄运，曾经的"盛世"一去不返。然而，真蕨植物仍以坚忍的毅力和灵活的适应力，挺过了最艰难的时期，以更加昂扬的姿态迎接新生代的到来，成为现今湿热植被中的重要成分。

8.4 兴盛的裸子植物家族

以种子繁殖为特征的裸子植物以巨大的优势取代蕨类植物成为中生代植物群中的王者。尽管现今裸子植物从物种数量上已不占优势，但裸子植物依然构成温带和寒带森林的主体。

8.4.1 前裸子植物的艰难尝试

裸子植物是介于蕨类和被子植物之间的一类维管植物，相对于孢子植物，它能产生种子，而相对于被子植物，它的种子又裸露在外，没有果皮包被。裸子植物起源于泥盆纪，经历了古生代的演化，在中生代达到了极致，因此中生代又被称作"裸子植物的时代"。但是，这一切都毁在了白垩纪末的那场大灾难，裸子植物的王国从此风光不再。然而裸子植物又十分坚韧，它们不向命运低头，依然坚守着最后的阵地，尤其在高纬度和高海拔的温凉至寒冷的地区，到处是它们伟岸的身影。

曾在中生代繁盛一时的裸子植物大家族，大多数倒在了地球历史的巨轮之下，现在仅存 1000 余种。但就是这为数不多的裸子植物（主要是松柏类），它们组成的针叶林和针阔

图 8-6　古羊齿（*Archaeopteris*）复原图（图源：Matteo De Stefano/Wikipedia Commons）

混交林，却占到全球森林面积的 80%。根据化石演化历史，裸子植物主要包括种子蕨、苏铁、科达、松柏和银杏。

在裸子植物出现之前，还有这样一类植物，它们仅出现在泥盆纪—早石炭世，介于蕨类植物与裸子植物之间：茎干的解剖特征明显属于裸子植物，而繁殖又和蕨类植物一样，靠的是孢子。一些古植物学者认为，它们是蕨类植物到裸子植物的过渡类型，也有的学者坚持它们是裸子植物的祖先，而应置于裸子植物之中。我们将这类植物称为前裸子植物。

古羊齿是泥盆纪中晚期盛行的一类前裸子植物，广泛分布于南北半球（图 8-6）（Wan et al.，2019）。古羊齿是一种塔形乔木，高 20m 以上，直径可达 1.5m。茎干上部多次单轴式分枝，组成巨大的树冠。古羊齿的木质部具有裸子植物的木材解剖特征，和松柏类十分相似；同时具有蕨类植物的生殖器官——孢子囊。古羊齿具有和现代乔木相似的次生结构，因此是第一种真正意义的现代树木。

另一类可能的前裸子植物是瓢叶目。瓢叶目植物的枝条为羽叶状，叶为瓢状或卵形，呈两行或四行斜生于枝上，具二歧分叉的放射脉或平行脉，孢子叶穗为长穗状。瓢叶目是晚古生代华夏植物群和欧美植物群中的重要植物，但由于整体形态结构尚不明确，解剖信息也十分匮乏，因此其系统位置一直不能确定。目前多数学者支持瓢叶目可能属于前裸子植物的观点。

8.4.2　像蕨的裸子植物——种子蕨

种子蕨属于古老的裸子植物，但它们的外表却和蕨类植物难以区分，同样具有大型羽状复叶。我们之所以将其归于裸子植物，是因为在这类植物的生殖叶上，长有种子，种子蕨也由此而得名。种子蕨的个体十分矮小，有小乔木或灌木，也有部分藤本类型。

种子蕨的种子着生方式十分有意思，有的着生在羽片的末端，有的沿中脉排列，有的长在侧脉顶端，有的长在羽轴或小羽片的基部。种子可以长在小羽片的上面，也可以长在下面，这一点和蕨类植物的孢子囊完全不同，蕨类孢子囊全部位于小羽片的下表面。还有一种壳斗式的种子着生方式，更是引人瞩目。

种子蕨具有和真蕨相似的叶形，统称为蕨形叶（图 8-7）。由于化石的保存往往缺乏生殖器官，所以通常使用形态分类，即不考虑亲缘关系，仅根据形态特征进行分类。常见的蕨形叶类型有：楔羊齿型（小羽片边缘分裂，基部收缩，纤细羽状脉）、扇羊齿型（小羽片菱形或楔形，扇状脉）、栉羊齿型（小羽片椭圆形，基部全部依附于轴上，羽状脉）、脉羊齿型（小羽片基部收缩成心形，以一点着生于轴上）、带羊齿型（叶带状，单叶，侧脉与中脉夹角大）、座延羊齿型（小羽片基部下延，具邻脉）等。

有一类比较著名的种子蕨是舌羊齿。舌羊齿广泛报道于印度、澳大利亚、南美洲、非洲南部以及南极洲等地的二叠纪—三叠纪地层。这种生活在 2.3 亿年前的植物，曾被魏格纳作为大陆漂移的重要证据。舌羊齿主茎粗壮，高可达 4m，具有大的单叶，因叶形似羊舌状而得名。

种子蕨最早出现在晚泥盆世，石炭纪—早二叠世极为繁盛，晚二叠世开始衰退，只有少数种类延续到中生代之后。尽管种子蕨在经历过石炭纪—二叠纪的繁盛之后，很快走向了衰退，并灭绝于白垩纪，但它在从蕨类向裸子植物的进化过程中，起到了承前启后的作用，并成为很多现代裸子植物的起点。

图 8-7 种子蕨的蕨形叶

左图为座延羊齿（Alethopteris）（图源：Fernando Losada Rodríguez/Wikipedia Commons）；右图为舌羊齿（Glossopteris）（图源：Schwarz, Ernest Hubert Lewis/Wikipedia Commons）

8.4.3 "千年铁树能开花"的苏铁——现存最古老的裸子植物

苏铁，俗称铁树，因其生长缓慢，开"花"极为少见，故有"千年铁树能开花"的说法，寓意吉兆和祥瑞。其实，苏铁的"花"并不是真正意义上的花，准确地说是苏铁的生殖器官，或称为孢子叶球。

现生苏铁类仅有 300 余种，常绿木本植物，茎粗壮，通常不分枝，主要分布于东亚、澳大利亚、美洲地峡以及南非等地的热带和亚热带地区，因其树形古雅，极具观赏价值。苏铁是一类古老的裸子植物，化石记录可追溯到 2.8 亿年前的早二叠世，甚至更早的晚石炭世。化石苏铁通常为细茎类型，很少分枝或不分枝，坚硬革质的一次羽状复叶，或单叶丛生在茎的顶端。

苏铁化石包括苏铁目和本内苏铁目两大类。苏铁目孢子叶球单性，叶形与蕨类相似，大型羽状复叶，多具平行脉或放射脉，代表化石有尼尔桑（图 8-8），羽叶披针形或线形，全缘或呈裂片，是中生代地层的常见分子。本内苏铁目雌雄同株，孢子叶球两性，具有与

图 8-8 尼尔桑（*Nilssonia*）化石（左）（图源：Jessica Utrup/GBIF）和侧羽叶（*Pterophyllum*）（右）化石（图源：GBIF）

被子植物相近的两性"花",分布于二叠纪——白垩纪地层。中生代常见化石有侧羽叶,单羽状,裂片基部全部附着于羽轴的两侧,线形或舌形,具平行脉。

最近,我国学者报道了 1.9 亿年前侏罗纪早期的一朵本内苏铁"花",这是迄今为止发现的最早的本内苏铁的孢子叶球化石。这朵曾被恐龙欣赏过的"花",尽管并非真花,但它对研究苏铁类的演化,乃至被子植物的起源都具有重要的科学价值。

苏铁一直被看作与恐龙同期的"活化石"。然而最近一项发表在《科学》杂志上的研究,依据现生苏铁植物的 DNA 样本以及化石证据,认为苏铁并不是恐龙时代的"前朝遗老",不能承当"活化石"的美誉(Renner,2011)。尽管苏铁本身的谱系很古老,但它的现生种类仅仅是最近 1200 万年的产物。当然,现存的苏铁植物与中生代繁盛的苏铁类到底关系如何,还需要更多的证据去证实,尤其是化石方面的证据。

从中生代的与"龙"共舞,建立强大的"苏铁时代",到现今的夹缝求存,在植被中处于很次要的地位,可以说苏铁植物"集荣辱于一身"。然而相对于庞大的"恐龙帝国"的轰然崩塌,苏铁植物又是无比幸运的了。纵观生物的演化历史,我们可以从中明白一个道理,那就是物极必反,盛极必衰。

8.4.4　绝灭的科达和顽强的松柏

科达类植物属于高乔木,茎干一般不超过 1m,上部具很多分枝,组成庞大的树冠。单

图 8-9　科达类(Cordaitopsids)植物化石
(图源:Ghedo/Wikipedia Commons)

叶,螺旋状着生,带状或舌状,无柄,具平行脉;叶大小不一,长者可达 1m,短者仅几厘米(图 8-9)。生殖器官为单性孢子叶球。科达类植物始现于晚泥盆世,在石炭纪—二叠纪极为繁盛,遍及世界各地,三叠纪之后绝灭。

松柏类是现存最盛行的裸子植物,有 600 余种,除了少数灌木外,绝大多数为常绿乔木,单轴式分枝,树冠高大,如北美洲的巨杉,高达 110m,胸径可达 10m,是所有树木中最高大的一种,俗称"世界爷"。

中生代是松柏类最为繁盛的时期。苏铁杉是一种绝灭的松柏类,生活于晚三叠世—早白垩世(图 8-10)。枝轴细,叶椭圆形、披针形或长线形,基部收缩,稀螺旋状着生于枝上,

呈假两列状。与现生南洋杉科贝壳杉属或者罗汉松科竹柏属形态相似。长期以来,苏铁杉属的系统分类位置、属性和时空分布等一直困扰着古植物学者。最近有学者对苏铁杉属的多样性起源和辐射演化进行了研究,全面揭示了苏铁杉属在中生代的发展崛起和消亡过程,并认为白垩纪中期被子植物的快速发展,可能是苏铁杉灭绝的重要原因(Pole et al.,2016)。

柏型枝常见于早白垩世地层,属于柏科型枝叶化石。枞型枝是营养枝叶化石,叶螺旋状或假两列状排列,形态和杉科植物比较接近。

松柏类最早出现于晚石炭世,在中生代全面繁盛。尽管新生代之后松柏类的霸主地位被

被子植物所取代，种类也变得十分单调，但它们
依然成为现今森林中的重要成员，占据了全球大
片森林，在生态系统中发挥着重要的作用。

松柏极具顽强精神，它们不畏寒暑，屹立
于山冈石缝，四季葱茏；它们不惧风吹雨打，
永不凋零，任它霜欺雪压，从不折腰。松柏是
生命的崇高体现，是毅力和意志完美的象征。
我国人民自古以来就对松柏有特殊的喜爱，艰
难时它让我们顽强，顺利时它使我们放松；松
柏又象征着长寿，唐代大诗人白居易有"松柏
与龟鹤，其寿皆千年"的诗句。

8.4.5 "一枝独秀"的银杏

银杏果实俗称白果，因此银杏又名白果树，
也有人把它称作"公孙树"，因其"公种而孙
得食"得名。银杏是一类独特植物的仅存代表，
现在仅有一种，但它却代表了一个属、一个科、

图 8-10 内蒙古早白垩世苏铁杉
(*Podozamites*) 化石（图为作者在野外拍摄）

一个目和一个纲。谁又能想象得到，这个"孑然一身，一枝独秀"的银杏树，在遥远的中
生代，也曾经拥有一个繁荣兴旺的大家族。

银杏是恐龙时代的遗物，是现今生存在地球上的最古老的树种，是典型的活化石。银
杏的远祖可追溯到 3.6 亿年前的前裸子植物。目前公认的银杏化石（毛状叶）出现于距今
2.7 亿年前的早二叠世。在二叠纪末的大灾难中银杏类群几近灭绝，晚三叠世之后得到快速
发展，终于在侏罗纪和早白垩世建立了鼎盛的银杏家族。银杏的直接先祖就出现在中生代
的早期阶段，如 1.7 亿年前的银杏属叶片和果实化石，以及最近报道的 1.6 亿年前的银杏木
化石（Jiang et al.，2016）。除了银杏的近亲，还出现了许多远亲和旁支，构成了中生代庞
大的银杏类植物大家族。目前，多数学者赞同将银杏纲分为茨康目和银杏目两个目，也有
的学者建议将茨康类植物单独成纲。

银杏目的叶片一般具长柄，扇形或楔形，具扇状平行脉。常见化石有银杏属、似银杏
属、拜拉属和楔拜拉属等。对于银杏属的演化，古植物学家认为它们总体上朝着退缩趋势
发展。早白垩世之前的银杏叶片通常分裂较深，分为许多的裂片，生殖器官都具有珠柄和
多个种子，而现在的银杏叶片浅裂或不分裂，不具珠柄且通常只有一个种子。我国早白垩
世地层发现的无柄银杏，为这个"缺失的链环"提供了宝贵的信息。无柄银杏叶形态和种
子数目保存了古老银杏的特征，但繁殖器官的形态却和白垩纪以后的银杏更为接近，代表
了侏罗纪银杏向现代银杏关键演化期的"过渡类型"（图 8-11）（Zhou and Zheng，2003）。

茨康目与银杏目形态近似，常常伴生产出，因此长期以来将茨康目置于银杏目之下，
现在一般认为茨康目与银杏目是平行演化的关系，都归于银杏纲。茨康目叶片不具叶柄，
多枚叶片簇生在鳞片状的短枝之上。常见的化石有茨康叶和拟刺葵，茨康叶每个叶片通常
二歧式分裂 1～5 次，而拟刺葵的叶片不分裂（附图 8-4）。

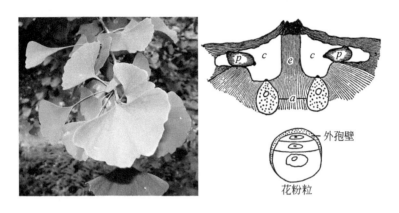

图 8-11　银杏叶片（左）与胚珠绘图（右）（图源：David J. Stang，After Hirase/Wikimedia Commons）

　　银杏作为一种与恐龙同时代的"活化石"，它的直系亲属至少在地球上存在 1.7 亿年之久，或许恐龙和古老的鸟类，早就开始享用银杏白果这道美食。新生代以来，银杏植物和其他裸子植物一样，几乎经历了灭顶之灾，现存的野生银杏仅在浙江天目山有发现。人类很久之前就与银杏结下了深厚的缘分，现如今，在全球的很多地区，银杏被广泛栽培，作为庭前院后、行道两侧的观赏树种。

　　银杏是植物界的一朵奇葩，是自然界留给我们的宝贵财富。人类与银杏的不解之缘必将延续下去，兴许，银杏树还有更多"不为人知"的神妙内涵，等着我们去探索、去追寻。

8.5　花的使者——被子植物

　　被子植物的起源与发展是地质历史时期的一个重大事件，它的出现迅速取代了裸子植物而在植物界占据绝对统治地位，如今其种类繁多，分布广泛，能适应各种环境。然而对被子植物的起源和早期演化目前仍有很多疑问，人们关于被子植物的起源提出了许多假说。

8.5.1　走进被子植物的世界

　　目前，人们都知道我们生活在被子植物的世界之中。被子植物的主要特征，是具有真正的花，典型被子植物的花具有复杂的结构（附图 8-5）。被子植物花的各部分在进化过程中能够适应虫媒、风媒、鸟媒、兽媒或水媒等各种传粉方式，从而使被子植物能适应各种不同的环境。被子植物的花具双受精现象，两个精子由花粉管进入胚囊后，一个与卵细胞结合形成合子，发育为二倍体的胚，另一个与两个极核结合形成 3n（3 倍体）的胚乳，这种具有双亲特性的胚乳，使新植物体具有更强的生活力。

　　雌蕊由心皮组成，包括柱头、花柱和子房三部分。胚珠包藏在子房内，得到子房保护，避免了昆虫咬噬和水分丧失。子房受精后发育为果实，具有不同的色、香、味和多种开裂方式；果实上常具有各种钩、刺、翅、毛，这些特点对于保护种子成熟和传播起重要作用。

　　被子植物的分类原则，主要依据植物各器官的形态学特征（根、茎、叶、花、果实、种子及其附属物）作为分类标准，特别是生殖器官的形态结构已成为植物分类学上的重要依据。

被子植物因胚珠包在子房内，胚株发育成的种子由果皮包被。按种子的子叶结构和其他特征分为单子叶和双子叶植物两类。

双子叶的种子有两瓣子叶，成长后的叶子具有网状叶脉，花为 4～5 瓣或多瓣（4～5 的倍数），此类植物为较原始的类型但丰富多彩，包括木质发达和木质不发达的（或草本）类型，所有的开花乔木和灌木，如苹果、桃、樱桃、栎、栗、胡桃、榆，以及草莓、豆类、萝卜等。

单子叶的种子为单瓣子叶，成长后的叶子为平行叶脉，花为 3 瓣或 3 倍数的多瓣。此类植物大概是从古老的双子叶植物演化而来，有许多重要的经济作物，如小麦、玉米、黑麦、稻、燕麦、大麦、竹子、甘蔗等，以及棕榈、百合、鸢尾类、菠萝、香蕉等，除少数类群如棕榈和竹子外，单子叶植物大都是木质不发达的草本植物。

8.5.2　被子植物的起源

在被子植物中，无论是双子叶植物，还是单子叶植物，它们都是有着独特而又美丽的花。那么世界上最早的花是什么样的，它们最早绽放在地球的哪一个角落？早在一百多年前，这个问题就一直萦绕在英国著名生物学家达尔文的心头。这位伟大的《物种起源》作者发现，在距今约 6600 万年至 1 亿年的白垩纪中晚期，地球上就已经繁花盛开，植物发展史上最晚出现的被子植物生机盎然（图 8-12）。而在白垩纪早期及此之前的侏罗纪地层里，却只发现了裸子植物和蕨类植物。这些繁殖器官比较简单的植物，是怎样进化到复杂的被子植物的？大约完成于什么年代？被子植物的祖先类群是哪一类裸子植物？

图 8-12　白垩纪被子植物柳叶甘肃果及其复原图（Du et al.，2021）

1879 年达尔文在给植物学家胡克（Joseph Dalton Hooker）的信里谈及约翰（John）（1818～1889 年）的一篇论文，并谈到这个"讨厌之谜"（abominable mystery）。达尔文所说的这个"谜"是古植物学中的一个重大科学问题：地球上的早期被子植物是如何起源和快速分异的？

解决这个谜的关键在于两个方面的研究：一是被子植物的原始式样；二是被子植物的祖先式样。为了解决这个科学难题，长期以来，植物学家围绕这两个问题做了大量的工作。

论及被子植物的起源主要涉及三个问题：祖先、时间和地点。对于这些问题，不同的植物学家仍然存在着较大的分歧。

20世纪末，关于被子植物花器官的起源比较有影响而且争论较多的几个学说都认为被子植物和买麻藤类（Gnetales）之间有着密切的关系。虽然被子植物具体来源哪一类群以及现存最原始的被子植物到底为哪一类群目前还不能确定，但是下面几点结论还是清楚的。

第一，被子植物无疑来源于裸子植物中的某一种子蕨群，这群种子蕨叶面近轴侧着生胚珠，开通类和本内苏铁类都不太可能是被子植物的祖先类群，二者都比较特化。

第二，买麻藤类与被子植物之间不存在什么直接的姊妹群关系，而与裸子植物松杉类关系密切。

第三，花是一个缩短变态的枝条，是单轴性构造，心皮、雄蕊、花瓣和花萼均为叶性器官，这与真花学说相近，但是真花学说关于被子植物和买麻藤类、本内苏铁类的密切关系应该摒弃。

第四，花被片的起源可能要晚于雄蕊和心皮，甚至可能是心皮和雄蕊向顶部聚合过程中由其基部的营养叶转变形成，而花瓣则可能来源于花萼，也可能来源于退化雄蕊。

第五，心皮起源是被子植物花器官起源最关键的一个环节。

通过对56个种子植物不同演化水平的重要科属地理分布的研究，科学家提出被子植物的起源时间很可能要追溯到早侏罗世，甚至晚三叠世，而不是现知的被子植物的大化石出现于早白垩世或古孢粉出现于晚侏罗世。

20世纪50年代以来，多数植物学家一直认为被子植物起源于低纬度的热带地区。俄罗斯植物学家塔赫他间（A. Takhtajan）指出被子植物的起源地是东南亚至西南太平洋的斐济群岛（Fiji Islands）；美国孢粉学家布雷姆纳（Bremner）认为是冈瓦纳东北部（包括以色列等）是被子植物的起源地。不过，也有些古植物学家认为被子植物有多个起源中心。然而，近年来在中国东北地区侏罗系上部和白垩系，蒙古国下白垩统，俄罗斯贝加尔湖（Lake Baikal）地区下白垩统发现了大量被子植物化石，因此现今处于较高纬度的东亚地区也被认为可能是被子植物的起源地，或者至少是起源地之一。

8.5.3 起源的假说

关于现生被子植物的原始类群及其祖先的探讨，从时间上可以划分为以下几个主要阶段：20世纪90年代中期之前的"假花学说"与"真花学说"之争阶段。20世纪90年代中期之前，被子植物起源问题的争论主要体现在这两种观点的对立上，20世纪90年代之后则又出现了其他的不同观点。

1. 假花学说

假花学说认为，被子植物的花是从单性的裸子植物的繁殖器官演化而来的，因此现生被子植物中具小型的、简单的、单性的风媒花的类群，即柔荑花序类，是原始类群。该学说认为被子植物来源于裸子植物的买麻藤类（附图 8-6），被子植物的花是由类似于买麻藤类的复轴性球花衍生的，而不是起源于本内苏铁类的"花球"，原始被子植物的花是单性的，其花被片与买麻藤类球花中的苞片同源。

2. 真花学说

真花学说认为，被子植物的花为单轴性构造，可能来源于与已绝灭的本内苏铁类植物相似的生殖构造。本内苏铁类的两性孢子叶球由多轮螺旋状排列的苞片、小孢子叶和大孢子叶组成，这种排列式样与被子植物花器官中各分子的排列式样相似。毛茛目的花可能起源于类似的孢子叶球，其苞片转变为被子植物的花被片，小孢子叶形成雄蕊，大孢子叶变成心皮。

除了上述两个主要的假说之外，还包括其他一些观点，如"新假花学说"、"变态枝条学说"、"顶枝学说"、"生殖叶学说"、"生花植物学说"、"舌羊齿学说"和"古草本学说"和 ANITA[①]学说。

总之，被子植物的起源与演化是影响到整个地球生命的重大事件，哺乳类和昆虫类都伴随着被子植物的兴盛而繁荣。应当认为，过去对被子植物起源和早期演化的理解主要受到三个方面的限制：①化石证据的贫乏；②现存被子植物各类群之间不确定的系统发育关系；③被子植物与裸子植物之间存在明显的形态间断。

达尔文的"讨厌之谜"还在不断的研究过程当中，也不断有新的证据修正人们对被子植物起源和早期演化的认知。2021 年，我国内蒙古东部的霍林河盆地发现了一个早白垩世硅化植物群。在该植物群中有一种新的绝灭种子植物，其包裹种子的弯曲托斗类似被子植物原始类群倒生胚珠的外珠被。谱系发育分析显示内蒙古具托斗植物和具有相似弯曲托斗的绝灭种子植物是被子植物的近亲。这一大类被子植物近亲类群可追溯至晚二叠世，表明被子植物的祖先类群在距今约 2.6 亿年就已经出现，这项研究为理解白垩纪之前被子植物和花的起源和演化提供了关键证据（Shi et al.，2021）。随着化石证据的不断发现和科学技术水平的不断提高，这个困扰着达尔文的问题正在缓缓地向着我们揭开它神秘的面纱。

8.6 岩石中的被子植物

从化石的定义中我们不难看出，在中生代起源，于新生代繁盛的被子植物也能保存成为化石，人们也可以从岩石看到它们原来的样子，这些植物以叶片、茎秆、种子的形式保存下来，下面以中国的被子植物研究为例，看看被子植物化石是怎样的。

8.6.1 追溯世界上最早的花

寻找最早的花朵，已成为国际古植物学研究的前沿课题和热点之一，随着化石材料的新发现，恐龙时代花朵的庐山真面目一定会逐渐显露出来，而我国现在已经成为寻找地球上最早的花的理想地区。接下来我们就目睹一下我国几朵化石花的芳容。

---

① 基部被子植物，也被称为演化支 ANITA，ANITA 来源于其五个分支：无油樟目（Amborellales）、睡莲目（Nymphaeales）、八角茴香目（Illiciales）、苞被木科（Trimeniaceae）以及木兰藤目（Austrobaileyales）。

图 8-13 辽宁古果（*Archaefructus liaoningensis*）
复原图（孙革等，2012）

1. 辽宁古果

1998 年 11 月，美国《科学》杂志以封面文章发表了中国学者的文章，描述了辽宁古果化石，引起国际古生物学界的广泛关注和热烈反响（Sun et al.，1998）。辽宁古果（图 8-13）是由一个伸长的生殖主轴和侧轴组成的化石植物。该植物具有胚珠被心皮包藏这一被子植物最主要的特征。这件被誉为"第一朵花"桂冠的早期被子植物化石以它的平实和美丽吸引了观众，人们渴望更多地了解开放在恐龙时代的花朵的芳容。这果枝乍一看，有点像现今木兰类的花，只是菁葖果（心皮）排列较疏松。

2. 中华古果

中华古果产于辽西（Sun et al.，2002），经科学家研究，发现其基本特征与辽宁古果相似，只是其茎枝较后者的更为纤弱，叶子更细且裂得更深，叶柄基部多膨突，果（心皮）更狭长且排列密集，每枚果（心皮）所包藏的种子（胚珠）数目更多（达 8～12 粒），成对着生的雄蕊相对也更细长。由于中华古果含生殖部分和营养部分的植株保存较完整，其水生草本特征显示得更加明显。

3. 里海果

里海果是一种现已灭绝的早期被子植物的果序化石，是亚洲早期被子植物的重要分类群之一，最初发现于哈萨克斯坦西部的卡拉契山区（Krassilov et al.，1983）。该分类群在我国及我国辽西和内蒙古东部地区义县组的存在，尚属首次确定。科学家通过近 7 年合作研究，发现了该属化石较完整的植株，包括根、茎、叶及其顶生果实等，研究标本达 20 余件。他们详细比较了保存在俄罗斯的里海果化石的正模和副模标本，深入报道了这一早期有花植物的总体特征及其水生特征等，综合了以往在我国发现和报道的"十字中华果"，并将其命名为"十字里海果"（Dilcher et al.，2007）。

4. 李氏果

在我国辽宁早白垩世地层中首次发现迄今最早的真双子叶被子植物大化石——李氏果，时代距今约 1.24 亿年。这一古老的真双子叶植物非常接近现生的毛茛科，是我国乃至全球迄今最早的与现生被子植物有直接系统演化联系的被子植物化石。这一成果在英国《自然》杂志以封面文章发表。李氏果化石保存完好，其簇生的单叶呈三裂状、基部中脉为复出掌状脉，二级脉羽状，扁平的花托顶生在伸长的花梗上，其上着生五枚狭长形的假合生心皮（果），上述形态特征与现生的毛茛科植物基本一致。因此也被誉为我国迄今已知最早的"第四朵花"。

5. 中华星学花

中国学者报道了中华星学花，再一次把被子植物的历史追溯到侏罗纪（Wang and Wang，2010）。通过光学显微镜和电子显微镜观察发现，该化石是一个由二十几个类似雌蕊的结构共同组成的花序，每一个类似雌蕊的结构长在螺旋着生于花序轴上的苞片的"腋部"。每一个类似雌蕊的结构由底部近球形的胚珠包容体和顶部的一个花柱组成。胚珠包容体与现代被子植物中的子房相当，内有一个纵立的柱状结构，其上长有螺旋排列的多枚胚珠。研究者认为，这种结构更加近似于某些被子植物，中华星学花对于胚珠的保护程度已经超出任何已知的裸子植物。

6. 潘氏真花

潘氏真花（*Euanthus panii*）是在中国辽西中侏罗世地层中发现的，它具有花萼、花瓣、雄蕊和雌蕊，以及雄蕊中的原位花粉、子房中的胚珠和底部中空的花柱道（Liu and Wang，2016a）。此前发表过的所有早期被子植物还没有一个具有所有花的四轮器官，因此很多对花情有独钟的公众很难理解那些没有美丽花瓣的化石会被称为"花"。四轮花器官的出现使潘氏真花成为当之无愧的侏罗纪被子植物，也使得被子植物花朵的历史从此前人们认识到的早白垩世至少提前到了中晚侏罗世，因此，潘氏真花的发现在某种程度上对被子植物的起源研究具重要的科学意义。

8.6.2 岩石中的被子植物叶片

植物遗体在沉积物中被压实而呈扁实状态，随着细胞的压扁，内部的结构随之消失，常常留下一层与植物残骸原形一致的碳质薄膜，这种化石类型称为压型化石，是最常见的植物化石类型之一。在压型化石上植物叶片表皮层、气孔等的细胞形态均可完好保存。同样，被子植物中也存在这种实体化石类型。科学家也可以对这种化石的研究来揭示被子植物叶片中保存的秘密。

1. 杨柳科中的山杨化石叶片

兰州大学的古生物研究小组，在兰州盆地古近纪渐新世发现一被子植物压型化石群，其中的山杨（*Populus davidiana*）叶片化石见图 8-14。该研究同时比较了不同生境下（湿润、半湿润、半干旱至干旱气候区）现生山杨的表皮构造（孙柏年等，2004）。实验表明，随着植物分布区纬度逐渐增高，气候从湿润到干旱、年降水量从大到小、年均温度从高到低变化，成熟的山杨叶片明显表现出外形由大到小逐渐减缩、角质层由很薄到较厚、表皮细胞垂周壁从模糊到清晰的特点。化石山杨与处于温带半干旱—干旱气候区的山丹标本相差较远，而与温带半湿润区的武山标本最接近，反映当时植物可能生长于半湿润的气候环境，与化石现今采集地点的半干旱气候存在明显的差异。

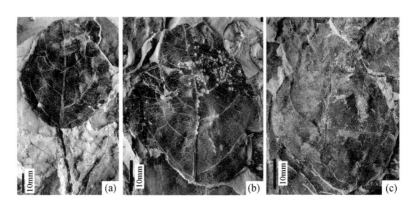

图 8-14　山杨（*Populus davidiana*）叶片化石（作者拍摄）

2.樟科中的润楠属化石叶片

中国学者研究了云南腾冲新近系樟科润楠属薄叶润楠和长梗润楠（近似种）两个化石种的宏观形态特征和表皮微细构造特征，并与相关的现生植物进行了表皮构造和叶结构特征的对比分析（吴靖宇等，2008）。薄叶润楠倒卵状长圆形，先端未保存；基部楔形。中脉粗壮，叶面突起；侧脉羽状互生，表皮分析显示细脉呈网格状。长梗润楠（近似种）长椭圆形，基部楔形；中脉粗壮，侧脉宽约，羽状互生，弧状弯曲，细脉呈网状。这两种化石丰富了我国樟科润楠属化石记录，揭示了新近纪滇西地区为温暖湿润性气候。

8.6.3　岩石中的果实化石

桦属植物是北半球古近纪和新近纪化石记录中最具代表性的种属之一。我国学者对采自云南临沧晚中新世的一种桦属翅果化石进行了鉴定和描述，并通过桦属 12 个翅果化石种和 9 个现生种的形态特征的研究，分析了该属翅果形态从始新世直至现代的演化趋势及风力传播作用对翅果形态的影响（王磊等，2012）。结果表明，在晚渐新世至中中新世，该属翅果的风力传播能力最强，传播距离最远，并且与化石记录具有较好的对应性。地史分布表明，该属植物最初可能通过白令陆桥和北大西洋陆桥由高纬度地区向低纬度地区迁徙，最终传播到亚热带和热带区域。

立体的植物器官，如茎或种子在沉积盆地被掩埋可以精确地保存下某一部位的表面特征，如茎上叶基的特征或种子和果实的纹饰。

中国科学院西双版纳热带植物园研究人员最新发现了一种被命名为"昆明桃"的桃化石，该化石为距今约 260 万年的桃核（图 8-15）。此前，在我国找到的最古老的桃的考古证据来自距今8000～7000 年。人们普遍认为桃起源于中国，但对其演化历史却知之甚少。昆明桃保存完好的桃核化石和现代桃核的

图 8-15　云南昆明产出的桃核化石（Su et al.，2015）

区别很小，该桃核接近于现代桃中偏小的物种，内部有一颗种子，侧面有一条深沟，同时表面分布着深浅不一的纹理。和昆明桃桃核相比，现代桃的桃核有着更多的形态多样性，普遍更大一些。研究人员表示，这可能是后来的种植选择培育的不同品种。此次桃核化石的发现，意味着在直立人和智人到达中国西南部时，该地区已经有桃子了。

8.7 植物的再解读

植物在地史时期经历了漫长的演化和发展阶段，在此期间，植物不仅进化出一种对研究植物化石有着重要作用的构造——角质层，还和昆虫有着密切的关系，两者相互作用、协同进化。

8.7.1 植物演化的主要阶段

植物界经历了从水生到陆生、从低级到高级、从简单到复杂的进化。我们通常以植物界的总体演化规律为主要线索，将地史时期的植物演化分为以下五个阶段：

第一，菌藻类植物阶段。早在太古宙之初，距今大约 33.5 亿年，一种生物沉积构造——叠层石（图 8-16），记录了蓝藻、细菌以及其他微生物的生命活动，这也代表着地球最早光合作用的开始。时限为从太古宙到早泥盆世这段超过 30 亿年的地史时期。

第二，早期维管植物阶段。志留纪—泥盆纪维管植物在陆地上的起源和演化分异是地球生命史中的重要事件，对地球环境和陆地生态系统产生了深远的影响。期间，古老的维管植物类群如莱尼蕨类、工蕨类、三枝蕨类等，以及现代类群如石松类、节蕨类、真蕨类及种子植物的先驱分子开始出现，初步形成复杂的、多样化的生态系统。该阶段从志留纪末到中泥盆世，以裸蕨植物为主，并出现原始石松类、节蕨类、真蕨类以及前裸子植物。最近一项关于原始石松类——镰蕨地下茎的研

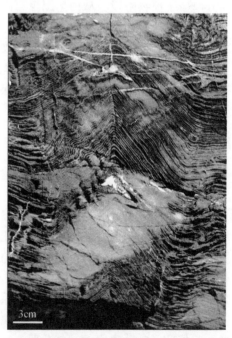

图 8-16 澳大利亚西部地区 33.5 亿年前的叠层石（Hohl and Viehmann，2021）

究，建立了早期维管植物与古土壤成土作用之间的联系（图 8-17）。

第三，蕨类和古老裸子植物阶段。本阶段从晚泥盆世至早二叠世，以石松、节蕨、真蕨、前裸子植物以及古老裸子植物的种子蕨和科达为主。这是全球第一个陆生植物大发展的时期，尤其是石炭纪—二叠纪的沼泽丛林，植物极为繁盛，成为全球重要的成煤期。

第四，裸子植物阶段。晚二叠世至早白垩世，以裸子植物的苏铁、银杏、松柏以及真

蕨植物为主。该阶段早期全球气候较为干旱，晚三叠世至早白垩世，植物开始极度繁盛，成为中生代的重要聚煤阶段。

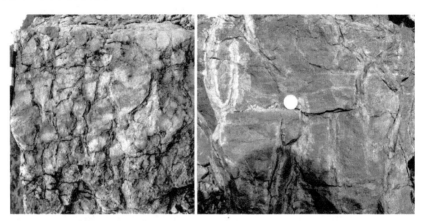

图 8-17　中国云南产出的距今约 4.1 亿年的镰蕨地下茎（薛进庄，2017）

第五，被子植物阶段。从白垩纪至第四纪，公认的被子植物最早出现在白垩纪早期，之后被子植物逐渐占据植物界的统治地位。

第四纪之后，植物面貌与现代基本一致。

从上面我们可以看出，植物的发展总体上经历了从水生到陆生，种类由少到多的历程。正是在这个发展过程中，植物进化出一种保护自己且能记录其生长环境的重要部分，这就是角质层。

8.7.2　叶角质层与气孔

高等陆生植物气生部分的表皮细胞外壁上，常存在一层由不同起源的角质、蜡质、角化蜡质、果胶和纤维素混合组成的角质膜。这层角质膜连同受角质浸染的表皮细胞外壁统称为角质层（附图 8-7）。

从现代植物来看，菌、藻类不具有真正的角质层，苔藓类的角质层甚少或极弱，蕨类的角质层较薄或不完全；裸子植物和被子植物的角质层厚而完整，因而是化石角质层研究的主要对象。

角质层与表皮层细胞壁外表面紧密联系，而且常常深入其垂周壁，构成表皮细胞垂周壁外部组分之一。由于角质层抗酸碱、耐腐蚀，历经千百万年的地质作用后，仍能保存下来，并一起保留了叶片表皮毛、气孔器、表面纹饰等。目前，古生物学研究者可以充分用保存下来的植物化石的角质层构造作为鉴定的重要指标（图 8-18）。

由于角质层的位置处于植物体与外界环境之间的边界层，其功能为：一，决定性地操纵了植物和水的关系，可避免植物过多的水分蒸发，或吸收外界过多的水分；二，控制了植物对生活物质的吸收和排出活动；三，起机械固定作用，使细胞坚固成形；四，像人的皮肤一样起保护作用，如植物角质层防病虫害，防微生物侵袭等。

前面多次提及气孔，这里我们认识一下它。气孔是植物叶、茎及其他植物器官上皮的开孔，也是植物表皮所特有的结构。这些气孔通常见于植物体的地上部分，尤其是在叶表

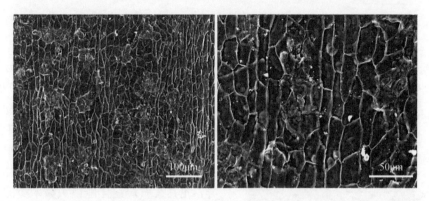

图 8-18 竖直茨康叶角质层构造特征（侏罗纪，甘肃省宝积山盆地，扫描电镜观察）

皮上。植物要生存下去，气孔就成为陆生植物与大气交换水分和 CO_2 的重要通道，它们的特征受外界环境影响很大。我们知道植物的光合作用离不开 CO_2，但大气 CO_2 浓度的变化影响着气孔的发育过程，植物生存环境 CO_2 浓度升高会造成植物气孔关闭。而载有气孔的植物角质层是植物与其周围生长关系的重要界面，包含着植物与其生活环境之间关系的重要信息。植物学家和古植物学家可从现生和化石植物角质层获取不同植物气孔的一些特征，进而分析其与环境之间的关系。可以说带有气孔的植物化石角质层的这种二者结合的特征往往记录了古大气 CO_2 浓度变化的信息。因此，植物化石的气孔特征可以作为判别古大气 CO_2 浓度的生物指标，从某种意义上说，气孔也是解释古生态变化的解剖学证据。兰州大学古生物研究小组对化石和现生银杏叶片进行了综合分析，把植物化石叶角质层和气孔参数分析联系在一起，很好地获取了中、新生代古大气 CO_2 浓度及其环境的变化。植物通过吸收 CO_2 进行光合作用，可以使自己发展得更好。

另外，它们的发展也会对一类生物产生重要的影响，此类生物就是植物的小伙伴——昆虫，在下一节将介绍植物与昆虫的关系。

8.7.3 植物与昆虫

1. 认识昆虫

何为昆虫？"昆"为"众多"之意，"虫"乃小型动物。所谓昆虫就是指隶属于节肢动物门昆虫纲的所有动物。它们在外部形态和内部结构上有许多的相似之处，是地球上最兴旺发达的动物类群。

凡是昆虫，都具有以下形态特征：身体的环节分别集合组成头部、胸部、腹部 3 个体段（附图 8-8）。昆虫在生长发育过程中要经过一系列内部及外部形态上的变化，才能转变为成虫，这种体态上的改变称为变态。外翅类在幼虫体外长有翅痕，变态是经一系列蜕皮后逐渐增大，最后形成具翅的成体，这一类包括：蚱蜢、白蚁、虱、蜻蜓、蜉蝣、臭虫、蝗虫、蚜虫等很多类型。内翅类的翅长在幼虫体内，变态阶段是截然的，幼虫是毛虫变态成蛹，这一类包括：各类蛾、各类蝴蝶、苍蝇、蚊子、蚤、甲虫、蜜蜂、蚂蚁和黄蜂等很多类型。

图 8-19　波罗的海始新世琥珀中的蜜蜂化石
（Gonzalez and Engel，2011）

2. 昆虫的演化历程

节肢动物早在约 7 亿年前的元古宙就已经生存在地球上。陆生低等维管束植物登陆后，以自营方式吸收阳光生产营养物质，这种丰富的营养成为节肢动物中部分植食者上陆的诱因，某类节肢动物（或蠕虫动物）进化到昆虫动物。随着植物的进化，昆虫大量迅速分异，尤其在石炭纪伴随巨大鳞木类的繁茂，一些巨大的昆虫（如古蜻蜓和古蟑螂等）也极为繁盛。蜜蜂和黄蜂等以花粉花蜜为食的昆虫是后来随着开花的被子植物的出现而进化的，有些蜜蜂可以在琥珀中保存为化石（图 8-19）。尤其是被子植物的出现后有关的昆虫种类迅速增加。

早期昆虫学家认为昆虫是由类似环形动物的祖先所演变而来的，经过数千万年的进化，体两侧出现附肢；到寒武纪（距今约 5.7 亿年），开始出现表皮硬化、附肢分节；历经亿万年的漫长岁月，到泥盆纪才出现明显分化出头、胸、腹，且具 3 对足的昆虫祖先（距今约 3.7 亿年）。

早期陆生植物的适应辐射，为昆虫的起源和发展创造了条件。昆虫类可分 4 个主要的演化期：

原始的六足昆虫，从昆虫的祖先多足类进化而来，大约在志留纪—泥盆纪随陆生植物的发展而演化。最古老的昆虫化石发现于距今 3.85 亿年的中泥盆世地层中。

有翅昆虫出现在晚泥盆世，从石炭纪的纳缪尔期开始大量发展、种类繁多，个体巨大。古网翅类在石炭纪最为繁盛。

在二叠纪，昆虫各目的分异达到高峰，那时除膜翅超目在二叠纪才出现外，所有现代昆虫纲各目已经存在。广翅类在二叠纪末全部绝灭。在二叠纪末灭绝大事件后昆虫类数量减少，早三叠世逐渐增加，到三叠纪末又减少。

除了采花蜜的鳞翅类和寄生于哺乳动物体内或以哺乳动物粪便为生的昆虫未见以外，从侏罗纪开始，昆虫已完全类似于现代的面貌。随着白垩纪被子植物的出现和辐射，昆虫在新生代成倍增长。

3. 昆虫与植物的协同关系

昆虫与植物的关系，以营养、栖息和运输三者最为重要。昆虫从植物获得食料是昆虫与植物最原始的生态关系。但植物为昆虫提供生境同样是重要的，植物除影响昆虫对食物的选择外，还对昆虫有生态保护作用。

昆虫具有发达的感觉作用和活动能力，而植物本身不会移动。植物靠昆虫运输来传播种子和花粉，种子和花粉的传播过程是昆虫与植物互惠共生的重要环节。因此，这提高了植物的繁殖和传播能力，扩大了植物的生存领地，让更多的绿色遍布于各个角落。

与此同时，由于某些昆虫与植物长期相伴，并且为了躲避敌害或猎捕食物，外表模仿某种植物来伪装自己发展出了拟态，像竹节虫或尺蠖常常让自己看起来像一根枝条，类似打仗时战士们把树叶等插在身上，在森林中隐蔽自己的行为。

拟态有多种，其中就包括昆虫模仿叶片的叶状拟态，最古老的叶状拟态可以追溯到距今 1.65 亿年的中侏罗世。中国学者发现了一类形态奇特的银杏侏罗蝎蛉（图 8-20），它的翅膀与同时期义马银杏的小裂片在外形上非常相似，四个翅膀展开的时候，整个虫体与义马银杏的叶片有极高的相似性。该类昆虫不仅仅是模拟银杏叶片，而且还担任着银杏保护者的角色，可以捕食银杏上的植食性害虫，这也使二者形成了一种更为复杂的互利共生的协同进化关系。但是这种优势也使其过分依赖于植物，以至于当这种多裂片的银杏消失的时候，这类昆虫也就随之灭绝。这很好地印证了植物与昆虫之间的相互依存关系。

图 8-20　中国东北地区银杏侏罗蝎蛉化石生态复原图（傅彤等，2013）

4. 喜花昆虫对被子植物演化的意义

喜花昆虫在被子植物的起源和早期演化上起着决定性的作用。如虻类化石中的许多类群都有访花习性，它们为研究被子植物的起源提供了独特材料。虽然最老的被子植物化石还没有被发现，但是喜花虻类的暴发式出现，表示了被子植物出现的时间和地点。

喜花虻类主要分布格局与当时热河昆虫群或热河动物群的分布情况十分接近，这种一致性有两方面的含义：一是说明喜花虻类化石的主要分布区与热河昆虫群是一致的，二是说明显花植物的起源地区与热河昆虫群的分布区也是一致的。这种情况还反映了喜花昆虫与显花植物之间同时发生，共同繁荣，协同演化的关系。

从化石的保存情况来看，我国辽宁侏罗纪地层中的喜花虻类数量十分丰富，属的比例占世界已知喜花虻类群的 42%，并且许多微结构，如喙、复眼、足、翅脉、生殖器和体毛等都清晰可见，在古昆虫学研究中实属罕见，特别是适于取食花蜜的口器和利于传授花粉的体毛保存十分完好，为化石的生活习性与功能形态分析提供了确凿的证据。晚侏罗世热河昆虫群所处的地区，特别是当时我国冀北、辽西地区，处于温带气候条件，地形起伏较大，形成一系列含煤山间断陷盆地，湖泊沼泽发育，湖泊水面宽阔，其间火山活动十分频繁，以上地质背景为早期喜花虻类的暴发性出现和被子植物的起源与迅速发展，提供了良好的外部条件。

对化石的观察表明，早期的原始的花，如木兰类的花，对传粉昆虫选择并不苛刻。白垩纪中晚期的花无疑是靠昆虫传粉的，它们具有小的花药，这种类型的花是由采食花粉的昆虫传粉的。而那些靠采食花蜜的膜翅目和鳞翅目昆虫传粉的花发生在较进化的被子植物类群之中。

白垩纪后期，蜂、蝶、蝇繁盛且分化更为明显，此时进化的花的特征包括花蜜隐藏在管底，这样就必须是具有长喙的昆虫（Zhao et al.，2020）（图 8-21）才能保证其繁育。现在，在马达加斯加岛上的 1 种兰花，约有 23cm 的管状花冠，而居然有喙长约 33cm 的蛾子为其传粉，显示了精确、协调的进化适应。

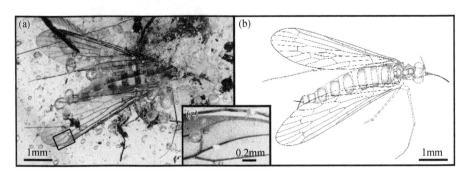

图 8-21　距今约 1 亿年琥珀中具长口器阿纽蝎蛉亚目昆虫化石及复原图（Lin et al.，2019）

从过去到现在，昆虫与植物之间可以说是各自发展、亦敌亦友、相互依存，也正是这种关系，才构建了生态系统这一美丽篇章，而这种和谐的关系也会一直持续下去。

复习思考题

1. 如何理解古植物分类系统和现代植物分类系统的差异？

2. 石炭纪—二叠纪森林中主要由哪些植物组成？

3. 地史时期的蕨类植物主要有哪些？

4. 裸子植物化石主要包括哪几个纲？

5. 银杏类与茨康类植物的主要区别是什么？

6. 地史时期植物发展的阶段性是什么？

7. 地层中保存植物化石的多样性是什么？

8. 被子植物起源的假说是什么？

9. 被子植物的主要特征是什么？

10. 地史时期昆虫发展与植物演化之间的协同关系是什么？

11. 植物角质层的功能是什么？

12. 中国被子植物化石的主要代表是什么？

扫码查看
本章附图

第9章 哺乳动物发展"三部曲"

哺乳动物是现代生物圈的优势类群。它们在现代生态系统中的优胜得益于自身什么样的结构与功能？不同类群在演化历程中经历了怎样的辐射和衰退？又进行了多少次优胜劣汰的进化尝试？

9.1 哺乳动物——喂奶的兽类

新生代是"哺乳动物的时代"，包括我们人类在内，现代生物圈的许多动物都属于哺乳动物。哺乳动物有哪些主要特征呢？

9.1.1 哺乳动物的特征

我们人类属于哺乳动物，但什么是哺乳动物呢？

对于现代哺乳类（图9-1），我们可以马上说出许多的特征，但共有的特征主要有两点：一是具毛发，起保护和隔离作用，有些类型成体全身或大部分无毛，但在胎体时有毛，或部分覆盖着很细的短毛发，如鲸、海牛、象、犀牛等；二是具有乳腺，幼体靠乳汁生活。此外，恒温、胎生、脑发达、口腔咀嚼消化等也是大多哺乳类的特征，然而现代动物的这些特征在化石中很难辨认，在古生物学中，哺乳类的确定主要根据硬体骨骼。

图 9-1　现代哺乳动物（图源：Pixabay）

对于现代哺乳动物来说，它们应该具备以下特征：

1）全身被毛，胎生，具有胎盘（单孔类除外），哺乳（具乳腺）；

2）四肢经扭转位于身体腹面；

3）头骨合颞窝型，双枕髁，具有完整的次生硬腭和肌肉质软腭；

4）下颌为单一齿骨，齿骨上着生槽生异型齿，为再生齿；

5）具汗腺；

6）血液完全双循环，保留左体动脉弓；

7）肺泡是气体交换的最终场所；

8）具有肌肉质横隔，将体腔分为胸腔和腹腔；

9）发展了外耳壳，听小骨3块；

10）大脑发达且机能皮层化，发展了新小脑，有迅速学习的能力和灵活可塑的行为。

相对于哺乳动物的祖先，它们具有的进步性特征为：

1）具有高度发达的神经系统和感官，能协调复杂的机能活动和适应多变的环境；

2）出现口腔咀嚼和消化，大大提高了对能量的摄取；

3）具有高而恒定的体温，为25～37℃，减少了对外界环境的依赖性；

4）具有在陆地上快速运动的能力；

5）胎生、哺乳，保证了后代有较高的成活率。

有些哺乳类具有迁徙现象，由于地理环境的限制，哺乳类的迁徙较为困难，所以迁徙的种类不多。但由于环境的压力以及生存和繁殖后代的需要，迫使一些动物进行有规律的迁徙，如北美洲驯鹿群的迁徙、非洲角马群的大规模迁徙。

迁徙可使哺乳类避开不良环境，冬眠也是哺乳类度过不良环境的一种适应方法。恒温哺乳类中冬眠分两类，一类是真正的冬眠型，在冬季，体温可降到接近环境温度，可以接近零度，机体全身呈麻痹状态。在环境温度进一步降低或升高到一定程度时，体温可迅速上升到正常水平，如单孔类、有袋类的树袋熊（图9-2）、食虫类的刺猬（图9-3）、蝙蝠类、鼠类及灵长类中的个别种类有这种冬眠行为。另一类是半冬眠型，在寒冷季节，机体全身呈麻痹状态，但体温不降低或只降低少许，易觉醒，如熊类（图9-4）、黄鼠狼等动物。

图9-2 树袋熊（*Phascolarctos cinereus*）

（图源：Pixabay）

图9-3 刺猬（*Erinaceus europaeus*）

（图源：Pixabay）

哺乳类进步的结构决定了其先进的功能，下节我们将要了解哺乳类具有哪些进化的结构与功能。

9.1.2　哺乳动物的结构与功能

哺乳类是现在最为进化的脊椎动物。它们外形最显著的特点是体外被毛，躯体结构与四肢的着生均适应于陆地快速运动。哺乳类的头、颈、躯干和尾等部分，在外形上比较明显。尾为运动的平衡器官，大都趋于退化。适应于不同生活方式的哺乳类，在形态上有较大改变。水栖种类，如鲸（图 9-5）体呈流线型，附肢退化呈桨状；飞翔种类（如蝙蝠）前肢桨化，具有翼膜；穴居种类体躯粗短，前肢特化如铲状，适应于掘土。

图 9-4　熊科（Ursidae）　　　　图 9-5　座头鲸（*Megaptera novaeangliae*）

（图源：Pixabay）　　　　　　　　（图源：Pixabay）

哺乳动物有以下主要结构和特征。

胎生：哺乳类均为体内受精，哺乳类的妊娠期是在母体子宫内进行的。胎生有袋类的胎盘不是真正的胎生，幼仔发育不完全即产出，需在母体腹部育儿袋中含着母兽的乳头继续发育直至成熟。

哺乳：母体具有乳腺和乳头，乳头的个数通常与一胎所产胎儿数相当。卵生的原兽亚纲动物具乳腺但无乳头，母兽孵化出的幼兽舔食母兽腹部乳腺区分泌的乳汁长大。

皮肤：表皮和真皮均加厚，表皮的角质层发达。

毛为哺乳类所特有，是由表皮角质化形成，与角质鳞片及羽毛为同源结构。毛在春秋季有季节性更换，称为换毛。

皮肤腺：皮肤腺极发达，包括皮脂腺，保持毛和皮肤的润泽；汗腺，调节体温利排泄；气味腺，也是变态的汗腺，用于种间识别和吸引异性，或起防御作用。

鳞片、爪、指甲、蹄和角：绝大多数哺乳类指趾端具爪，为表皮角质鞘。灵长类，爪演变为指甲；有蹄类，爪演变为蹄。体表结构坚硬的动物（如穿山甲）则具有大型表皮角质鳞片。

角为有蹄类所有，主要分两类，即洞角和实角，实角如鹿角。

中轴骨骼：包括头骨、脊柱、胸骨和肋骨。哺乳类具有特有的 3 块听小骨，包括镫骨、砧骨和锤骨。哺乳动物的消化道包括口腔、咽、食道、胃、小肠、大肠、肛。消化腺包括唾液腺、肝脏和胰脏。口腔内具有肌肉发达的舌和异型槽生齿（异型齿），一生仅脱换一次，分化为门齿、犬齿、前臼齿和臼齿，其中门齿切断食物，犬齿撕裂食物，臼齿磨碎食物，通常以齿式表示，是重要的分类标志，也是根据磨损程度鉴定年龄的一种依据。古生物学家可以根据其牙齿形态来判断化石哺乳类的种类及其食性类型（图9-6）。

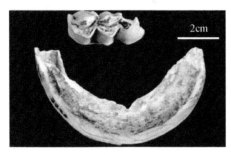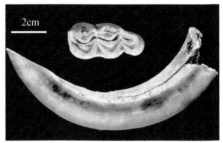

图9-6 哺乳动物的牙齿（据邹松林等，2016）

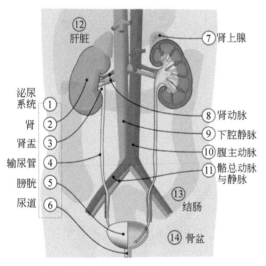

图9-7 哺乳动物排泄系统（图源：Jordi March i Nogué/
Wikimedia Commons）

哺乳动物的呼吸道由鼻腔、咽、喉和气管组成。由于硬腭和软腭的出现，鼻腔与口腔完全分开。

哺乳动物的心脏分为4室，多氧血和缺氧血完全分开。肾门静脉完全退化。

哺乳动物的泌尿系统由肾、肾盂、输尿管、膀胱、尿道组成（图9-7），此外，皮肤也是哺乳类特有的排泄器官。

哺乳动物的大脑尤为发达，皮层（新脑皮）高度发展，大脑表面形成沟回，极大地增加了脑皮面积。大脑为高级活动中枢；中脑为次要的视、听反射中枢；间脑为感觉传导的中继站、调节植物性神经中枢；小脑发达，首次出现小脑半球，有完善的协调动作和姿势的功能。

9.1.3 哺乳动物的分类

现存哺乳纲动物有4400多种。根据其躯体结构和功能，可以分为以下三个亚纲。

第一类为原兽亚纲，是现存哺乳类中最原始的类群。它们具有一系列接近于爬行类和不同于高等哺乳类的特征，主要表现在：卵生，产具壳的多黄卵，雌兽具孵卵行为；乳腺仍为一种特化的汗腺，不具乳头；肩带结构似爬行类；有泄殖腔，因而本类群又称单孔类；大脑皮层不发达、成体无齿，代以角质鞘。

除哺乳外，原兽亚纲体外被毛，体温基本恒定，波动在26～35℃之间。原兽亚纲的一系列原始结构，使其缺乏完善的调节体温的能力：当环境温度降低到0℃时，体温波动在20～30℃之间；当环境温度升至30～35℃时，则会失去热调节机制而热死亡。所以热天蛰伏不出，活动能力不强是其分布区狭窄的主要原因之一。原兽类动物一般在寒冷季节冬眠，现存种类仅产于澳大利亚及其附近的某些岛屿上，有3个种，均分布于澳大利亚，如鸭嘴兽（图9-8）和针鼹（图9-9）。

图 9-8　鸭嘴兽（*Ornithorhynchus anatinus*）（图源：Pixabay）

图 9-9　针鼹科（Tachyglossidae）（图源：Pixabay）

　　第二类为后兽亚纲，本亚纲的主要特征为：胎生，但尚不具真正的胎盘，胚胎借卵黄囊（而不是尿囊）与母体的子宫壁接触，因而幼仔发育不良（妊娠期 10～40 天），需继续在雌兽腹部的育儿袋内长期发育，本类群又称有袋类；泄殖腔已趋于退化，但尚留有残余；肩带表现有高等哺乳类的特征；具有乳腺，乳头位于育儿袋内；大脑皮层不发达；异型齿，属低等哺乳类性状；体温更接近于高等哺乳类（33～35℃），而且能在环境温度大幅度变动的情况下维持体温恒定，约有 270 种，主要分布于澳大利亚及其附近岛屿，如袋狼（已灭绝）（附图 9-1）和袋鼠（图 9-10）。

　　第三类称为真兽亚纲，又称有胎盘类，是高等哺乳动物类群（图 9-11），种类繁多，分布广泛，现存哺乳动物中绝大多数属于此类。本亚纲的主要特征是：具有真正的胎盘，胎儿发育完善后再产出；不具泄殖腔；肩带由单一的肩胛骨所构成；乳腺充分发育；大脑皮层发达；异型齿，但齿数趋向于减少，门牙数目少于 5 枚；有良好的调节体温的机制，体温一般恒定在 37℃左右。

图 9-10　袋鼠科（Macropididae）（图源：Pixabay）

图 9-11　高等哺乳动物类群（图源：Pixabay）

　　总之，哺乳动物与爬行动物的区别在许多方面是明显的。哺乳类的脊椎骨有宽大的椎体接触面，称双平型椎体。哺乳动物颈部的肋骨永久固定在颈部脊椎上，成为这些脊椎的一部分，肩胛骨上有一条强大的脊突起（肩峰），腰带部分的骨头包括肠骨、坐骨和耻骨，它们紧密地联结在一起形成了单一的骨头结构，趾骨数目退化，除第一趾外，每个趾有 3 个趾骨，而第一趾只有两个。

哺乳动物是新生代以来生物圈中的优势类群，但它们是如何起源的呢？又发生了什么样的辐射过程呢？

9.2 恐龙时代吃奶的小精灵——哺乳动物的"黎明"

图 9-12 盘龙类（Pelycosauria）——异齿龙（*Dimetrodon*）的骨骼重建（Bazzana-Adams et al.，2023）

胎生、哺乳是哺乳动物的最重要特征。它们萌芽于爬行动物盛极一时的中生代，而后繁盛于整个新生代。

9.2.1 哺乳动物的起源

哺乳类起源于大约距今 2.25 亿年的中生代三叠纪似哺乳类爬行动物（或称单弓亚纲）。爬行类的下孔亚纲或称单弓亚纲是连接原始爬行类和哺乳类之间的桥梁。在石炭纪末期，爬行类基干的杯龙类发展出盘龙类（图 9-12），由它再进化出一支较为进步的兽孔类（图 9-13），兽孔类后裔中的一支兽齿类被认为是哺乳类的祖先。兽齿类的化石最早见于中生代三叠纪，这是一类十分接近哺乳类的爬行动物。

图 9-13 兽孔类（Therapsida）——原始德维纳兽（*Dvinia prima*）（N. Tamura 绘）

某些早期的似哺乳爬行类沿着通往哺乳动物的道路走得很远，以致对于某些类型，到底应该把它们归入爬行类还是哺乳类都成了问题。人们一般根据下颌与头骨的联系方式来判断，方骨-关节骨的联系方式是爬行类的特征，而鳞骨—齿骨的联系方式则是哺乳类的特征。现代有袋类中，如大袋鼠，生下的幼体仍保留爬行类下颌与头骨（方骨与关节骨）的联系方式，随后在发育过程中（但仍处于哺乳期间），联系方式就转变成了鳞骨和齿骨，而方骨、关节骨及隅骨则分别演变成了砧骨、锤骨和鼓骨。

通过最近十几年的研究，目前一般认为哺乳类起源于兽齿类中的犬齿兽类。犬齿兽类既有草食的，又有肉食的，前者包括三列齿兽类，其头后骨骼很像哺乳类，但失去了犬齿和前颊齿，后颊齿的压碎和研磨功能却十分完美，如我国云南的卞氏兽（Young，1947）（图9-14），其特征更接近哺乳动物，曾一度归为哺乳类，后因其下颌骨并非像哺乳动物的下颌骨，仅单一齿骨，尚含有退化的关节骨与上隅骨等，仍归为爬行动物，是最接近哺乳动物的爬行动物。

迄今所获最早（三叠纪）的哺乳类的化石标本绝大多数为牙齿和颌骨的碎片。这是因为最早的哺乳类都是一些个体大小如鼠的种类。骨骼脆弱，难以保存完整。小的体型在中生代早期可能是一种很好的适应性特征，因那时正是肉食性恐龙在地球上称霸的时候，尽管最初的哺乳类在体制结构与生理机能上均优于爬行动

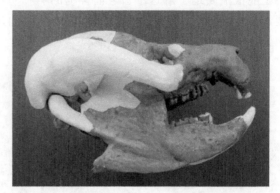

图 9-14　卞氏兽（*Bienotherium*）的骨骼（图源：Ghedoghedo/Wikimedia Commons）

物，但在当时爬行类时代的环境条件下，小的体型有助于其在肉食性恐龙所占据的生态位中栖居。因此，哺乳动物才有机会在中生代末期随着爬行类的大绝灭而得以广泛适应辐射。因为绝灭的爬行类所空出的众多生境被已存在的哺乳类占领，这也标志着哺乳动物时代的开始。到古近纪的始新世和渐新世，哺乳动物十分繁盛并达到高峰，该时期成为哺乳动物的黄金时代。从此之后，尽管哺乳动物的数量有所下降，但作为一个整体，哺乳动物至今仍支配着地球上的陆地环境。

9.2.2　绝灭的贼兽目

2014 年 9 月 10 日，英国《自然》杂志刊登了中国科学院古脊椎动物与古人类研究所的研究人员在中国发现的年代为 1.6 亿年前的 6 件相当完整的哺乳动物化石，并命名了神兽（图 9-15）、仙兽两个新属的三个新种（Bi et al.，2014），它们都属于已经绝灭的贼兽目——一个特别的、迄今为止所知甚少的中生代哺乳动物类群。这类哺乳动物起源于至少 2.08 亿年前的三叠纪晚期。

无独有偶，2013 年 8 月，《自然》同期刊登了两篇来自中国侏罗纪的哺乳动物化石研究，分别报道了金氏树贼兽（Zheng et al.，2013）和"哺乳形巨齿兽"（Zhou et al.，2013），两个研究都和贼兽目相关，但在哺乳动物系统发育和起源时间上得出的结论分歧较大，焦点在于贼兽类群的系统分类位置。一项研究认为贼兽类处于哺乳动物冠群之外，属于哺乳形类动物，而真正的哺乳动物，以一种爆发的形式，于中侏罗世早期大约 1.6 亿年前演化发展出来。另一项研究则认为贼兽类（图 9-16）和多瘤齿兽（图 9-17）形成姐妹群，都属于哺乳动物，而哺乳动物在三叠纪晚期（2.08 亿年前）就以爆发式演化辐射出现。这两项研究使有关哺乳动物起源、演化的讨论变得更加热烈。

贼兽化石最早出现于晚三叠世，在达尔文时代就有关于它们的报道。贼兽与中生代最为繁盛的多瘤齿兽牙齿类似，构造奇特，齿冠具有多个齿尖，呈两行纵向排列，与其他早期以及现生哺乳动物牙齿结构明显不同。但在过去的 170 年中，对贼兽的认识几乎只局限于单个的牙齿，缺乏完整的标本。由于材料限制，研究人员在这一百多年中，一直弄不清贼兽到底是什么样子，它们是否真的属于哺乳动物。神、仙二兽的发现，让我

们终于能很清楚地了解这个古老而神秘的哺乳动物类群。它们不同程度地保存了头骨和骨架，首次从头骨、下颌、牙齿和头后骨骼等方面，全面地展示了贼兽的形态学（Bi et al.，2014）。

图 9-15　陆氏神兽（*Shenshou lui*）
复原图（N. Tamura 绘）

图 9-16　贼兽类——似叉骨祖翼兽（*Maiopatagium furculiferum*）（N. Tamura 绘）

图 9-17　多瘤齿兽（*Taeniolabis taonensis*）
（N. Tamura 绘）

新命名的神兽、仙兽都是小型的哺乳动物，体重 40～300g。尽管仍然有些原始的特征，但它们更多地表现出典型的哺乳动物特征，比如典型的哺乳动物中耳结构以及齿骨—颞骨颌关节，明确分化的胸腰椎和胸骨、肋骨等，表明它们已经拥有了哺乳动物胸腔中特有的横膈膜，可以使动物在快速运动中呼吸。它们的骨骼纤细，体现了一种灵巧动物的基本结构。最具特征的是它们的手脚，

都有短的掌骨和长的指骨，用以抓握树枝，是典型的树栖动物的适应特征。长的尾巴，可以缠卷，也是树栖哺乳动物的特点。这些特征表明，神兽和仙兽是灵活的攀缘、树栖者，它们比现生松鼠在树上生活的时间更长。此外，和很多中生代哺乳动物一样，它们脚上具有与鸭嘴兽类似的毒刺。它们的头骨、下颌、牙齿以及咀嚼方式，表明它们的食物是以昆虫、坚果和水果等为主。

9.2.3　最原始的具毛发哺乳动物

在我国内蒙古宁城道虎沟距今约 1.65 亿年的中侏罗世地层中，发现了原始形哺乳动物"哺乳形巨齿兽"化石。这一发现以"侏罗纪哺乳形动物和最早期哺乳动物的演化适应"为题，发表在 2013 年 8 月出版的英国《自然》杂志上（Zhou et al.，2013）。

哺乳类形态特征的起源可追溯至晚三叠世和侏罗纪的原始形哺乳动物化石。原始哺乳形动物的重要科学意义在于它们代表了哺乳动物最原始的形态特征。这为追溯哺乳动物的起源和分析最早期哺乳类宏观演化过程提供了化石证据。原始形哺乳动物很少保存有头颅

和肢体骨骼，更少有毛发保存成为化石。"巨齿兽"是最原始的小贼兽支系中仅有的保留完整头颅和骨骼的化石，是这一类群化石中十分重要的发现。

发现的"巨齿兽"体长约 30cm，体重约 250g。它的臼齿有多列的瘤齿，显现了杂食性和食草性。它下颌前臼齿发育一个大而弯曲的齿尖，表明有戳刺能力。它的下颌式中耳以及原始的踝关节表明哺乳动物祖先型特征。但"巨齿兽"的臼齿已高度特化，具有愈合的高冠型齿根，上下牙齿颌精确咬合，表明原始形哺乳动物已有十分进步的齿形分异和食性的功能适应。"巨齿兽"的胫骨和腓骨的两端已经愈合，其骨骼特征类似于现生犰狳类或蹄兔类，特别是与非洲现生的岩蹄兔的地栖生活方式和习性近似，但"巨齿兽"的体型要比非洲岩蹄兔更"苗条"些。"巨齿兽"的后肢骨骼具有一个大的跗骨刺，很像现生哺乳动物鸭嘴兽的跗骨毒刺，这可能是为防御而具有的特征。

"巨齿兽"骨架的周围多处保存有毛发印痕，腹部保存有裸露的皮肤褶皱；据此推测"巨齿兽"很有可能具有一个裸露的腹部，但目前还无法推测是否发育有育儿袋。毛皮和其他皮肤衍生物，如跗骨毒刺，证实了早期原始形哺乳动物已广泛具有哺乳类皮肤结构。

我国东北部地区，包括内蒙古东部和辽西，是世界上原始哺乳动物化石的重要发祥地之一。该地区侏罗纪原始形哺乳动物化石的相继发现为研究全球哺乳动物起源与早期演化提供了宝贵的化石证据。2006 年中、美古生物学家曾在内蒙古道虎沟等地中侏罗世地层发现了原始哺乳动物"狸尾兽"（图 9-18；Ji et al.，2006）等，但"巨齿兽"的肩胛骨较之更为原始，跟骨突很短，且该类群小贼兽目出现较早，其牙齿化石曾在欧洲距今约 2.1 亿年的晚三叠世地层中发现过。

图 9-18 狸尾兽（*Castorocauda*）（图源：N. Tamura/Wikimedia Commons）

中生代是哺乳动物起源和演化的关键时期，在爬行动物占绝对优势的背景下，早期哺乳类又经历了怎样的努力和蜕变？

9.3 原始哺乳动物的异军"崛起"

中生代原始哺乳动物的出现为新生代哺乳动物的繁荣昌盛做好了铺垫，同时也有一些旁支逐渐湮没在地球历史的尘埃中。

9.3.1 三尖齿兽目

三尖齿兽目（图 9-19），又名三椎齿兽目，是一类早期的哺乳动物。它们与现今哺乳

图 9-19　三尖齿兽目（Triconodonta）——戈壁尖齿兽复
原图（图源：Pavel Riha/Wikimedia Commons）

动物的祖先是近亲，生存于三叠纪至白垩纪期间。三尖齿兽目都有一个共同的特征，就是牙齿上有三个圆锥。它们也有原始哺乳动物的形态，包括身体细小、有毛、有四肢及尾巴。它们有可能是夜间活动的，以避开恐龙等掠食者。夜间它们会从巢穴中出来觅食，吃细小的爬行类及昆虫。

三尖齿兽类的摩尔根兽臼齿具有三个前后有直线排列的主要齿尖，齿骨—鳞骨和方骨—关节骨在下颌骨与头骨悬挂上都是起作用的，喙状骨、隅骨、上隅骨和前关节骨仍保留在下颌骨中，即下颌不是由单一的齿骨组成。摩尔根兽类中最著名的是摩尔根锥齿兽（兼有爬行类与哺乳类的特征）和大带齿兽。前者发现于英国威尔士地区（Wales）和中国云南的晚三叠世地层中，体形似树鼩，长约 15cm（Kuhne，1949；Rigney，1963）。这类动物与后期的非兽类哺乳动物三尖齿兽类、柱齿兽类（又称梁齿兽类）有密切的关系。我国云南早侏罗世的中国锥齿兽曾归入三尖齿兽类中，然而在成年期时它缺失了前臼齿，这与进步的犬齿兽类类似，此外颌关节也与之相似，但其神经分布与摩尔根兽类类似，因此，中国尖齿兽是一种非常原始的类型（Patterson and Olson，1961）。

金氏热河兽（图 9-20）为一个体如鼠大小的三尖齿兽类化石，全长仅约 15cm。齿式为门齿、犬齿、前臼齿和臼齿。扁的臼齿有三个齿尖直线排列，臼齿舌唇侧扁，门齿匙形，明显区别于其他的三尖齿兽类；无臼齿呈齿连结构，上臼齿唇带弱，有下部臼齿齿连结构，该动物侧扁臼齿的齿带型式和咬合特征表明其具有食虫的食性（Ji et al.，1999）。

热河兽有进化程度很高的肩胛骨和锁骨，这些骨骼可伸缩的关节表明，热河兽的前肢几乎可以直立，可以像现在的真兽类哺乳动物那样行走，而不似现生的单孔类和爬行类那样呈匍匐状。但是它的腰带却很原始，后肢的很多特征比单孔类哺乳动物还要原始，与爬行动物较为接近。金氏热河兽应是小型的地栖型动物，具有行步态和在不平坦地面上攀爬的某些能力，但不是树栖型动物。

胡氏辽尖齿兽来自中国辽西的白垩纪地层，填补了哺乳动物中耳形成之谜中的一个重要环节（Jin et al.，2011）。通过中耳的一个微

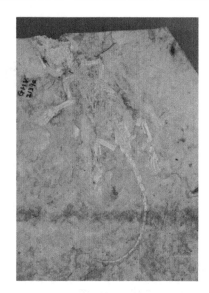

图 9-20　金氏热河兽（*Jeholodens jenkinsi*）（图源：
Jonathan Chen/Wikimedia Commons）

小但复杂的结构，哺乳动物获得了比其他脊椎动物对更大范围声音具有更为敏锐的听力，这种敏锐的听力在恐龙主宰的中生代对哺乳动物夜间活动的发展和生存非常关键。胡氏辽尖齿兽的下颌成分已经开始转变为现生哺乳动物中耳的听小骨，它的外鼓骨和锤骨已经不再和齿骨接触，但仍然通过一细长的骨化麦氏软骨与下颌相连。研究者认为在哺乳动物的演化过程中，麦氏软骨应该起着保持稳定的作用，能够连接齿骨和已经分离的听小骨。因此胡氏辽尖齿兽标本的出现填补了哺乳动物中耳演化的重要环节。

9.3.2　神秘的鸭嘴兽

鸭嘴兽（附图 9-2）属于原兽亚纲的单孔目，因直肠和泌尿生殖系统跟爬行类一样开口于一个共同的肛门孔而得名。此外还包括针鼹和原针鼹，分布于澳大利亚的中部、塔斯马尼亚岛和新几内亚岛的中部和南部。

由于澳洲大陆与世隔绝的地理环境，许多在别的大陆上早已消失的物种，在这块大陆上得以保存至今，鸭嘴兽就是其中之一。鸭嘴兽是一种兼具鸟类、哺乳类和爬行类动物特征的物种，是一种完全进化的哺乳动物。顾名思义，鸭嘴兽长着鸭子那样的嘴和有蹼的脚，却又有着"兽"的身体和尾部。它是一种十分古老的动物，早在 2500 万年前就已出现，现在只在澳大利亚的东海岸地区可以见到。由于奇特的长相和独特的习性，鸭嘴兽是澳大利亚动物园里的明星。

当科学家首次发现鸭嘴兽时认为这是一个奇迹，它是一种不同物种"拼凑"而成的神秘动物，是为数不多的产卵哺乳动物，多数哺乳动物都是胎生，但鸭嘴兽却是卵生。此外，它是除针鼹鼠之外为数不多的单孔目物种，是现存哺乳类动物中最原始的类群。

鸭嘴兽长期以来喜欢自己在自然界的"小丑"角色，人们都知道这是一种憨态可掬的动物，但它是最奇特的物种之一，具有诸多鲜为人知的秘密。像所有哺乳动物一样，鸭嘴兽会用乳汁哺育自己的后代，但是雌性并没有乳头，它们具有独特的产生乳汁方式，乳房晕作为"乳汁包"，像皮肤分泌汗水一样分泌乳汁。鸭嘴兽幼仔通过舔母亲的皮肤从而获取乳汁，这种哺乳方式十分奇特。

研究人员吃惊地发现鸭嘴兽体内没有胃，这意味着该物种进化结果并不需要胃，胃能够分解某些食物，协助食物消化，但是鸭嘴兽仅有肠道和食管，两者连接在一起。科学家明确指出，鸭嘴兽进化历程中曾有胃，但出于某种因素最终没有形成胃。最好的解释为鸭嘴兽所吃食物并不需要复杂的消化系统。

鸭嘴兽的身体结构看上去十分畸形，但是它们却能处理许多复杂的事情，尽管成年个体没有牙齿，但在猎取食物时也能将它们分解，这一点鸭嘴兽做得非常棒。当鸭嘴兽在河底垃圾中找到食物，经常会抓起碎石将食物砸碎分解成小块，鸭嘴兽是第一个发明"假牙"的动物。

人们通常会认为鸭嘴兽是长着腿的哺乳动物，事实上它们脱离水面的行走非常尴尬。它长着蹼足，这非常适合于水中游动，有助于潜水。然而，这种独特的身体结构在陆地上行走带来具有诸多不便，在陆地上行走需要耗用水中游泳时一半的能量，它们在陆地上基本上靠蹼关节行走。蹼足长有指甲，可用于挖掘食物或者挖洞。尽管它们在水下捕食，但一天中的多数时间都是在干燥的洞穴中度过的。

像许多哺乳动物一样，鸭嘴兽以捕猎为生，但与众不同的是，它们在水中并不依赖视觉、听觉和嗅觉寻找猎物，而是通过电信号和力学波来探测猎物所在位置。

鸭嘴兽的化石记录很少，在更新世以前仅在中新世发现过。澳大利亚科学家在昆士兰州（Queensland）发现了一种在百万年前灭绝的巨型鸭嘴兽化石（图9-21），与人们已知的鸭嘴兽物种完全不同。根据牙齿的大小推断，这种生活在1500万～500万年前的鸭嘴兽体型更长（Pian et al.，2013），约有1m，是其他鸭嘴兽种类的两倍。在与这种鸭嘴兽同时代的淡水生物中，只有鳄鱼的体型比它大。新发现的鸭嘴兽化石还有锋利的牙齿，足以穿透乌龟壳。科学家说，巨大的体型和锋利的牙齿，使这种新发现的鸭嘴兽物种颇具攻击性和危险性，与今天见到的性格温和的鸭嘴兽完全不同。所以，科学家称它为"哥斯拉鸭嘴兽"，意思是怪物鸭嘴兽。

图9-21　巨型鸭嘴兽（*Obdurodon tharalkooschild*）复原图（赵今瑄，2014）

见识了鸭嘴兽的另类，下面我们将要了解孔耐兽和阴兽类。

9.3.3　孔耐兽和阴兽类

孔耐兽是真兽亚纲祖兽次亚纲中最古老的化石，因此在讨论兽类哺乳动物与其他原始哺乳动物的关系以及哺乳纲本身起源中占有重要的地位。孔耐兽下颌与头骨仍为双连接方式，其下臼齿有一个小的跟座，位于齿冠的后部，主尖形成一个不太对称的三角形。

阴兽次亚纲，其下臼齿三角座前方具假跟座，其功能与兽类其他3个次亚纲下臼齿三角座后面的跟座的功能完全一样。兽类的其他3个次亚纲可以相应的称为阳兽类。蜀兽是阴兽次亚纲的代表，蜀兽的出现比已知最早的具三楔状臼齿的真兽类早3000万年，很可能具假三楔状臼齿的阴兽类在进化中没有得到发展而绝灭，而具三楔状臼齿的阳兽类得到了较大的发展。

在中国内蒙古宁城道虎沟地区发现一对保存完好的蜀兽科哺乳动物化石，该化石的发现再次以确凿的证据证明该地区产有蝾螈、真叶肢介、翼龙等化石的地层时代为中侏罗世。该研究成果于2007年发表在《自然》杂志上（Luo et al.，2007）。

这个新发现的哺乳动物化石产自道虎沟地区髫髻山组中部的凝灰质粉砂岩中，化石从头到尾长约11cm，保存了头颅和头后骨骼，分为正模和副模。根据其形态特征，研究小组将其归入蜀兽科，并命名为粗壮假碾磨齿兽。

　　粗壮假碾磨齿兽（图 9-22）上颌的牙齿有 11 颗以上，下颌的牙齿有 13 颗。牙齿在哺乳动物演化研究中非常重要，但此前仅发现了 11 颗牙齿和不完整的下颌。因研究材料的限制，且其进步的假磨楔式臼齿和原始下颌之间的结构显得很不协调，系统演化关系假设比较多。该小组研究认为，蜀兽类与对齿兽类、皮拉姆兽支系或更进步世系的亲缘关系不密切；与澳大利亚楔齿形哺乳动物的关系要比其他任何中生代哺乳动物类群更亲近。

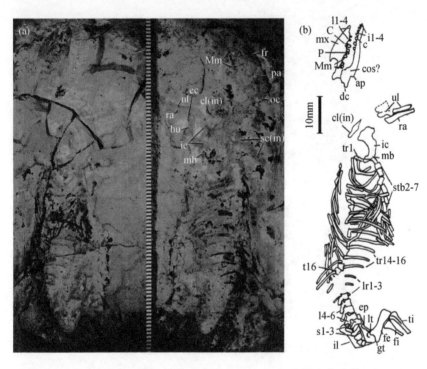

图 9-22　粗壮假碾磨齿兽（*Pseudotribos robustus*）（袁崇喜和季强，2008）

（a）标本照片；（b）素描图。ap：下颌骨角突；C，c：分别为上下犬齿；cl（in）：锁骨（不完整）；cos?：疑似冠状痕（齿骨）；dc：齿骨髁；ec：上髁（肱骨）；ep：上耻骨；fe：股骨；fi：腓骨；fr：额骨；gt：大转节（股骨）；hu：肱骨；I1-4, i1-4：分别为上下门齿（或齿槽）；ic：锁间骨；il：髂骨；l4-6：腰椎 4-6；lr1-3：腰部肋骨 1-3；lt：大转节；mb：胸骨柄；Mm：上下磨齿（部分咬合）；mx：上颌骨；oc：枕骨（仅轮廓）；P：上前磨齿或牙根位置；pa：顶骨（仅轮廓）；ra：桡骨；s1-3：骶椎 1-3；sc（in）：肩胛骨（不完整）；stb2-7：胸骨节 2-7；t16：胸椎 16；ti：胫骨；tr1：胸肋骨 1；tr14-16：胸肋骨 14-16；ul：尺骨

　　一个多世纪来人们普遍认为，在哺乳动物演化历史中上臼齿原尖、下臼齿跟座及它们的咬合关系是单源的。蜀兽的发现可能会让人们改变这种看法。该发现既揭示了中生代哺乳动物的牙齿演化分异比其现生后裔更加丰富多彩，又进一步支持了哺乳动物中"三磨楔齿形白齿趋同演化"的假设。

9.3.4　将幼崽装入口袋的有袋类

　　袋鼠属于哺乳动物中的有袋类，有袋类动物曾经是一个庞大的家族。这类动物的母兽生下几乎像是一种胎儿状态的幼仔，并且多数情况下，母兽会把幼仔装在一个由皮膜组织下垂而形成的外部袋子中。袋鼠因此而得名。在化石中，有袋类是根据骨骼的解剖特征来识别的，如齿骨有一个内向弯曲的角，具有袋骨等。目前已知的最早的有袋类化石是发现于中国内蒙古约 1.26 亿年前的哺乳动物化石，被命名为混元兽（图 9-23；Bi et al., 2018）。目前普遍认为袋鼠的祖先起源于中国，很晚之后才扩散至澳大利亚。据科学家推断，混元兽是一种树栖动物，只是偶尔才会来到地面上活动，这样能够躲避小型食肉恐龙的攻击。混元兽平时待在树上，以各种昆虫为食，身长大约 30cm，其中还有三分之一是身后的长尾巴。

图 9-23　混元兽（*Ambolestes*）（彭文，2018）

有袋类在亚洲起源后，在白垩纪早期扩散到了北美洲。然而奇怪的是，白垩纪晚期亚洲的有袋类只有零星的记录，而北美洲则出现了丰富的多样性。白垩纪晚期，北美洲的有袋类出现了 4 个大家族，包括 4 个科 19 个属。它们的体型都不大，但是食性比较多样，有些食虫，有些吃肉，有些则是杂食性的。北美洲一度成为袋鼠祖先的乐园，但是好景不长，到了白垩纪末期，胎盘类哺乳动物也从亚洲迁移至此，并与袋鼠的祖先展开竞争。有袋类相对落后的生殖方式注定了它们的衰败命运。到了新生代古新世，有袋类只剩下负鼠一个家族了。尽管负鼠家族是北美洲有袋类中生命力最顽强的，但是它们的历史最终也没能超过中新世。让人欣慰的是，负鼠家族的一些成员在古近纪早期迁移到了欧洲和非洲，甚至还返回到了亚洲。

如今袋鼠集中生活在澳大利亚，但袋鼠祖先是如何迁移到这片大陆上来的呢？现在越来越多的人开始倾向于袋鼠的南方扩散路线，即有袋类从南美洲经南极洲最终到达澳大利亚。在南极洲古近纪早期地层中发现了若干南美洲类型的有袋动物化石（Woodburne and Zinsmeister，1982），表明袋鼠经南方扩散路线到达澳大利亚的可能性非常大。到了澳大利亚之后，有袋类似乎到达了自己的天堂，再一次开始了大发展。从化石记录来看，澳大利亚的有袋动物化石可以追溯到始新世早期，由此推断，有袋类至少在始新世就到达了澳大利亚。

　　到达澳大利亚后，有袋类演化出了四大家族。其中一个就是袋鼠目，即广义的袋鼠。
到了中新世早期，我们熟悉的袋鼠登上了历史舞台，分类学上将其称为袋鼠亚目。上新世
和更新世，袋鼠家族就出现了大个头——巨型短面袋鼠（图 9-24）。它们主要以嫩树叶为食，
用强有力的颌部咀嚼坚韧的叶子和草。它们的头颅要比现代袋鼠短得多，也深得多。巨型
短面袋鼠体型健硕，与现代袋鼠一样，也以跳跃方式快速移动，这种有效的运动方式可以
使它们在短距离内获得与赛马相当的速度，时速可达 45～55km。袋鼠的快速移动能力可能
与它们所处的环境有密切关系。与它们同时代的动物还有奶牛大小的蜥蜴和可怕的蛇类等，
尤其是袋狮（图 9-25）。袋狮是更新世有名的掠食者，也是有袋动物，会伺机捕食袋鼠。
袋鼠在这种环境中必须跳得更快才能生存下来。

图 9-24　巨型短面袋鼠（*Sthenurus stirlingi*）
复原图（Brian Regal 绘；Janis et al.，2014）

图 9-25　袋狮（*Thylacoleo*）
（图源：N. Tamura/Wikimedia Commons）

9.4　缤纷多彩的新生代——哺乳动物大"兴盛"

　　真正的"哺乳动物时代"终于到来了，真兽类迅速占领了地球生物圈的各个生态领域。

9.4.1　真兽类的出现

　　真兽类又称真兽次亚纲，或有胎盘哺乳动物，占整个哺乳动物 95%以上，它们的幼仔
在母体中达到成熟阶段后才出生。现在生活在地球上的有胎盘哺乳动物是中生代绝灭的真
兽类哺乳动物的后裔。

　　有胎盘哺乳动物在当今世界上繁荣兴旺，是数量最多，也最为显著的哺乳动物。广为
人们所熟悉的有：猿、猴、猫猴、老鼠、松鼠、兔子、大象、海牛、非洲食蚁兽、蝙蝠、
马、犀牛、狮、虎、熊猫、穿山甲、猪、牛、羊、骆驼、河马、海豚和鲸等。许多最重要
的经济动物是真兽类动物，许多为人们喜爱的动物也是真兽类动物，包括人类在内的灵长
类动物也是真兽类动物。正因为如此，最早的真兽类哺乳动物的化石资料对整个有胎盘类
群的起源和早期演化的理解具有十分重要的科学意义。真兽类（有胎盘类）哺乳动物的起

源是脊椎动物生命演化史中重要的里程碑。

最原始的有胎盘哺乳类为身体很小的原真兽类,作为食虫目的一个亚目或独立为一个目,它们可能是所有真兽类的祖先。

2002年4月25日,英国《自然》科学杂志发表了由中美科学家对最古老的真兽类哺乳动物新化石的共同研究成果(Ji et al.,2002b)。

这一研究成果表明,2000年4月在我国辽宁省凌源市发现的攀缘始祖兽化石(图9-26)估计地质年代至少早于1.3亿年,是当时世界上已知的真兽类哺乳动物中最早最原始的化石。这一发现,为真兽类哺乳动物的起源和最早期演化提供了重要的化石证据。

图9-26　攀缘始祖兽(*Eomaia scansoria*)复原图(图源:N. Tamura/Wikimedia Commons)

真兽类哺乳动物是哺乳动物中十分重要的类群。目前人们所熟悉的猿、猴、猪、牛、羊、大象,包括人类自身等现代的有胎盘类哺乳动物,都是中生代绝灭的真兽类哺乳动物类群的后裔,它们构成了当今世界上数量最多的哺乳动物类群。因此,攀缘始祖兽化石的发现,填充了最早的原始真兽类哺乳动物演化史上的重要空白,表明早白垩世的真兽类哺乳动物的分化不但远远早于以前估测的年代,也超出了以前所知的有限的早期分化幅度,为研究有胎盘哺乳动物的分子演变速度和形态功能演化的比较研究提供了重要依据。

在此之前,世界上认为最古老的真兽类哺乳动物化石,是产自西伯利亚的零散牙齿,距今1.1亿年左右(Yuryev,1954);具有完整骨架的真兽类哺乳动物化石,则是产自蒙古国晚白垩世距今0.75亿年的地层中。随着人们对化石的不断勘测和研究,2011年在辽宁省建昌县玲珑塔地区又发现了距今1.6亿年的真兽类哺乳动物(Luo et al.,2011)。这一系列的发现,使得人们能够更加全面地了解整个有胎盘类群的起源和早期演化。真兽类的发源地可能为亚洲,是由原真兽类演化出的各种各样的哺乳动物。

9.4.2　哺乳动物的"海陆空三军"

真兽类起源以后,快速占据了地球上的各个生态位,在新生代呈现了多样化的演化辐射,占据了海、陆、空各种生态领域。

蝙蝠是兽类动物中唯一能真正飞翔的动物,它的前肢特别长,指间长有薄薄的飞膜,类似鸟的翅膀(图9-27)。由于它的前肢变为翼,动物学家给它取了个形象性的名字——翼手目动物。它们可能由树上爬行的食虫类动物演化而来,蝙蝠至少在5000万年前的早始新世就能飞行了,同时它们早期一定经历了相当快的进化阶段。从目前所发现的化石证据上看,始新世的蝙蝠已经高度发展,并且和它们现代的亲属相差不多了。

新生代陆地上的哺乳动物有啮齿类和兔形类。啮齿类（图 9-28）是哺乳动物中最为繁盛的一个类群，占现生哺乳动物种的 40%以上，它们的上、下门齿在数目上减少，保留的一对门齿异常扩大，呈啮齿状，且无根，终身生长，所以需要不停地磨切，耗损牙齿长度，以防因不停生长而穿透上下颌，这也是人们熟知的老鼠经常咬木箱的原因。现代啮齿类具有体形小、繁殖力高的特点。

图 9-27　蝙蝠（图源：Pixabay）

图 9-28　啮齿类（Rodentia）（图源：Pixabay）

兔形类（图 9-29）和啮齿类一样，个体小，并且在许多特征上相近。兔形类与啮齿类之间实际上还是存在很多差异的，如牙齿特征，尾巴的长短，四肢的特化等方面。从化石记录看，除了亚洲外，其他所有大陆兔形类的出现似乎都是很突然的。在北美洲，虽然从晚始新世尤因他期出现的蜜桃脑兔开始，几乎有着连续的兔类化石记录，但在新生代相继的时间内，有不少是突然出现的迁徙者，如上新世的鼠兔就是明显的

图 9-29　兔形类（Lagomorpha）（图源：Pixabay）

一例。在欧洲，兔类化石记录最早见于早、中渐新世，距今大约 3700 万年，这些动物和亚洲的链兔相似。另外，亚洲沙漠兔的一个种和一些鼠兔类在欧洲渐新世晚期地层中也有发现。在接近中新世末期，兔科中其他一些种类也侵入欧洲，这些新的、特征化的兔科成员逐渐替换了欧洲本地的鼠兔类。我国不仅是最早最原始兔形类的产地，也是兔类化石相当丰富的一个国家，几乎各个地质时期均有代表。除卢氏兔外，还有在我国内蒙古四子王旗发现的晚始新世的沙漠兔和早渐新世的戈壁兔。在我国甘肃和内蒙古等地已发现有大量的标本，时代从早渐新世一直到晚渐新世，内蒙古也发现了中渐新世兔类标准化石——鄂尔多斯兔（Huang，1986）。

鲸类被称为哺乳动物中的海中霸主。鲸类（附图 9-3）是一类很早就演化出来的哺乳动物，早期成员都发现于巴基斯坦。1997 年，美国的古生物学家在巴基斯坦发现了一种

图 9-30 陆行鲸（*Ambulocetus natans*）复原图（图源：N. Tamura/Wikimedia Commons）

生活在 5000 万年前的陆生鲸化石——巴基鲸，它于河边生活，可深潜水捕食鱼类。1994 年，在巴基斯坦北部 4500 万年前的海相地层中，发现了另一种古鲸的全副骨骼化石。这种鲸有一对短的前肢和一对较长的后肢，一个长的口鼻部、两对大的足和一条有力的尾。这样的身体结构很适合它们像水獭那样游泳。此外，这种鲸的臀部还通过关节与脊柱相连，换句话说，它还能在陆上步行，被命名为"陆行鲸"（图 9-30；Thewissen et al.，1994，2001）。

到了中始新世，鲸类已经完全适应海洋生活了，鲸很聪明，会集体捕猎。始新世时期的古鲸类个体很大，有 44 颗牙齿，古鲸类的鼻孔位于前方，不像后期鲸类那样位于头顶。古近纪—新近纪中期时出现了现代鲸类，到中新世时几乎现代鲸类所有的科都已出现了，包括齿鲸类和须鲸类两大类。我们熟悉的海豚就是一类小型齿鲸类，与齿鲸类不同的是，须鲸类的耳朵适于听低频率的声音，主要取食浮游生物。

9.4.3　食肉类的辐射

食肉类包括陆地和水生的类型，如猫、狗、海狮、海豹、熊、狼等。早期真兽类的齿形适于撕裂昆虫等小型动物，这样看来它们向着食肉类发展似乎只有一步之遥。然而惊奇的是，这种变化相当缓慢，有中等大小身形的食肉类直到古新世晚期才出现。

最早确凿无疑的食肉类是细齿兽类，这是一种古老的原始食肉类，发现于北美洲古新世至晚始新世、欧洲始新世和亚洲早渐新世的地层中。我国曾在内蒙古、河南等始新世晚期地层中发现过少量化石，在江西始新世早期地层、安徽和广东中古新世地层中发现过它们的代表，表明细齿兽类在古新世时已在亚洲出现，而且发生了分化。

狗在分类上属于哺乳动物纲、食肉目、犬科动物。广义而言，我们熟知的狗、狼、豺、狐狸及貉等均属于犬科动物。在食肉目动物中，犬科与熊科、浣熊科及鼬科动物在系统关系方面较为亲近，而与猫科动物较远。犬科动物有着悠久的演化历史，是食肉目中的最早起源者，大约在距今 4000 万年就开始出现了，远早于猫科和熊科动物。犬科的演化由晚始新世的指狗开始，经渐新世的拟指狗，发展到中新世的新鲁狼，最后到更新世和现代的狗、狼、狐等。

我国特有珍稀动物大熊猫，科学地说应称为大猫熊，在分类上的归属一直不定，大熊猫看上去像熊，但它的许多特征又和熊不一样。大熊猫像小熊猫，其食物主要是竹子，它具有粗壮的头，大而平的牙齿，发育很好的颌骨和咬肌，这样就为它吃具纤维的食物提供了有力的研磨能力。大熊猫还有一种奇特的特征，就是它的一个腕骨在进化中特化成了"伪拇指"。从行为及形态角度有人把它置于浣熊科，从解剖学角度有人把它置于熊科，或者有人将它独立为大熊猫科。根据分子钟理论，大熊猫是在约 2000 万年前从熊类祖先分化出来的，大熊猫在更新世时广泛地分布于亚洲，但现在只限于我国川陕甘交界地区。

　　猫形食肉类（附图 9-4）包括现代的灵猫科、鬣狗科和猫科动物，其中灵猫科是于晚始新世最早出现的，而鬣狗科动物则是到中新世才从灵猫科中分出。猫科动物很早就从灵猫科祖先分出来了，到渐新世初期，它们已与现代的亲属没有多大的区别。在所有陆生食肉类中，猫类是在捕杀和肉食生活上特化最完全的，如非洲的狮子和豹、亚洲的豹和老虎、美洲的狮子和豹。

　　在猫类演化历史上，除了行动敏捷的一类外，还有一类笨重而行动迟缓的剑齿虎类（附图 9-5）。现在绝大部分古生物学家都认为可以把它归入猫科或猫超科。在欧亚大陆，它们一直生存到里斯冰期之前，并且在大约距今 20 万年时灭绝。但是在美洲它们一直残存到更新世末，即距今大约一万年才从地球上完全消失。科学家研究后推测，剑齿虎的灭绝是因为借以为生的大型动物开始绝灭，在追逐快速奔跑的动物中它们已经不能和其他灵巧的猫类表兄弟相竞争了，所以剑齿虎也就随之灭亡了。

9.4.4　有蹄不在"单双"

　　有蹄类指的是食草的有蹄哺乳动物，包括化石和现生类群共约 16 个目，如牛、马、象等。最原始的有蹄类为踝节目的化石，它们构成一个定义很宽的古哺乳动物类群，其中某些成员可能是或接近于奇蹄类、偶蹄类甚至鲸类的祖先。踝节类最早出现于古新世早期的沉积中，如熊犬科的化石。它们通常个体较小，头长而低，门齿仍大部保留原始的三楔式，背部容易弯曲，凹肢相对较短，脚有爪，尾很长，其祖先可追溯到晚白垩世的真原蹄兽。进步的踝节类，如欧美晚古新世一中始新世的原蹄兽，有羊那么大，或稍大些。

　　奇蹄动物一共有五大类，它们是马类、犀类、貘类、爪兽类和雷兽类，古生物学家把它们划分为奇蹄目的五大"超科"。现在人们只能有幸见到前三类动物的现生代表，后两类已经彻底地绝灭了。

　　在五千多万年中，奇蹄动物经历了翻天覆地的变化。五大类奇蹄动物的祖先类型均身材矮小，大小如犬或猪，前后肢的趾数也不像现在这样的一个，而是四个或三个，从牙齿形态来看，奇蹄动物的祖先多为丘型或丘脊型的低冠齿，适于吃嫩叶和嫩草，以后才逐渐发展出可食较硬植物的脊型高冠齿。

　　奇蹄类（图 9-31）的祖先可能与中、晚古新世的一种踝节类四尖兽有亲缘关系，奇蹄类是古近纪最常见的和在种类及数量上均占优势的哺乳动物之一，此后至现代，它们的一些分支绝灭，或趋向于绝灭。奇蹄动物实际上是总体正趋向绝灭的一类，其优势地位已被偶蹄类所代替。早期的奇蹄类都是一些小型动物，以后逐渐发展成为大型动物。

图 9-31　奇蹄类（Perissodactyla）（图源：Pixabay）

　　偶蹄类（图 9-32）与奇蹄类同属于有蹄哺乳动物。因四肢末端的蹄均呈偶数，因而得名，目前所有现生的和已绝灭的偶蹄动物可分成三个亚目，即猪形亚目、胼足亚目和反刍亚目。偶蹄类头上大多有角；胸、腰部椎骨较奇蹄目少，股骨无第3转子；四肢中第3、第4趾同等发育支持体重；大部分为植食性，仅少数为杂食性。现存10个科75个属184个种，野生偶蹄类，除大洋洲外，分布于其他各大洲。如果只根据胃部构造特征来分类，偶蹄类可分为两个亚目：反刍亚目，如骆驼、鹿、长颈鹿、鼷鹿、牛、羚羊、羊等；非反刍亚目，如野猪、河马等。反刍动物与非反刍动物在体型上亦不相同，反刍类腿长、颈也长，善于奔走，大部分头上具角；非反刍类四肢短，体型粗壮，其栖息生存环境与水域的关系更密切些。偶蹄类发育的特殊距骨使它们有非凡的跳跃和奔跑能力，可以有效地逃避敌害，加之又有复杂的消化系统，可以在短时间内吞下大量食物，躲在一个安全的地方从容进行消化反刍，以致在与当时侵略性的肉食类相竞争时可以胜过奇蹄类而获得发展。最早的偶蹄类被发现于始新世初期的地层中，最原始的代表为始新世早期的古偶蹄兽（Rao，1971）。

图 9-32　偶蹄类（Artiodactyla）（图源：Pixabay）

和政羊（邱占祥等，2000）（附图9-6）是在中国甘肃境内晚中新世地层发现的一种偶蹄类动物，虽然在个体大小和体态上与现生的羊很接近，但其头骨的构造、角的形态和颈部的特征却与现今仅生存于北美洲阿拉斯加的麝牛更为接近，是麝牛类早期的祖先类型。和政羊的发现表明麝牛这类动物的起源地应该在亚洲，只是后来才通过白令陆桥迁徙至北美洲的。和政羊是和政地区三趾马动物群最有代表性的动物之一，数量非常丰富。

9.4.5　象类的荣与衰

"你沉稳的步履，拷问着大地；你威严的长鼻，挑战着世纪；你的牙齿无比珍贵，这是你入冢前的最后记忆"。这是一段对大象的描绘。

象（图9-33）是人们最为熟悉的动物之一，属于长鼻类，在整个历史中都是森林和平原中的大型哺乳动物，并广泛地为人类所驯化。成年象除人类以外可以说没有天敌，然而事实上，现生象却是曾经繁盛一时，如今正走向消亡的一个特殊类群的最后代表。

现生象仅有2个属2个种，已灭绝的化石象类却至少有40个属160余个种。化石象类分布于除大洋洲和南极洲之外的所有大陆。现代象的两个种一个在亚洲，另一个在非洲。与非洲象相比，亚洲象体小，耳小，仅雄性有长象牙，鼻端前部具一个指状突起。单从现代象身上很难推想出它们的祖先及近亲在新生代中期和晚期曾一度数目众多，且属种非常多样化地生活在几乎所有大陆上。

图 9-33　象（图源：Pixabay）

　　1996 年报道的发现于北非摩洛哥的磷灰象（附图 9-7）是已知最早的象类，距今约 6000 万年，它的体形非常小，体重仅有 10 多千克，但它已具有了晚期象类脊型齿的特征。我们最为了解的早期象类是始祖象，体形大小与猪相似，腿较粗壮，脚宽阔，趾端有扁平的蹄；头骨伸长，臼齿脊型，门齿开始增大，还没有长出细长的鼻子（Gheerbrant et al.，1996；Gheerbrant，2009）。

　　目前一般认为，始祖象（图 9-34）不是象类的直接祖先，而是从象类祖先进化出来的一个旁支。在此之后，长鼻类的进化支系有两个方向，一支是演化成恐象类，它们的上颌无长的象牙，而下颌则具一对从下颌的前端向下弯曲的象牙，其颊齿不同于其他长鼻类，整个齿列均排列在上、下颌上。另一支是从祖先开始，经长颌乳齿象，最后演化到真象类，身体迅速增大，发育了象鼻，第二对门牙增大成大象牙，颊齿复杂化，生长方式变为向前移动生长。在化石象类中，身体高大者有美洲乳齿象和在我国甘肃省合水县发现的黄河象。前者体长 4.5m，肩高 2.78m，后者体长 4.5m，肩高 3.8m。

　　象类的主要演化事件均发生在非洲，如最早的象类代表包括始祖、古乳齿象和始乳齿象等发现于非洲的晚始新世和早渐新世地层中，此后在中、晚渐新世，象类的化石记录缺失，到中新世时，它们又突然大量出现，并很快扩展到亚洲、欧洲和北美洲。比如，我国甘肃发现的铲齿象动物群（Deng，2003）。铲齿象是在距今 1000 多万年前后的中新世出现的一种十分特化的象类。它的下颌极度拉长，其前端并排长着一对扁平的下门齿，形状恰似一个大铲子，故得名铲齿象。铲齿象生活在河湖边，用铲齿切断并铲起浅水中的植物，再靠长鼻子帮助把食物推入嘴中。铲齿象当时广泛分布于欧亚非等各个大陆，数量众多，但是到 400 万年前的上新世却全部灭绝。真象类早期代表发现于非洲的中新世晚期，上新世晚期和更新世早期，乳齿象类迅速衰落，而真象类迅速发展，并扩展到欧洲、亚洲和北美洲，如我国 1973 年发现的黄河剑齿象化石，是世界上最大且最完整的化石；其他还有猛犸象（图 9-35），但到更新世晚期或全新世早期就都绝灭了。

图 9-34　始祖象（*Moeritherium lyonsi*）　　　图 9-35　猛犸象（*Mammonteus primigenius*）

　　　　　　（N. Tamura 绘）　　　　　　　　　　　　（图源：Pixabay）

　　纵观象族的演化史，我们不觉要为象族的兴衰而感慨。也许不久之后的将来，我们只能在博物馆里一睹大象的风采。

9.5 　"白马王子"的蜕变——马的起源与发展

　　马的演化是古生物学研究史上的经典范例。现代马高大威武，殊不知马的祖先却只有狐狸般大小。

9.5.1 　始祖马的诞生

　　"天马呼，飞龙趋，目明长庚臆双凫。尾如流星首渴乌，口喷红光汗沟朱。"这是唐代伟大诗人李白在《天马歌》中对马的描述。马对于全世界人类而言是一种影响深远的动物。它不但是古代和近代人类最重要的交通工具，在科学研究方面也做出重大贡献。中国是个爱马的国家，自古以来就以马为图腾，民间亦流行着众多以马为主题的成语和吉祥话。说到马，就像人类关心自己的起源一样，我们首先想到的问题就是：它来自哪里？怎样进化而来？

　　地球上有关马的化石非常丰富，所以人们对马的进化过程也已经研究得非常详细。生物学界甚至常常用马的进化作为生物进化的典型范例。

　　始新世时期现代哺乳动物群开始出现。当时地球上气候较为温暖，非常适合哺乳动物的繁衍生息。于是从远古的蹄兽类演化出了现代的有蹄类动物，许多现代哺乳动物都能够在始新世找到自己的祖先。马正是在这种背景下出现并演化的。

　　始祖马，又名始行马，始新马或始马（图 9-36），生活在森林里，曾被认为是马科中最早的成员。现在它被认为属于古兽马科，这是与马及雷兽有关的科。始马的大小如猫一般，生存于北半球，分布在始新世早期至中期（距今约 6000 万～4500 万年）的亚洲、欧洲及北美洲。

始马的第一个化石标本由古生物学家理查德·欧文（Richard Owen）于 1841 年在英格兰发现，他基于牙齿的缘故而怀疑这是一头蹄兔目。他并没有发现完整的骨骼，故将它命名为"似蹄兔兽"，即始马的学名（Owen，1841）。1876 年，奥思尼尔·查尔斯·马什在美国发现了一个完整的骨骼，并命名为曙马（Marsh，1876）。后来发现这两个骨骼化石非常接近，因发现始马的文章最先被发表，故曙马则成为了始马的同物异名。

始马平均只有 60cm 长，尽管四肢修长，但脚趾仍较多，它的前肢有四趾，而后肢则有三趾。体形较小，其肩部的高度仅有 25～50cm，与稍微大点的家猫体形相当。头颅骨很长，有 44 颗牙齿，上、下颊齿低冠，具有 4 个齿尖，前白齿尚未发生臼齿化。据研究，始马是草食性的，主要以树叶、水果和坚果为食。

有些科学家也相信始马不只是马的祖先，也有可能是其他奇蹄目如犀牛及貘的祖先。始马被认为是一类古兽马，而非严格意义上的马。

据一项有趣的研究发现，5600 万年前的地球突然升温，涨了 5～8℃，这种状况维持了 17 万年。这种气候条件让那段时期的始祖马体型小了 30%，等到气温恢复正常后，始祖马的体型增加了 76%（D'Ambrosia et al.，2017）。这是一个温度影响物种的体型大小的典型例子，或者叫作生物进化中的"热缩冷胀"，这跟物理世界中的"热胀冷缩"的现象恰好相反。

总体来看，跟真马和现代马（图 9-37）相比较，始祖马可以用概括为：矮、小、丑。

图 9-36　始马（*Hyracotherium*）和家猫体型对比（图源：Caz41985/Wikimedia Commons）

图 9-37　现代马（*Equus caballus*）（图源：Pixabay）

9.5.2　进入"死胡同"的马类旁支

始马之后，在北美洲还出现过一些古老的，现已灭绝的马，如原古马和古兽马等。这些马的演化起初是在北美洲内进行，后来有些成员进入了欧亚大陆和非洲等地。这些后演化出的马有始新世的山马和后马、渐新世的中马和细马等。

值得一提的是从早渐新世开始，马变得和羊或者牧羊犬一般大小了，并出现了三趾着地，这使得它们可以在松软的地面轻松愉快地行走。牙齿也发生了变化，除第一前白齿外，其余前白齿均已白齿化，脊齿型开始出现，但这时的马仍然以嫩叶为食。

早在一千多万年前，中国迎来了新客人——安琪马（附图9-8），它是中国最早的马科成员，来自遥远的北美洲。在外貌上，安琪马朝着我们所熟知的现代马又近了一步。它的体型更大；每一肢演化为三趾——马类进化过程中，每肢趾头数从四个变为三个再变为一个，这是最重要的变化标志；牙齿的变化也是非常重要的特征。在马类中，从古兽马科起前臼齿就逐渐变得和臼齿形态相一致，术语称为前臼齿臼齿化，安琪马的所有前臼齿已经全部臼齿化了。尽管更加进步，但安琪马和古兽马科的亲戚一样都是生活在森林地带的动物，它们的齿冠都很低，适合于吃鲜嫩多汁的叶子。它们的生活风貌，依然和现如今在大草原上万马奔腾的雄姿相去甚远。最早研究中国安琪马的人是德国古生物学家舒罗塞（Max Schlosser），他于1903年报道了第一种安琪马——齐氏安琪马（Schlosser, 1903）。经过几代科学家的不懈努力，安琪马类之下的成员不断地丰富起来，而它的地位也提升为亚科。经研究证实，生活在中国的安琪马亚科成员，除了之前已确定的安琪马属之外，还有一种更大更特化的中华马属。而舒罗塞早先命名的齐氏安琪马根据形态特征应该归属于中华马当中。截至目前，中国的安琪马一共包含2个属4个种，包括奥尔良安琪马、戈壁安琪马、齐氏中华马和粗壮中华马。可惜的是，安琪马是马科家谱当中一个湮灭的旁支。

图9-38　札达三趾马（*Hipparion zandaense*）
（Xu and Chen, 2018）

三趾马（图9-38）可是中国古生物学研究当中值得浓墨重彩的一笔。三趾马广泛分布于中国的大部地区，而且数量极其丰富。德国古生物学家寇肯（Ernst Koken）早在1885年就描述了一批采自中国的三趾马化石，并命名了一个新种——李希霍芬三趾马（Koken, 1885）。这使得三趾马成为中国所有马超科动物中最早得到研究的门类。三趾马最早出现在一千六百万年前的美国得克萨斯州，后来全球气候变冷，海平面下降，白令海峡中间出现了白令陆桥，三趾马就沿着这个陆桥溜溜达达地进了中国。三趾马的各项身体特征已经非常接近现代马，因此19世纪末、20世纪初围绕三趾马是否是现代马祖先的问题展开了激烈的大论战。最终结果是否定派取得了胜利，但这一结论只在古生物界获得了认同，直至今天，畜牧学界仍有人认为三趾马是现代马的祖先。三趾马在当时有着极强的适应和机动能力，它们一经出现，便在较短时间内演化成大小形态各异的各个类群，而在分布空间上，单就中国来说，东至山东、南京，西至新疆、西藏，北至内蒙古，南至云南省都有它们的踪迹。但正是这一支曾经如此繁盛的群体，最终仍然无法应对环境和竞争的压力，自40万年前之后就从中国的土地上消失，可谓昙花一现。

9.5.3　王子出现——真马的诞生

生活中的"白马王子"总是出现在最后一刻，生物演化长河中的真马是否也是如此？

真马（图9-39），是古生物学上对现代马的称呼，这是针对地质历史上出现的古马而言的。真马最早出现于距今约 100 万年。

到了更新世，出现了一望无际的草原，为适应草原生活，马类演化成肢长体高，具有单趾硬蹄和流线型的身体等特点，成为真马。它们的形态特征概括起来就是：高、大、帅。

真马的四肢已完全成为单蹄，但与现代家马相比仍有显著差异，如头骨大而狭长，齿面小而皱褶多，四肢骨细长，每足中趾发达，两侧还有退化趾骨可见。真马、真牛的出现也是第四纪开始的生物学标志，由真马最后进化出家马的四大祖先：普氏野马、森林马、冻原马和鞑靼马。

图 9-39　真马（*Equus caballus*）（图源：Pixabay）

真马在北美洲出现于早勃朗期，地质年龄为 350 万年前。最早的真马目前有几个种，大约在距今 250 万年，欧亚大陆和北美大陆在第四纪气候转寒事件中通过北大西洋陆桥相连，在进化上已取得成功的真马迅速向欧亚大陆扩散，并且扩散速度非常快。

250 万年前对于欧亚大陆也是个值得纪念的时期，那时候，现代马的雏形——真马远渡重洋从北美洲来到了欧亚大陆。它们自己可能还不知道，二百五十万年之后它们将会占领全世界人类的农牧、交通以及娱乐行业达数千年之久。

真马是马科动物进化的又一高度，它们的脚趾终于进化为更加适合高速奔跑的单趾，齿冠也达到了前所未有的高度，它们的生存能力远比三趾马要强，三趾马的灭绝很可能和它们的挤兑有关。

图 9-40　普氏野马（*Equus ferus*）（图源：Pixabay）

科学家将曾经生活在中国的所有真马按牙齿形态分为三个类型：古马型、马型和亚洲野驴型。古马型马的牙齿结构类似于非洲的斑马。目前非洲现存有三种斑马：细纹斑马、平原斑马和山斑马。其中细纹斑马体型最大，体重可达半吨，头骨狭长。而古马型马的特点也是头骨很长，其中也有很多体型巨大的成员，如三门马等。古马型马现已完全灭绝，没有留下后代，从以上对比可见古马型马也许与细纹斑马有一些关系。提到马型，也许大家就熟悉得多了。现如今世界绝大部分家马都是马型真马的成员之一——普通马驯化而来的，可以说和我们的关系最为密切。马型真马的另一个重要成员就是著名的普氏野马，它是唯一现存的野马。亚洲野驴型真马，可能大家也不会陌生，蒙古野驴和藏野驴都是这一类群中的成员。在中国的土地上前前后后一共生活着十三种真马，但现在仍然存活的就只有四种了。除去家马之外，其他的三种——普氏野马（图9-40）、蒙古野驴（图9-41）和藏野驴（图9-42）都是濒危动物。

图9-41　蒙古野驴（*Equus hemionus*）（图源：Pixabay）　　图9-42　藏野驴（*Equus kiang*）（图源：Dao Nguyen and James Hardcastle/GBIF）

家马——人类驯化的宠儿，又经历了一段怎样的脱胎换骨般的"教诲"，才能从身体和精神上都得到了"修成正果"般的升华，并与人类演绎了一段天长地久的友谊呢？

9.5.4　人马之"缘"——征服与缠绵

马是人类最忠实的朋友，人类与马的友谊和感情缘于何时何地呢？

在早期的驯养动物中，狗和马是两种最为重要的动物。马作为古代最主要的交通工具，对人类社会的发展具有举足轻重的作用，即便如此，现代马的起源和历史并不是非常明确。

马的确切祖先、驯化时间与准确地点尚需进一步论证。家马的野生祖先很可能在距今约16万年从欧亚大陆东部开始扩散，并于6000年前最先在欧亚草原西部即今哈萨克斯坦、俄罗斯西南、乌克兰所在的广袤大草原上开始被人类驯化（Warmuth et al.，2012）。自开始被驯化以来，马作为重要的交通工具，不论是在战争年代还是和平年代，始终是人类忠实的伙伴。大多数学者认为两种野马——已经灭绝的鞑靼野马和现存的普氏野马可能是家马的祖先。但普氏野马的染色体数目（66条）比家马（64条）多2条，因此仍无法证明野马是家马的祖先。最早驯化马的目的可能有3个：一是将存留多余的捕猎马作为食物来源；二是使役和射骑；三是用于祭祀或观赏。

人类早在文明开始以前就开始和马做伴了。驯化以后的马很快就融入人们生活当中。草原民族往往把体形较大的马用来劳动、捕猎等。和马生活越久，人们对马的依赖性就越强，甚至很多人把马当成了生命。它和人类共同生存了几千年，没有马，人类就不会这么如此快捷地发展。另外，科学家发现马能理解和记住人类语言的能力要比另一种更常见的通人性的动物——狗要强。且由于听觉范围特殊，马对人声音的敏感度比狗更高。进一步发现马与人的这种关系在很大程度上是野生马习性行为的延续，因为马看重自己的亲朋好友，乐意与没有威胁的新朋友交往。马会与自己族群中一些成员保持长期关系，在混合放牧时，它们也能与其他种群动物建立友好关系。正是这种习性让马受到了人们的青睐，于是马不但成为人类的朋友，而且还是人类最忠诚最长久的朋友。

马是聪明、勇毅、忠诚、耐劳的动物，自从成为家畜之后，人类便把它看成是可靠的朋友，得力的伙伴。的确，马在农耕、狩猎、运输和交通方面，立下过无法胜数的功劳，因此人类都深爱着马。我国的《三字经》中说，"马牛羊，鸡犬豕，此六畜，人所饲"。马列在六畜之首，正体现了我们这些以农为本的人民对马的深厚感情。

尽管和人类有着密切的联系，被驯化的马仍然保留着它们祖先的本能和行为方式。它们会像野马那样保卫自己的领地、养育自己的马驹，并且它们总是需要陪伴和友情。马是重感情的动物，很容易和主人建立起感情，对主人绝对忠诚。

未来，也许人类不再需要马来劳作，但仍旧会需要马来娱乐（图 9-43）。人类对赛马运动的关注不断增加。从 1960 年起，专门用于赛马的马开始增加。不管社会如何进步，我相信人马情缘将会一直继续下去！

图 9-43 赛马（图源：Pixabay）

复习思考题

1. 简述哺乳动物的特征。

2. 简述相对于它们的祖先，哺乳动物具有哪些进步性特征和行为？

3. 简述哺乳动物的分类体系。

4. 简述恒温哺乳类中冬眠的两个基本类型。

5. 简述有袋类的起源和演化。

6. 食肉类有哪些主要类群？

7. 偶蹄类比奇蹄类先进在哪些方面？

8. 象类是如何逐步走向衰微的？

9. 试述马的起源和演化。

10. 思考马在古代和现代生活中的作用。

第 10 章　人类的崛起

人类从来没有停止思考"人类从何而来"的问题。人类的出现是生物进化的产物，现代人和现代类人猿有着共同的祖先。最早的人类在约 300 万年或 400 万年之前出现在非洲大陆上，凭借着非凡的智慧和技能，迅速崛起，征服世界。

10.1　我们都是灵长类

灵长类动物是脊椎动物中的重要成员，是哺乳动物中大脑最发达的类群之一。它们最早出现于早古新世，大部分成员仍然过着树栖生活。

10.1.1　灵长类家族

在纷繁的生物界，有这么一个类群，它们大脑发达，四肢灵活，眼眶朝向前方且间距窄；手和脚的趾（指）分开，大拇指灵活，多数能与其他趾（指）对握，主要分布于世界上的温暖地区（图 10-1）。相较于其他哺乳动物，它们发育较慢，成熟较晚，寿命更长。它们两肢或四肢行走，大多数类型生活在森林中，在树间跳跃，在树丛中摆荡。它们有不同的社会体系。有些种类甚至能够使用工具，它们是"众灵之长"，是动物进化的最高点（Frederico et al.，2014）。

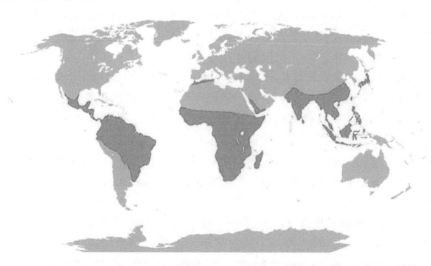

图 10-1　非人灵长类动物（图中以绿色表示）的全球地理分布（图源：Phoenix B 1of 3 at en.Wikimedia/Wikimedia Commons）

人类所在的灵长类家族分为低等灵长类和高等灵长类。低等灵长类在分类学上被称为原猴亚目，面目似狐，大多夜间活动，听力发达，嗅觉灵敏，它们的趾端有锋利的爪，能帮助它们剥开硬壳，但是它们的 5 趾只能同时伸屈，不能单独活动，并且脑量相对较小，额骨和下颌骨未愈合等，前肢短于后肢（Silcox and López-Torres，2017）。

原猴亚目（Strepsirrhini）目前现存有 2 个下目，分别是分布在马达加斯加岛的狐猴型下目和生活在非洲和南亚森林地区的懒猴型下目。狐猴型下目中的"明星"要数狐猴了，它们可以称得上是猴子中的长者，是最原始的猴子之一。它的身体形状、手脚构造虽然像猴子，但是脸又像狐狸或狗。它们有一条美丽的长尾巴，是马达加斯加雨林中的"鬼魅"，爱吃果子，单独或群居生活。另外，生活在东南亚部分岛屿上的眼镜猴（跗猴）下目属于直鼻猴类，其中最特别的要数"大眼睛美人"眼镜猴了，它们是土生土长的东南亚居民，是树栖的夜行动物。它们喜欢白天在树顶上睡觉，夜晚在树枝间跳来跳去，爱吃昆虫和爬行类动物。

高等灵长类在分类学上被称为类人猿亚目（Haplorhine），它们的颜面似人，智力发达，前肢大多长于后肢，指尖具指甲，大多数成员白天活动，作息规律。现存类群包括生活在美洲地区的鼻中隔宽阔、左右鼻孔开向两侧的阔鼻猴下目和分布在欧亚和非洲地区的鼻中隔狭窄、鼻孔开向下方的狭鼻猴下目。阔鼻猴下目的成员相对较少，现生类群包括僧面猴科、蛛猴科和卷尾猴科，狭鼻猴下目包括猴超科和人超科，而人类就是人超科的重要成员。

10.1.2 灵长类起源

中生代末期，大约 6600 万年前，一颗宽度约 16km 的陨石撞击地球，造成当时地球上包括恐龙在内的三分之二的动物灭绝，至此爬行动物的黄金时代结束，而哺乳动物的春天伊始。那个时候的一些哺乳动物已经有了灵长类的一些典型特征，如夜行及树栖生活。它们的四肢细长，五趾长且分节，可以抓握住树枝；有长而细的尾巴，分节且能够自由卷曲，前肢和后肢长度相近，可以灵活穿梭于茂密的丛林，在树枝间自由活动。正是这些早期的具有灵长类特征的哺乳动物的出现为灵长类动物的起源及演化奠定了基础，从低等灵长类到高等灵长类，灵长类动物的进化树枝繁叶茂。

从化石记录来看，生存于古新世早期（约 6500 万年前）的普尔加托里猴（*Purgatorius*）被认为可能是最早、最原始的灵长类动物，它们体型较小，重量只有 36.8g（图 10-2）。普尔加托里猴的踝骨化石表明它拥有同今天居住在树上的灵长类动物一样灵活的、可以自由转动的踝关节。这种灵活性能够让它的四肢可以向不同的方向转动来适应不同角度的树干和树枝。另外，普尔加托里猴的牙齿分化完全，齿冠相对较低的臼齿证明其喜食水果，推测其可能是一种形态酷似松鼠的树栖灵长类哺乳动物（Chester et al.，2015；Scott et al.，2016；Wilson Mantilla et al.，2021）。

5600 万年前的辛普森氏果猴（*Carpolestes simpsoni*）（图 10-3），牙齿分化完整且具有特化的前磨牙，五指很长，对生拇趾上长有指甲，也是典型的树栖哺乳动物（Bloch and Gingerich，1998；Bloch and Silcox，2006）。而 5500 万年前的阿喀琉斯基猴（*Archicebus achilles*）（图 10-4），从形态上看，长得很像眼镜猴，它也喜食昆虫，但是令人振奋的是它特别的脚后跟，又短又宽，具有明显的类人猿特征。又短又宽的脚后跟骨头为人类直立行走奠定了生物学基础，因此可以把阿喀琉斯基猴视作与人类远祖最为相近的灵长类动物（Ni et al.，2013）。4700 万年前出现的达尔文麦塞尔猴（*Darwinius masillae*）（附图 10-1），在形态结构上更接近树栖灵长类,它长得像狐猴,脸较尖,有一双前视的大眼睛。关键是它五趾能够对握,这种结构能够帮助它爬树和摘取食物,具有典型的树栖习性(Franzen,2009;陈淳,2010)。

图 10-2 普尔加托里猴(*Purgatorius*)复原图　　图 10-3 辛普森氏果猴复原图(图源:
　(图源:N. Tamura/Wikimedia Commons)　　　　Sisyphos23/Wikimedia Commons)

在灵长类的系统演化路程上,存在着很多岔路口,早期灵长类在进化的过程中选择了不同的道路。其中研究表明,阿喀琉斯基猴不但具有类人猿特征,而且还拥有眼镜猴的许多形态学特点,在系统演化上处于非常基干的位置,接近于类人猿与眼镜猴两个分支的分支点,是目前已知与类人猿远祖最为接近的灵长类,这一结果表明其处在与类人猿分道扬镳的"岔路口",从这个岔路口开始,一支灵长类朝着类似于现代眼镜猴的方向演化,另一支朝着类人猿的方向演化。而后在中国及缅甸中始新世地层内(距今 4500 万~4000 万年)发现的曙猿(图 10-5)化石,揭开了高等灵长类起源及演化的序幕。

图 10-4 阿喀琉斯基猴复原图(Xu and Chen,2018)　　图 10-5 曙猿(图源:DiBgd/Wikimedia Commons)

曙猿被认为是高等灵长类最早的成员，目前已报道四个种，包括 *Eosimias sinensis*、*Eosimias centennicus*、*Eosimias dawsonae* 及 *Eosimias paukkaungensis*（Beard et al.，1994，1996；Takai et al.，2005）。研究发现的脚踝骨化石既具有高等灵长类的特征，又具有原始的低等灵长类的特征，恰恰证明曙猿就是沟通低等灵长类和高等灵长类解剖学差异的桥梁（汪啸风，2015；吕东风，2018）。目前为止，发现的曙猿化石都集中分布于亚洲地区，2200万～1200万年前，高等灵长类祖先化石在亚洲、欧洲、非洲广大地区被发现。其中，森林古猿体质特征界于猿类与人类之间，被认为是现代高等灵长类的祖先，同时也是人类和类人猿的共同祖先。之后的几百万年里更多的高等灵长类化石，如腊玛古猿、禄丰古猿及开远古猿的发现说明它们主要生活在森林地带。森林的边缘、林间的空地是它们的主要活动场所。它们是正向着适于开阔地带生活变化的古猿。野果、嫩草等植物是它们的重要食物。

10.2 "非洲夏娃"的艰辛之路——人类的起源

化石记录表明最早的人类在非洲出现，基因也揭开了人类起源于非洲的身世之谜，人类凭借着非凡的能力走出非洲，统治世界。

10.2.1 气候变化直至非洲起源

地球上所有生物都是同一起源的，当然也包括人类这一特殊群体，在生物界，我们有着特定的归属，那就是动物界—脊索动物门的脊椎动物亚门—哺乳纲—灵长目中的类人猿亚目—人科。

一直以来，科学家不断地寻找那些更加古老的两足直立行走的灵长类动物，以便解答人类进化史上的一个基本问题——人类来自哪里？非人灵长类动物对温度非常敏感，现如今它们中的绝大多数都生活于非洲的热带雨林地区。而人类却大不相同，他们几乎适应了各种复杂多变的气候环境，分布遍及世界，那么人类是如何诞生的呢？故事可以从3400万年前的那一场全球气候骤变开始讲起。3400万年前，地球气候温暖湿润，就像一个大温室，茂密的森林覆盖了地球的大部分陆地，热带雨林的面积也一度达到了鼎盛，为早期灵长类动物繁衍生息提供了理想条件，人类的远祖分布遍及各个大陆。而到了渐新世，全球气候发生剧变，地球由一个"大温室"变成了一个"大冰屋"，寒冷干燥的时期持续了40万年之久。在这段时间里，森林大面积消失，热带雨林退缩到低纬度地区，干旱开阔的生态环境急剧扩展。在这场巨变中，很多物种灭绝了，而一些物种在强大的环境胁迫下发生了改变，新的物种产生了，地球上的动物群和植物群近乎重新洗牌（Huber，2009；Huber and Caballero，2011；Ni et al.，2013）。

这种气候的剧变，让原来繁盛于北美洲、亚洲北部和欧洲的灵长类近乎完全灭绝，只有在非洲北部和亚洲南部低纬度那些仍然保留有热带丛林的地区，一部分灵长类存活了下来。但这些地区灵长类的组成却发生了巨大变化，而原本有望成为人类起源中心的亚洲，经此剧变，原有的相对高等的大体型类人猿全部灭绝，只有低等类型的小体型的类似于狐猴的灵长类存活下来。在此后约1000万年间，亚洲地区都没有类人猿出现，直到距今约2000万年时，才有另一支类人猿从非洲扩散过来。而非洲经历这场剧变的情况与亚洲正好相反，低等的狐猴型的灵长类几乎完全绝灭，高等的类人猿的种群数量急剧增加，甚至占据了大多数的灵长类生态位。因此，40 万年的气候剧变，奠定了非洲成为人类起源地的局面。受迫于古气候环境剧变的压力，灵长类动物的演化轨迹发生了巨大改变，这一变化直接导致高等灵长类，也就是现代类人猿主要支系的产生。尽管最早的类人猿化石出现于 4500 万年前的亚洲，但经历了始新世—渐新世的气候变化，亚洲的类人猿走向灭绝，而非洲的类人猿却走向了繁盛，在非洲演化出各种猿类，并最终演化出人类。

10.2.2　基因揭开身世之谜

人类被称为万物之灵，是地球上最高等的生物，但是人类身体的结构、功能还保留着祖先的原始特征。人具有 5 趾是多数爬行类和两栖类的特征；人还具有退化的尾椎和尾肌，而这基本是所有脊椎动物的特征；人的眼睛还保留着爬行类、两栖类和鸟类所具有的瞬膜。除此之外，人类还具有较少的颈椎和腰椎，婴儿时期较长的前肢，较强的抓握能力朝前且立体性的视觉，适宜进行剥、抓及摘的指甲等。这些都是祖先适应树栖生活留下的痕迹。

人类的进化过程在基因里留下了痕迹，通过遗传，人类获得了祖先所具有的特征，但是基因在传递过程中，会发生突然的、可遗传的变异现象，而这种变化就是基因突变，也是"一母生九子，母子十不同"的根本原因。基因突变经历的时间越长，积累的变异也就越多，基因突变是生物进化的原动力。因此，通过比较生物之间在基因水平上的差异，就可以了解它们之间的关系。

对于人类进化来讲，科学家可以通过追索两条 DNA 来找到线索，一个是母系遗传的线粒体 DNA，另一个是父系遗传的 Y 染色体 DNA（DeSalle and Tattersall，2008；M'charek，2005；Trent，2005）。科学家通过研究世界不同种族居民的线粒体 DNA，发现全人类的线粒体 DNA 差异仅为 0.32%。同时推断，现代世界各族居民的线粒体 DNA 都来自同一个非洲女性，而这个非洲女性被人类称为线粒体"夏娃"。对于 Y 染色体 DNA 的追踪也显示了同样的结果，所有现代人类都是一位非洲男性的后裔，这位非洲男性被称为 Y 染色体"亚当"。尽管人类祖母"夏娃"和祖父"亚当"都生活在非洲地区，但他们并不处于同一段时空。尽管基因在代代相传的过程，不断地发生突变，并将这些突变累积下来，但这些都无法撼动非洲是人类起源地的地位。

至此，关于人类从何处来这一问题似乎已得到明确的答案，受迫于始新世至渐新世的气候变迁，人类的祖先在非洲出现，而现代，人类已经占领了世界的各个角落，分布之广，数量之多已达到了令人震惊的地步，那么人类是如何走出非洲，走向世界的呢？

10.2.3　人类远足

人类从未停止过追索我们从何处来，到何处去的问题，我们是起源于非洲，从古猿进化而来的，那么我们的祖先什么时候离开非洲大陆的？一路上，他们碰见过谁，谁加入了他们的队伍？黑种人，白种人，棕种人和黄种人"师出同门"，却为何肤色不同？这些千百年的疑问推动着人们去寻找人类远足的地图。关于肤色问题，人类学家给出了答案，肤色的不同是人类迁移过程中适应了不同的地理环境而造成的（Chaplin，2004），因此，从赤道到两极，从热带到寒带，人类的肤色逐渐变浅，这是人类长期适应不同的紫外辐射的

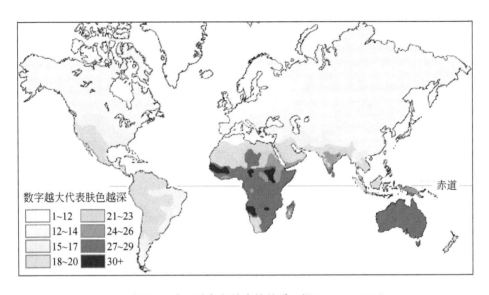

图 10-6　人口肤色与纬度的关系（据 Barsh，2003）

结果（图 10-6）。

　　人类在非洲出现，从南方古猿到能人，然后再到直立人历经了大约 300 万年的时间，在这 300 万年里，人类在非洲学会了直立行走，摆脱了树栖生活，并且具备了一定的长途跋涉的能力，他们学会了使用及制造简单的工具，能够依靠解放出来的双手采集足够的果实，同时依靠粗糙的工具猎杀其他动物；在这个过程中他们的四肢越来越发达，同时肉食性食物的不断增多以及适应自然能力的不断加强使得他们的脑容量也不断增大。于是，终于有一天，他们满怀自信以及带着对外面世界浓厚的好奇心，踏上了一条漫长而曲折的迁徙道路，那就是走出非洲（图 10-7）。

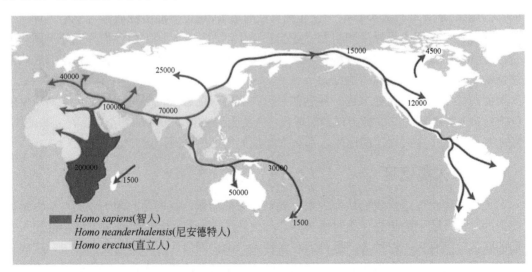

图 10-7　古人类迁徙路线图（图源：NordNordWest/Wikimedia Commons）

图中数据表示距今年数

最早走出非洲的古人类是直立人，一部分直立人在漫长的迁徙中抵达了欧洲，他们在那里定居下来，在之后的几十万年里，通过在欧洲地区的自然适应，他们不断进化，后来欧洲相继出现了海德堡人、尼安德特人。另一部分直立人来到了亚洲，同欧洲的同胞一样，在亚洲广袤的土地上，直立人也在不断进化，中国地区相继出现了元谋直立人（元谋人）及北京直立人（北京猿人），而后又出现了大荔人、马坝人、丁村人等早期智人以及山顶洞人，柳江人、河套人等晚期智人（图 10-8）。

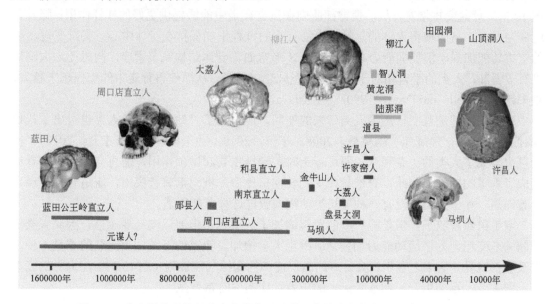

图 10-8　在中国发现的部分古人类化石及其可能的生存年代（吴秀杰，2018）
红色：直立人；蓝色：古老型智人；绿色：早期现代人

但是从非洲走出来的直立人也仅仅是少数，大部分的直立人祖先选择留在自己的故乡，就在迁徙到欧亚地区的直立人慢慢进化的时候，留在非洲本土的直立人也在发生变化，他们与自然抗衡，在努力生存的过程中进化出了早期智人及晚期智人。他们也与直立人祖先一样，一次次地走出非洲，走向世界。

与上一批移民者不同的是，他们的数量更多，并且生存技能更强，非洲地区的晚期智人向世界其他地区的晚期智人发起了一次全面的大进攻，攻占了他们的领地，同化了一部分居民，成了世界的主宰者。非洲晚期智人的基因留在了世界各地，很快地适应了不同的环境，掌握了更多的生存技能，也因此创造了更多的文明，他们用了短短的几万年的时间，在各地成功进化成了现代人。

10.3　直立行走

直立行走是人类出现的标志，直立行走使人类的骨骼形态发生了很大的变化，给人类的生活带来了诸多便利，同时也造成了诸多困扰。

10.3.1 直立行走的代价

过去人的定义是"会制造并且使用工具"，但这一定义在 20 世纪 60 年代被考古发现彻底改变，而人的定义被重新修订，在新的定义中，古人类学家把直立行走看作是促进人类进化的重要因素和人类诞生的重要标志。人类是唯一持续两足行走的灵长类动物，从爬行到直立行走，人类完成了一个重要的进化，人类的骨骼及肌肉系统发生了重大变化（附图 10-2）。骨盆变短增宽，从而使臀部肌肉在直立行走中能够提供更好的杠杆作用；腿骨角度变为内向，从而使得人体的重量在直立行走的过程中能保持在身体中心；脚趾变短，脚的支撑功能加强，但抓握能力减弱；脊椎 S 形弯曲，身体结构完美紧凑，同时还为大脑提供有效缓冲；人类的手臂相对于腿更短，下肢越来越长，从而使得行走中的步伐越来越大，越来越稳（Aiello and Dean，1990；Srivastava，2009）。

这些貌似都是直立行走给人类带来的便利，但是为了"站起来"，人类也付出了代价（秦泗河，2007；珍妮弗·阿克曼，2008；李莹，2010；乔玉成，2011；王凡，2012）。椎间盘突出成了人类的"专利"。四足行走时，脊椎主要起拱顶作用，而直立行走后，脊椎变成了承重的立柱。因此，脊椎骨在受到长期挤压后，椎间盘就会突出，压迫脊椎神经，引起疼痛。除了人类，没有一种灵长类动物领教过这种背部不适。

双手虽然解放了，但是腿和脚的负担增加了。双腿不但要运动还要承重，因此人类的骨骼关节变粗，为了运动能力加强，肌肉也大幅增加，粗重的下肢加上上肢的重量，使膝盖及脚都饱受"直立之苦"，脚足弓的出现使脚的支撑功能加强（图 10-9）。而人类的膝关节、踝关节、足部由于长期承受巨大的压力，疼痛便时常发生。

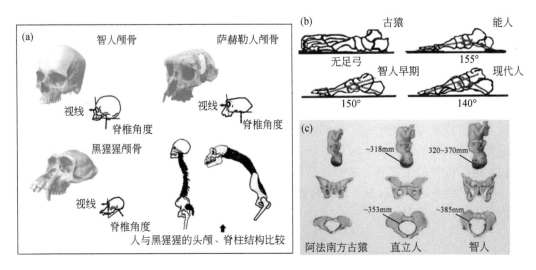

图 10-9　直立行走的代价（秦泗河，2007；李莹，2010；乔玉成，2011）

（a）人类与黑猩猩头颅及脊椎结构的比较；（b）足弓的演化；（c）盆骨与新生儿头颅的演化

直立行走使心脏负荷加大，易产生高血压；竖立的姿态促使动脉血管经常不断地收缩来提高血压，以保证身体的正常供血，久而久之，就容易产生高血压。直立行走一方面使得人类脑容量变大，头骨增大；另一方面使得雌性臀部变小，骨盆变窄，双重压力下，增加了生产的疼痛与风险（图 10-9）。此外，骨质疏松、鼻中隔偏曲、牙齿畸形、痔疮等现象也是人类直立行走的后遗症。

10.3.2 是什么让我们直立行走

直立行走会让人类饱尝足痛膝伤之苦，忍受背痛的折磨，还要应付孕妇分娩时的险象环生，那人类在进化的过程中为什么还要选择直立行走呢？显然人类在直立行走的过程中获得了众多好处。

直立行走能站得更高，看得更远，更容易发现隐藏在草丛或树丛中的猛兽，并能及时躲避危险，帮助人类更好地自我防御；直立行走能够解放双手，使前肢可以干更多的事，如收集食物，制造及使用工具，直立行走加强了人类的动手能力；直立行走更加节能，消耗的营养更少，节约的能量更多，更多的能量可以应用到人类的身体及大脑发育上，促进了人类体力及脑力的平衡发展；直立行走使我们的祖先可以长距离行走，在草原上追踪猎物，因此，人类饮食中肉类所占比例逐渐增加，直立行走改变了人类的饮食结构，饮食结构的改变也为智力的增加提供了条件；此外，直立行走有助于减少身体直接暴露在酷热阳光下的面积，在开旷的草原上可以帮助人们更好地对付炎热，空气得以环绕身体更多的面积流动，大大增加了身体的散热面积（Hunt，1996；Videan and McGrew，2002；Sockol et al.，2007）。

直立行走给人类的生活带来了极大的便利，那究竟是什么原因促使人类祖先放弃已习惯的四足行走及树栖生活，离开森林，到开阔地带直立行走的呢？根本的原因还是气候环境的变迁。600 万年来，地球的气候不断地变冷，变干，非洲的森林逐渐退缩，茂密的丛林演变成了稀疏的树林，树木的高度也相应降低，整个环境变得干燥，开阔，使得这里的土著居民、人类的祖先——古猿类迫于环境及食物压力，生活方式发生了巨大的改变。在这样的环境中，直立行走变成了莫大的优势。400 万前，南方古猿的出现表明直立是猿类向人类进化过程中的一条主线，并且随着直立功能的不断加强，直立的时间也不断延长（Kondō，1985；Hunt，1996）。

不可否认，直立行走跟用四肢行走的生物力学差异很大，在直立行走的过程中，身体的每一块骨骼都发生了微妙的变化：头骨和脊椎的连接角度由锐角变成了直角，头、脊椎以及腿都排成了一条直线；人类四肢的关节部位加粗加大，脚趾变短，脚后跟变大，足部也演化出了足弓；骨盆最初的细长的桨形变成了如今宽扁的鞍形，后肢附着了强劲的肌肉；脊椎从"房梁"转变为"立柱"，还充当了人体的减震器。

直立行走涉及平衡、协调以及效率等多方面因素，在直立行走的过程中人体的双腿就像钟摆一样，身体在其上不断地弧形摆动，在这样的动力机制下，消耗的能量也降到了最低，大部分的能量储存下来，这也许是人类演化过程中大脑越来越发达的原因，储存下来的能量为人类大脑的发育提供了充足的物质基础。直立行走作为人类起源的开端，人类将会沿着从南方古猿—能人—直立人—智人的主线发生进化。

10.4　从猿到人——人类进化历程

人类的发展演化经历了南方古猿、能人、直立人及智人四个阶段，从直立行走，到使用工具，从学会用火到创造文明。

10.4.1　身材矮小的南方古猿

在距今 2300 万～500 万年，早期灵长类的进化已初具规模，地球上居住着很多种古猿，如安卡拉古猿（*Ankarapithecus*），我国云南的禄丰古猿（*Lufengpithecus*），在欧洲的奥兰诺古猿（*Quranopithecus*），在非洲的肯尼亚古猿（*Kenyapithecus*）等，它们生活在广袤的森林中，在自然法则的筛选中不断进化，但由于化石保存及形态特征的缺失，很难肯定它们是否能够两足直立行走。直到非洲的南部地区南方古猿化石的出现，人类进化之谜才彻底揭开，400 万年前的南方古猿能够直立行走，被认为是人类进化的起点。

自 1924 年在南非塔翁（Taung）石灰岩采石场发现了一件像人类幼年头骨的化石"塔翁小孩"（图 10-10）以后，在南非和东非等地相继发现了众多南方古猿化石，至少可以划分出 11 个种，包括非洲种、鲍氏种、粗壮种、埃塞俄比亚种、羚羊河种、惊奇种、始祖种、湖畔种、近亲种、阿法种及源泉种，为揭示早期人类的起源和进化提供了重要线索（Haile-Selassie，2010；Moraes，2019）。目前为止，发现的南方古猿大约有两种类型：纤细型以及粗壮型。纤细型南方古猿包括阿法种和非洲种；粗壮型南方古猿包括粗壮种以及鲍氏种。他们的区别非常明显，纤细型南方古猿身高矮小，颅骨比较光滑，没有矢状突起，眉骨显著突出，面骨小，脑容量小；而粗壮型南方古猿身材相对高大，颅骨具有明显矢状脊，面骨宽大。不论区别如何显著，这些古猿都有着一个非常重要的共同点，那就是都会直立行走，说明他们已经开始尝试着离开森林，到开阔地带进行觅食活动（Haile-Selassie，2010）。

在众多的南方古猿（*Australopithecus*）中，最著名的要数南方古猿阿法种了（图 10-11），人们给她起了一个非常好听的名字——露西（Lucy）。露西是纤细型南方古猿的典型代表，她的遗骨就埋藏在东非埃塞俄比亚哈达尔地区（Hadar）320 万年前的岩层里。从露西约 40% 的遗骨中，我们可以一睹她的真容，从样貌上看，她分明还是尖嘴猴腮、浑身长毛的猩猩，就连脑容量也和黑猩猩相仿，但却是整个人类意义上的最早祖先。露西身材很矮小，完全站立时身高仅有 1m 多一点，体重可能也仅有 27kg，但其四肢和盆骨的形态均表明其既能够双足直立行走，也可以爬树（Johanson and Edey，1990；McHenry，1991）。

此外，在南方古猿生活的附近地区又发现了一组凝结于火山灰中的人类足迹（Hatala et al.，2016；Masao et al.，2016）。这组形成于约 370 万年前的人类足迹保存相当完好，这是人类祖先直立行走时留下的，是人类最早的足迹。露西的发现，是世界古人类史的里程碑，她被认为是"人类祖母"，露西的后代通过直立行走，逐渐将双手腾出用于制造工具，最终踏上了向现代人类进化的道路。

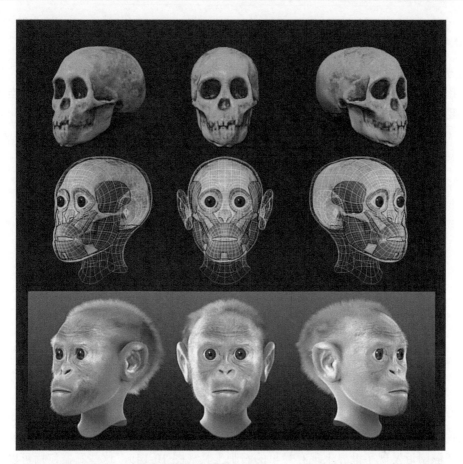

图 10-10　"塔翁小孩"头骨化石及其复原图（图源：Cicero Moraes/Wikimedia Commons）

图 10-11　南方古猿阿法种（Lucy）化石（图源：120/Wikimedia Commons）、形态复原（图源：ErnestoLazaros/Wikimedia Commons）及足迹（Masao et al.，2016）

10.4.2　使用石器的万能博士——能人

南方古猿所代表的人的起源是一次进化的飞跃，标志着人类家族与其他高等灵长类的完全分化。接下去的一次飞跃是人类家族内部的飞跃。在大约 260 万年前，人科当中一类更接近我们的类群——能人（*Homo habilis*）出现了。能人的头骨比较纤细、光滑，面部结构轻巧（图 10-12），下肢骨与现代人很相似，身高在 1.40m 左右，其平均脑量为 650cm³（图 10-13），比南方古猿的平均脑量大得多（季燕南等，2019；Moraes，2019）。

图 10-12　能人头骨及复原图（图源：Cicero Moraes/Wikimedia Commons）

跟现代人相比，能人有着同样修长的双腿，具有较强的奔走能力。更为重要的是，在能人的遗骸附近发现了世界上现存最早的石制工具（图 10-14），这些石器包括可以割破兽皮的石片、带刃的砍砸器和可以敲碎骨骼的石锤，从功能上来看，这些都属于屠宰工具，助益于这些工具，能人捕猎的成功率大大提高，石制的工具帮助能人切割食物，大家不必再像其他肉食动物那样啃食、撕咬（de la Torre，2011）。制造和使用石器的行为间接表明，肉类在能人的食物结构中所占的比例逐渐增加，丰富的肉类蛋白及动手能力的加强进一步刺激了早期人类大脑的进化，而能人恰恰就站在这个转折点上。因此，可以说能够制造工具和脑容量的扩大是人类进化的重要驱动力。能人被认为是形态特征比南方古猿进步但比直立人原始的古人类，他们拥有较为熟练的生存技巧，被认为是能够制造及使用石器的万能博士，他们生活在距今约 26000 万～15000 万年，石器的发现证明，早在 200 万年前，古人类就已经磨砺出刮骨剔肉、压榨骨髓的简陋工具，依靠着最原始的发明创造，能人得到了更强大的体力，他们走得更快、更远，他们在非洲大陆上自由迁徙，这一点为他们的后代——直立人走出非洲奠定了坚实的基础。

10.4.3　人模人样的直立人

距今约 190 万～20 万年，在非洲、欧洲和亚洲生活着的很多古人类，他们最典型的特征就是不但会制造及使用相对精良、对称的工具，而且还知道如何使用及保存火种，他们从能人的后裔中演化出来，他们就是直立人（*Homo erectus*）（Herries et al.，2020）。如果把南方古猿和能人比为刚刚学会走路，摇摇晃晃，重心不稳的孩童，那么直立人就是走路稳健，还会奔跑跳跃的少年了。直立人下肢骨骼明显比上肢粗硕，关节韧带牢固，大腿肌肉发达，脚骨也已经基本进化成了现代人的形状。

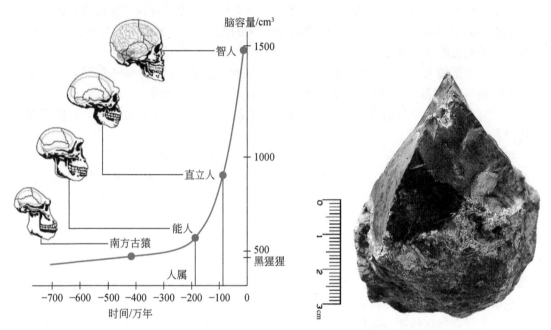

图 10-13　古人类脑容量对比图（张锋，2020）　　图 10-14　能人制造的石质工具 [图源：José-Manuel Benito Álvarez（España）/Wikimedia Commons]

　　两足直立行走和大脑发展让直立人能更好地使用双手并进行发明创造，他们发展出高级的石器，被称为阿舍利文化（Acheulean）（de la Torre，2016）。他们先用硬锤打击，再使用骨头和硬木等软锤来加工，从而制造出更规整刃沿儿的石斧（附图 10-3）。这种没有斧柄的石斧，虽然还不能称为真正意义上的斧头，但却是人类第一种标准化生产的工具，它可用来切削东西、挖掘块根、攻击野兽（Manuel et al.，2015）。

　　除石斧外，直立人还能使用火，他们可能通过森林火灾采集天然火种，并用木炭和动物粪便作为燃料保存火种，火增强了人类抵御野兽的能力，让人类掌握了烧烤这项最早的烹饪技术，使食物更美味营养的同时更易于咀嚼和消化。火带来光明和温暖，方便人类在夜晚和黑暗处活动，帮助人类度过漫长的冰河时期，并能够到寒冷地区生存，大大扩大了人类的活动范围。

　　技术和体质的改进，让直立人展现出强大的适应性及竞争力，随着生存资源的不断骤缩及环境压力的不断加强，直立人开始向非洲以外的其他地区谋求发展空间，一场迁徙在所难免。因此，直立人迈出了走出非洲的第一步，在今后的岁月里，顽强地走出了非洲，散布到亚洲及欧洲（Rightmire，1998；Wood，2011；Stanford et al.，2013）。西亚的格鲁吉亚人，欧洲的先驱人，印度尼西亚的爪哇猿人，以及中国的元谋人、蓝田人和北京人都是走出非洲的直立人的后代。

10.4.4 大脑发达的智人

在大自然不断的磨砺与基因的不断突变下，大约20万年前，地球上出现了一个新的物种，这个物种充满智慧，他们的后代跨越了大海和高山，适应了各种气候环境，创造了农业，驯化了野兽，建造了房屋，是动物王国里最强大的生灵。他们就是智人（*Homo sapiens*），是现代人类最近的直系祖先。

从直立人到智人，脑容量的变化尤为突出，与祖先直立人相比，智人的脑容量足足增加了300cm³，这使得智人拥有更多的高明之处，他们可以进行艺术创作，同时具备抽象思维，在应对自然方面，他们穿上了能防寒御暖的衣服，拿起了更加优良的工具，成了强大的捕猎者。

智人的发展可划分为两个阶段：早期智人阶段及晚期智人阶段。早期智人也被称为"古人"，生活于20万～10万年前，分布非常广泛，在亚洲、非洲、欧洲许多地区都有发现。早期智人的体态和现代人接近，但仍保留了一些较原始的特点，我们不难从他们高而突出的眉嵴、倾斜的前额、宽大的鼻子、突出的下巴认出他们。

大约10万年前，地球上又出现了一种智商更高，长相和现代人不分轩轾的人种，晚期智人，也被称为"新人"。从解剖意义上来说，晚期智人就是现代人。他们会制造磨光的石器和骨器，会钻木取火，用兽皮缝制衣服。他们还是极富才华的艺术家，会绘制岩画，制作装饰品，享誉世界的狩猎者艺术的创作者克罗马农人就是其重要代表（图10-15）。克罗马农人生活在冰河时期，他们掌握了捕猎大型动物的技能，并以草食类动物，特别以乳齿象、猛犸象那样重量级的大型草食类动物为主要狩猎对象，在四处游荡的狩猎生活中，以写实主义的手法绘制出了大量精美的岩画。我国是晚期智人的聚居地之一，广西的柳江人、内蒙古的河套人、四川的资阳人、北京的山顶洞人等都是晚期智人大家庭中的成员。

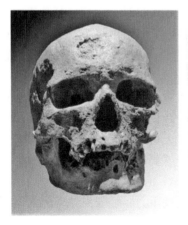

图10-15　克罗马农人化石及岩画（图源：120/Wikimedia Commons）

他们比早期智人更接近现代人，他们是极富才华的艺术家，这一点我们可以从他们生活过的遗迹处发现的岩画看出来。智人的出现仅仅有几十万年的时间，相比于生物进化的亿万年，只是短短一瞬。就是在这很短的时间里，智人达到了不可思议的繁荣。从热带到两极，全世界凡是有陆地的地方基本上都有人类居住。

10.5 进化史上的名人

人类的进化史上存在着很多古人类，他们有的是擅长用火的食人族，有的统治了欧亚大陆，为人类的演化增光添彩。

10.5.1 北京人之谜

中国是世界文明古国，也是人类的发源地之一，地质历史时期，中国境内生活着很多古人类，重要的有元谋人、蓝田人、北京人、山顶洞人等。在众多的直立人中代表中，最典型的就是 50 多万年前，生活在的北京周口店茂密丛林中的北京猿人了，人们亲切地称它为北京人（Peking Man）（图 10-16）。而北京人遗址是世界上出土古人类遗骨、化石和用火遗迹最丰富的遗址，北京人生活在距今约 70 万～20 万年。遗址发现地位于北京市西南房山区周口店龙骨山，除了北京猿人的遗骨，洞穴内还发现了大量的兽骨。

图 10-16　中国古动物馆展出的北京人头骨复制品（图源：Yan Li /Wikimedia Commons）及北京人复原图（图源：Cicero Moraes/Wikimedia Commons）

约 50 万年前的北京周口店是茂密的原始森林，山间鸟语花香，北京猿人就在这里创造了灿烂的生活。他们会制作不同大小，不同材质以及不同功能的工具。凭借着这些工具，他们能够猎取种类繁多的动物，甚至凶猛的剑齿虎在猿人团结一致的行动中都会沦为被捕杀的对象。

此外，北京猿人的另一项伟大之处就是能够灵活地控制用火，考古人员陆续发现了明显经过炭化的植物种子、煅烧过的动物骨骼和经过大火燃烧的岩石及土壤（图 10-17），且北京人遗址中的沉积物很可能经过 700℃以上的高温加热，为北京人控制用火提供了直接证据（高星等，2016）。在北京人居住的地方发现了大量古人类头盖骨、下颌骨及牙齿等化石，表明北京人过着群居生活，他们往往几十个个体共同生活，共同劳动，原始的社会因此而初具模型。此外，还发现了丰富的石器、骨器、角器与用火遗迹。形态各异，功能齐全的工具，表明北京人具有较强的捕猎能力，而明显经过炭化、煅烧过的动物骨骼，及可能经过 700℃ 以上的高温加热的沉积物，为北京人灵活地控制用火提供了直接证据。

图 10-17 北京直立人用火遗迹（高星等，2016）

（a）炭化的动物骨骼及朴树籽； （b）烧石

北京人生活的环境森林茂密，野草丛生，猛兽出没。他们随时都有失去生命的危险，尽管有粗糙的石器，简易的工具，在自然面前他们仍旧显得格外渺小。在这样险恶的环境里，北京人意识到单靠个人力量，是很难安全生活的，因此他们选择了群居生活，往往几十个人共同生活在一起，共同劳动，共同分享劳动果实，早期的原始社会初具模型（附图 10-4）。

北京人作为现代中国人的直系祖先之一，被写入中国历史教科书。但遗憾的是，真正的北京猿人如今却不在北京，就当人们开始想深入研究北京人的头盖骨，以此打开中国人起源的大门的时候，日本侵华战争爆发了，初见成效的中国古人类研究工作被迫中止，北京人的头盖骨、肢骨及牙齿等化石被精心地包裹后装入大箱，秘密保存了起来。随后他们被移交给美国海军陆战总队，计划搭乘哈里森总统号送往美国，以便开展更深入的研究，然而，珍珠港事件的爆发使得刚刚启程的哈里森总统号被日本人击沉于长江口，而装有北京人骨骼化石的大箱子是否在船上也无从考证，就在这场可怕的战争中，珍贵的中国古人类化石就此下落不明。

当你仔细观察北京人头盖骨的时候，会发现多处硬物所致、刻意为之的凿痕及切痕，而这些痕迹与尼安德特人的头盖骨上的伤痕惊人地相似。这些明显的硬物打击所致的伤痕揭开了隐藏在古人类历史中的一个惊天秘密，残酷的生存竞争可能导致人类进化史中存在着人吃人的惨剧，远古人类曾经一度为了生存而沦落为"食人族"。

10.5.2 尼安德特人的命运

在晚期智人中，最知名的类群要数尼安德特人了（图 10-18），而人类历史上最迷人的奥秘之一，也莫过于在欧洲繁荣了成千上万年的尼安德特人的命运了。大约在 100 万年前，欧洲这片广袤的大陆才有了人类的足迹，这些早期走出非洲的人类在欧洲地区不断地繁衍和进化，他们就是尼安德特人的祖先——海德堡人。大约在 50 万年前，海德堡人的足迹便踏遍了欧洲大陆。随着人类进程的不断向前推进，海德堡人后来发展成了尼安德特人。大约 20 万～3 万年前尼安德特人的足迹就遍及欧洲及西亚地区，他们的遗迹（骨骼、营地、工具，甚至艺术品）从中东到英国，再往南延伸到地中海的北端，甚至远至西伯利亚。

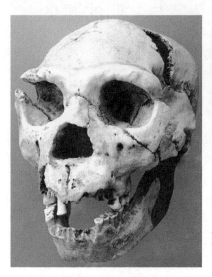

图 10-18　尼安德特人化石（图源：Jerónimo Roure Pérez/Wikimedia Commons）及复原

（图源：Neanderthal-Museum，Mettmann/Wikimedia Commons）

直至 3 万多年前，随着冰川蔓延至整个欧洲大陆，尼安德特人最终也没能挺过冰河世纪严寒而漫长的冬天，最终走向了灭亡。尼安德特人的长相和我们现代人类十分相似，只不过他们更矮，颧骨更粗壮，额头隆起，鼻子很宽。虽然有时他们被认为是未开化的野蛮人，但是他们会使用工具，具备了一定的丧葬仪式，并且能够很好地使用及控制火。人类最后一次走出非洲来到欧亚大陆，不可避免地遭遇了欧亚土著的尼安德特人，他们很长一段时间都要共同生活在一起。

相对于走出非洲的智人朋友而言，尼安德特人并不逊色。他们脑容量更大，身体更强壮，并且更能适应欧亚地区寒冷的气候；他们能使用火，控制火；他们会制造以及使用工具，是捕猎的能手，还懂得照顾伤员；他们甚至在山洞中留下了大量精美的壁画，显示他们已经进化到一个相当高的阶段。

那么当走出非洲的人类祖先在欧亚地区遭遇到尼安德特人，他们之间又会发生什么呢？基因分析也表明，现代人差不多有 4% 的基因来自尼安德特人。也就是说，尼安德特人和我们的祖先——"走出非洲的智人"有过基因方面的交流，我们很可能就是尼安德特人的后代。但是为什么尼安德特人灭亡了呢？

关于尼安德特人的灭绝原因众说纷纭，一种说法是由于气候变化，大量的野生动物死亡，而尼安德特人由于食物供应中断，最终走向灭亡。快速的气候变化是尼安德特人灭绝的主因。另一种说法认为，当人类的老祖先，大量的早期智人走出非洲来到欧亚大陆，他们和土著尼安德特人产生了明显的竞争关系，他们争夺领地以及食物，在这场残酷的竞争中，尼安德特人处于下风，最终伴随着 4 万年前欧洲大陆的气候恶化，尼安德特人逐渐灭绝。最近，一些科学家假设尼安德特人并没有灭绝，而是融入了现代人类的血脉，成为我们当中的一部分。

10.6 劳动——智慧与文明的源泉

劳动在猿变为人的过程中发挥着重要的作用，劳动的创造性改变了人类的命运，使人类步入文明。

10.6.1 劳动的创造性

劳动在人类进化中起到了决定性的作用。动物仅仅利用外部自然界，单纯地以自己的存在来使自然界改变；而人类则通过他所做出的改变来使自然界为自己的目的服务，从而支配自然界。这便是人同其他动物的最后的本质区别，而造成这一区别的还是劳动。四肢灵活与大脑发达的完美结合，使得人类具有强大的创造性，在人类进化的漫长道路上，劳动的创造性使人类与其他动物分道扬镳。

劳动的创造性表现在诸多方面，首先劳动促使了人类身体结构的进化：为了获取更多的食物，人类的祖先开始尝试着直立行走，使得前肢能够干更多的事情，为了获取更多的果实，人类的双手在收集食物方面越来越灵活。

劳动促使了工具的产生：在远古的那个弱肉强食的世界，人类在体型上远远缺乏抵御强敌的能力，为了获取更多的猎物，人类的祖先开始使用工具猎取动物、分割动物，动物蛋白的获取使得人类的身体更强壮，营养更丰富。劳动中产生的工具，促使人类发明创造的能力得以提升。

劳动促使人智力发育，促使人类社会关系进化：人类在狩猎活动中集体行动，在这种劳动过程中慢慢地就产生了最简单和原始的人际交往和人际关系，慢慢地在劳动中，形成了分工，发展出了语言，最终产生了社会关系。人类进化的过程也可以说是人类劳动的过程，人类在劳动的过程中产生了工具，学会了使用及保存火种，创造了语言、发展出了社会关系及人类文明。

10.6.2 石器时代

使用工具是人与其他动物重要的区别之一，同时也是人类具有智慧的重要标志（Ko，2016）。当人类的祖先不再用双手移动身体，开始制造和使用工具的时候，人类的技术发明活动就开始了。工具的使用是人类劳动过程中的一次大革命，人类从手无寸铁地面对自然到学会利用工具改造自然，历经了数百万年。

早在南方古猿阶段，天然石块、树枝也许就已经成了一种工具，凭借着这些自然工具，古人类可以像黑猩猩或大猩猩一样，吃到自己想吃的食物；后来能人学会了制造简单的工具，随着人类的进化，人类使用及制造工具的方式也越来越多样化；直立人阶段，所制造的工具既对称，又实用；到了智人阶段，工具已经成了人类狩猎生活的必需品，智人手里的工具越来越复杂化、精细化、高级化及专业化。

远古人类在进化的过程中，工具的使用大致经历了两个时代：旧石器时代（Paleolithic）和新石器时代（Neolithic）。旧石器时代指距今约 300 万～1 万年的时期，地质时代属于上新世晚期—更新世。这个时期古人类制作工具的方法以石块与石块间相互碰撞、敲击为主，制作的石器称为打制类石器。这一时期，人类的生产水平非常低下，生活条件受到自然条件的极大限制，制造石器一般都是就地取材，从附近的河滩上或者从熟悉的岩石区拣拾石块，打制成合适的工具，而制造的简单工具以作打猎和采集的用途（图 10-19）。

根据石器种类及复杂程度的不同，旧石器时代具体划分为早期（3500 万～3000 万年前）、中期（5 万～3 万年前）和晚期（5万～1 万年前），分别对应于人类体质进化的能人和直立人阶段、早期智人阶段和晚期智人阶段。旧石器时代的文化在世界范围内分布广泛，尽管当时古人类地域不通，信息闭塞，但地球上不同地区的先民，都不约而同把石器作为了最早的工具，这可以说是人类技术发展的一个奇迹。有实物证据的最早的人类发明，是约 260 万年前的石器（Plummer，2004）。在旧石器时代晚期，北京山顶洞人已经可以制作磨制骨器和装饰品，且制作得十分精美，他们掌握了钻孔技术和磨制技术，为以后新石器时代磨制工具的出现打下了基础。

图 10-19　旧石器时代晚期古人类使用的石器（公开）

新石器时代在考古学上是石器时代的最后一个阶段。以磨制石器为主，大约从 1 万年前开始，结束时间从距今 5000 年至 2000 多年不等。这个时期，人类开始从事农业和畜牧，将植物的果实加以播种，并把野生动物驯服以供食用。人类不再只依赖大自然提供食物，因此食物的来源变得稳定和充足。同时农业与畜牧的经营也使人类由逐水草而居变为定居，在一定程度上节省下更多的时间和精力。在这样的基础上，人类生活得到了更进一步的改善，开始关注文化事业的发展，促使出现辉煌的人类文明（吴秀杰，2018）。

又有的人将大约 2 万～1 万年前的这段时间单独划分出来，这个时期正是最后的冰河时期渐渐过去的时候。人类受自然条件影响，开始改变其生活习惯。因为自然气候变暖，采集和渔猎经济有了较大的发展。而为了在新的环境中能生存下去，新的发明、创造继续出现，而且比旧石器时代时更多。这就是旧石器时代向新石器时代的过渡阶段，也就是中石器时代（陈星灿，1990）。中石器时代的特色是用燧石组合成的小型工具。在某些地区可以找到捕鱼工具、石斧，以及像独木舟和桨的一些木制物品。遗憾的是这个时代的遗迹并不多，但是这些已发现的遗迹清楚地记载着人类发展的历程。而随着农业的出现，中石器时代的人们开始改变其生活，并进入新石器时代。石器的出现，意味着人类开始了不同于其他物种的演化进程，而石器演化的历史也正是一部人类进化的历史。

10.6.3 火之文明

火，是人类生存必需的物质，驱走了严寒，带来了温暖；驱散了黑夜，带来了光明。如果说人类进化过程中，第一次质的飞跃是制造工具，那么用火当属第二次飞跃。人类学会用火，不但推动了人类自身和原始社会的发展，而且还对后来的人类进化历程产生了深远影响，使用火成了人类改造自然的一种强有力的手段。

在遥远的洪荒年代，人类茹毛饮血，由于火的使用，使原始人开始吃熟食，熟食易于消化，更富营养，大大促进了人类体质的发展。火还给人类带来了温暖，使人类不仅生活在温暖地带，并且分布到了寒冷地区；火还给人类带来了光明，即使在黑夜，人类也能自由地行动了；火还增强了人类的攻守能力，使人类再也不惧怕猛兽的威胁了。总之，火的使用使原始人获得了新的知识、新的力量。

地质历史时期，自然火对生态环境的变化有着十分重要的影响。一场大火过后，无数生命被吞食，幸存下来的人类只得从灰烬中寻找可以充饥的东西。原始人在从灰烬里寻找食物的过程中发现，火虽然可怕，却很温暖。这一意识的发生可以说是人与动物区别开来的一个重大分界线，正是意识到火可以取暖，人类才产生了保存火种的意识。原始人开始将自然火种带回洞穴中保存起来，人类对火的利用也就从此开始了。

在中国的云南元谋县、非洲肯尼亚的切苏瓦尼亚地区都发现了约 100 万年前人类用火的遗迹。在云南北部金沙江畔的元谋县发现了距今约 170 万年的两颗猿人牙齿化石，同时发现的还有石器、炭屑、带人工痕迹的骨骼，其中炭屑的发现引起了学术界的极大兴趣。有人认为元谋炭屑是人类用火的最早证据，依此把人类最早用火定为 170 万年前。更为确切的证据要数北京周口店发现的北京猿人洞穴中留下的灰烬层了（Zhong et al.，2014；Gao et al.，2017）。当时人类保存火种的目的一方面是为了烧烤食物，另一方面更重要的是为了在寒冷的冬天能取暖。当冬天来临时，原始人在晚上围在火堆旁休息，天气越冷，人类就越靠近火堆，人类本来用以御寒的毛发慢慢地被火烧焦了，变得越来越少。随着熟食的增多，原始人的饮食习惯也在改变，吃熟食容易使人积累较多的脂肪，脂肪的增多一方面提高了人类御寒的能力，另一方面却阻止人类毛发的正常发育，降低了毛发在抵御寒冷方面的功能。所以，火的利用与用火带来的饮食结构的变化是人类毛发退化的根本原因。

原始人在使用火的过程中，随着毛发的减少，对火的依赖性也越来越强。特别是冬天，当人类离开火堆外出活动或寻找食物时，由于感到非常寒冷，就不得不开始思考寻找御寒的办法。这样，洞外取之不尽的柔软并且可以串起来的树叶自然就成为人类的第一件衣服，但人类学会用树叶、兽皮作为御寒工具却经历了一个漫长的时期。需要说明的是，人类从利用树叶护身到使用兽皮御寒，可以说都是由用火催生的。原始人在用火的过程中改变了人类自身的毛发结构，人类因此穿上了衣服，所以说火的利用也是人类发明服装最根本的动力。

远古时期，人类抵御自然灾害的能力十分低下。原始人开始吃熟食也许是在大火过后，被大火燃烧后的食物比生食的味道更加可口，掌握和使用自然火是人类食物发生变化的关键。原始人捕猎归来，把捕获的动物或采摘的植物放在火中烧烤，并且在漫长的历史长河中不断改进加工食物的方法。熟食的长期食用不仅可以防止疾病，同时还可以增加营养，并进一步促进人类大脑的发育，最终把人和动物区别开来。所以火又是人类智慧产生的原动力。

由此可见，从原始人到现代人智慧产生的每一步都离不开火，可以说认识和掌握自然火是人类智慧启迪的第一步；而人类在火光中得到光明，在寒冷中取得温暖，利用火抵御野兽侵袭是火对人类智慧启迪的第二步；继而人类掌握了用火烧烤食物，摆脱了茹毛饮血的时代，使人类大脑在吃熟食过程中更加发达，这是火对人类智慧启迪的第三步，人类从此揭开了认识自然改变自然的新篇章。由此，也可以说，是火将人类带进文明时代。

10.6.4　人类符号

有了工具和火，人类从畏惧自然、依从自然到战胜自然、改造自然，人类成了自然界的领袖。而有了语言，人类才算真正打开了探索自然，探索生命本真，探索自我以及创造文明的大门，语言是人类独有的天赋，是其他动物无法逾越的高墙，语言是我们人类最了不起的工具，是最后一个迈向人类文明的通行证。

语言的功能主要有两个：交流与记录。科学家在南非布隆伯斯洞穴（Blombos Cave）发现了一块赭石，有大约 75000 年的历史，上面绘着规则的几何图案。起初看起来这代表不了什么，但是你见过动物能够自己创造出这样的图案吗？虽然人们现在无法明白这个图案究竟代表什么，但是可以肯定的是，这个图案，肯定具有特殊的含义。那么，能够把一些含义附加到抽象的符号上面，就代表着人类认知能力的进步。

此外，古人类学家还发现了镂空雕饰的海螺壳，串起来就像是项链或者是可以系到身体其他什么地方的装饰品。这件装饰品上还有颜色的痕迹。身体装饰毋庸置疑是动物生存和繁衍之外的社会行为，是现代人独有的。这些证据表明，生活在中石器时代的人们，已经具有了能够成为现代人的认知能力。

人类与其他动物不同的一个重要特点，就是具有完全语法的语言。虽然很多动物也可以发出声音，进行简单的交流、报警、示爱，甚至号召进行攻击，但是只有人类生下来就具有将知识和经验转化为各种各样的具有不同含义的句子的能力。有了这个能力，人类才称作人。这个能力可以将我们的知识和经验加以合并分类，能够更加有效地整理我们的思维以及知识。有了这个能力我们就可以交流并对事情进行计划。有了这个能力就可以将关系扩展到更广泛的人群，与血缘之外的人群进行联系，建立团体。有了这个能力，人们就可以讲故事，有新的想法，创立宗教。有了这个能力，人们就可以去思考：人类的本真——人是怎么来的。

复习思考题

1. 人类的进化过程分为哪几个阶段？
2. 如何理解人类进化的标志？
3. 直立人有哪些重要特征？
4. 如何理解现代人类的起源？
5. 直立行走给人类带来了哪些便利，同时又让人类付出了什么代价？

参 考 文 献

阿尔弗雷德·魏格纳. 2023. 海陆的起源. 王春雨, 李辰莹译. 西安: 陕西师范大学出版社.

保尔·戴维斯. 2007. 宇宙的最后三分钟（中译本）. 傅承启译. 上海: 上海科学技术出版社.

北京自然博物馆. 1982. 生物史图说. 北京: 科学出版社.

彼得·阿克罗伊德. 2007. 生命起源（英）. 周继岚, 刘路明译. 上海: 生活·读书·新知三联书店.

布鲁斯·捷克斯基. 2000. 行星上的生命（中译本）. 胡中为译. 南京: 江苏人民出版社.

陈淳. 2010. 寻找人类进化的缺环. 自然与科技, （1）: 13-15.

陈福. 1996. 地球大气圈和水圈的成因及其演化历史//中国科学院地球化学研究所. 地球化学进展——30 届国际地质大会文集. 贵阳: 贵州科技出版社.

陈广仁. 2008. 2007 年国内外 100 个科技热点回眸（Ⅰ）. 科技导报, 26（4）: 15.

陈鹤. 2020. 我国第一具翼龙化石骨架——魏氏准噶尔翼龙头骨腭区研究获新进展. 化石, （2）: 78-81.

陈黎明, 柴立和. 2005. 生命是什么: 一个基于新物理学原理的回答. 医学与哲学, 26（6）: 16-17.

陈平富. 2010. 科学家发现鸟类起源于恐龙的最新证据. 化石, 144（2）: 2-9.

陈星灿. 1990. 关于中石器时代的几个问题. 考古, （2）: 8.

邓涛, 王晓鸣, 倪喜军, 等. 2004. 临夏盆地的新生代地层及其哺乳动物化石证据. 古脊椎动物学报, （1）: 45-66.

《地球科学大辞典》编委会. 2005. 地球科学大辞典（应用卷）. 北京: 地质出版社.

《地球科学大辞典》编委会. 2006. 地球科学大辞典（基础卷）. 北京: 地质出版社.

丁素婷, 孙柏年, 吴靖宇, 等. 2010. 甘肃华亭侏罗系 Phoenicopsis（Phoenicopsis）angustifolia Heer 的表皮构造与碳同位素特征. 兰州大学学报（自然科学版）, 46（1）: 14-21.

董枝明. 2008. 中国恐龙研究的新进展. 化石, （3）: 23-24.

董枝明, 赵闯. 2011. 百年中国十大恐龙明星. 化石, （2）: 70-79.

董枝明, 尤海鲁, 彭光照. 2015. 中国古脊椎动物志. 第 2 卷. 第 5 册. 北京: 科学出版社.

杜远生, 李大庆, 彭冰霞, 等. 2002. 甘肃省永靖县盐锅峡发现大型蜥脚类恐龙足迹. 地球科学, （4）: 367-372, 467.

段勇. 2006. 生命的定义和生命起源的充分必要条件. 河海大学学报（哲学社会科学版）, 8（4）: 13-16.

樊文龙. 2015. 恐龙帝国探秘 第 1 册. 北京: 北京联合出版公司.

冯伟民. 2017. 生命的历程系列讲座（三）"寒武纪生命大爆发"再揭秘. 化石, （4）: 54-58.

冯伟民. 2018. 生命的历程系列讲座（六）海洋动物多层次生态分布从那时形成. 化石, （3）: 60-65.

冯伟民. 2019a. 生物进化传奇. 合肥: 中国科学技术大学出版社.

冯伟民. 2019b. 生命的历程系列讲座（十一）神秘的埃迪卡拉生物群. 化石, （4）: 48-52.

冯伟民. 2020. 生命的历程系列讲座（十三）生物大灭绝启示录. 化石, （2）: 16-19.

冯伟民. 2021. 显生宙第一次生物大灭绝. 化石, （1）: 50-53.

冯伟民. 2022. 白垩纪末生物大灭绝. 化石, （3）: 16-19.

弗里德里希·恩格斯,卡尔·马克思. 1972. 马克思恩格斯选集:第三卷. 中共中央马克思 恩格斯 列宁 斯大林著作编译局译. 北京:人民出版社.

傅强. 2011a. 潜龙在渊——水生爬行动物. 生物进化,(1):42-50.

傅强. 2011b. 中生代的陆地霸主——恐龙. 生物进化,(1):55-58.

傅强. 2011c. 生生不息的远古昆虫. 生物进化,(1):59-64.

傅彤,王晨,丁巧玲. 2013. 长着腿的"银杏叶". 化石,(1):13-17.

盖志琨,朱敏. 2017. 无颌类演化史与中国化石记录. 上海:上海科学技术出版社.

高联达,王涛,姜春发,等. 2015. 西秦岭关家沟组晚奥陶世苔藓植物孢子和陆生维管束植物小孢子化石. 地质通报,34(9):1668-1676.

高谦,吴玉环. 2010. 中国苔纲和角苔纲植物属志. 北京:科学出版社.

高星,张双权,张乐,等. 2016. 关于北京猿人用火的证据:研究历史、争议与新进展. 人类学学报,35(4):481-492.

庚镇城. 2016. 进化着的进化学:达尔文之后的发展. 上海:上海科学技术出版社.

顾德兴. 2000. 面向 21 世纪课程教材:普通生物学. 北京:高等教育出版社.

管红娇,孙兵,杨玉洁,等. 2021. 两种不同闽楠叶片的形态比较. 农业科学与技术(英文版),22(2):38-44.

广州博物馆. 2006. 地球历史与生命演化. 上海:上海古籍出版社.

郭建崴. 2015. 云南禄丰"世界恐龙谷"明星展品之一——巨型禄丰龙. 化石,(4):82.

郭梦林,马虎中,窦贤. 2012. 中华龙鸟,到底是龙还是鸟?资源导刊:地质旅游版,(7):8.

汉娜·斯特拉格. 2020. 达尔文传. 岱冈译. 北京:中信出版集团.

郝守刚. 2010. 一株 4 亿年前的完整植物——闹市区的重要发现. 化石,(3):51-54.

郝守刚,马学平,董熙平,等. 2000. 生命的起源与演化——地球历史中的生命. 北京:高等教育出版社,施普林格出版社.

侯连海,周忠和,顾玉才,等. 1995. 侏罗纪鸟类化石在中国的首次发现. 科学通报,(8):726-729.

胡承志. 2001. 巨型山东龙. 北京:地质出版社.

季强,姬书安. 1996. 中国最早鸟类化石的发现及鸟类的起源. 中国地质,10:30-33.

季强,姬书安. 1997. 原始祖鸟(*Protarchaeopteryx* gen, nov.)——中国的始祖鸟类化石. 中国地质,(3):4.

季强,姬书安,尤海鲁,等. 2002. 中国首次发现真正会飞的"恐龙"——中华神州鸟(新属新种). 地质通报,(7):363-369.

季强,袁崇喜,季鑫鑫,等. 2003. 论鸟类飞行的起源. 地质论评,(1):1-2,4.

季强,等. 2004. 中国辽西中生代热河生物群. 北京:地质出版社.

季燕南,王旭日,黑须球子,等. 2015. 论鸟类飞行起源的"树栖"与"地栖"假说之争. 地质学刊,39(2):201-206.

季燕南,季强,吴文盛,等. 2019. 人类从哪里来?——(1)国际古人类学研究历史与现状. 地质学刊,43(4):9.

江小均,柳永清,彭楠,等. 2010. 辽西建昌县玲珑塔含翼龙和带羽毛恐龙化石地层层序和时代归属(英文). 地球学报,31(S1):33-35.

蒋顺兴,汪筱林. 2011. 张氏格格翼龙(*Gegepterus changae*)新材料及其重要骨骼特征的补充和修订(英文）. 古脊椎动物学报, 49（2）：172-184.

蒋松成. 1998. 古生物钟的妙用. 中学地理教学参考, （11）：32.

蒋志刚, 马勇, 吴毅, 等. 2015. 中国哺乳动物多样性. 生物多样性, 23（3）：351-364.

李大庆, 尤海鲁, 周伶琦. 2017. 甘肃早白垩世恐龙. 上海：上海科学技术出版社.

李吉均. 2006. 青藏高原隆升与亚洲环境演变//李吉均院士论文选集. 北京：科学出版社.

李建会. 2003. 生命是什么？自然辩证法研究, 19（4）：86-91.

李建军. 2015. 中国古脊椎动物志. 第 2 卷. 第 8 册. 北京：科学出版社.

李莉, 王晶琦, 侯世林. 2010. 辽宁建昌早白垩世孔子鸟——新材料. 世界地质, 29（2）：183-187.

李倩倩, 郑德顺. 2022. 豫西中元古界龙家园组二段叠层石特征及其沉积环境分析. 现代地质, 4：1-18.

李士本, 张力学, 王晓锋. 2006. 自然科学史简明教程. 杭州：浙江大学出版社.

李阳. 2020. 新疆准噶尔盆地发现世界上最大的亚洲足迹. 化石, （3）：78-82.

李莹. 2010. 人类的足迹. 生命世界, 20（3）：78-81.

李志恒, 张玉光, 周忠和. 2008. 鸟类飞行起源的研究. 自然杂志, （1）：32-38.

理查德·福提. 2018. 生命简史 地球生命 40 亿年的演化传奇. 高环宇译. 北京：中信出版社.

刘长仲. 2015. 草地保护学. 第 2 版. 北京：中国农业大学出版社.

刘德良, 沈修志, 陈江峰, 等. 2009. 地球与类地行星构造地质学. 第二版. 合肥：中国科技大学出版社.

刘刚, 牟全海, 姚海涛. 2016. 甘肃和政古动物化石地质遗迹特征及其科学意义. 地质学报, 90（8）：
　　1679-1691.

刘健昕, 张劲硕. 2008. 世界哺乳动物种类和保护现状. 生物学通报, 43（10）：1-3.

刘炼, 段海涛, 詹胜鹏, 等. 2019. 中国表面处理技术发展历程浅析——石器时代表面处理技术. 材料保护,
　　（12）：146-149, 171.

刘武. 2020. 南方古猿幼儿头骨：改变对人类起源认识的化石. 科学通报, 65（18）：5.

卢静, 朱幼安, 朱敏. 2016. 我们的祖先从水里来——硬骨鱼类起源与早期演化. 自然杂志, 38（6）：391-398.

吕东风. 2018. "世纪曙猿"复原记. 化石, （3）：2.

吕东风. 2019. 垣曲盆地——4000 万前世纪曙猿等高等灵长类的摇篮. 化石, （4）：3.

吕君昌. 2010. 达尔文翼龙——献给达尔文诞辰二百周年的礼物. 大自然, （5）：4-8.

吕君昌. 2015. 中生代的空中霸主. 大自然, （4）：14-21.

吕君昌. 2016. 长羽毛恐龙及翼龙研究新发现. 地球学报, 37（2）：129-140.

马宁, 娄玉山, 邢松. 2012. 最完整的南方古猿化石. 化石, （2）：6-8.

梅冥相, 孟庆芬. 2016. 现代叠层石的多样化构成：认识古代叠层石形成的关键和窗口. 古地理学报, 18（2）：
　　127-146.

倪剑. 2009. 山地人居环境空间形态规划理论与实例探析——欧洲古代部分. 重庆：重庆大学.

欧强. 2020. 寒武纪叶足动物：困惑与思考. 地学前缘, 27（6）：47-66.

欧阳辉. 1990. 恐龙皮肤化石. 化石, 4：26, 30.

帕特丽夏·巴尼斯-斯瓦尼, 托马斯·E. 斯瓦尼. 2016. 爱问百科：关于恐龙的一切. 霍彤, 张彤译. 北京：
　　北京联合出版公司.

潘清华, 王应祥, 岩崑. 2007. 中国哺乳动物彩色图鉴. 北京：中国林业出版社.

潘照晖, 朱敏. 2017. 中国云南曲靖早泥盆世大眼小瓣鱼的三维形态数据. 中国科学数据（中英文网络版）,

2（4）：34-41.

彭光照. 1997. 西班牙发现世界上最大的恐龙筑巢地. 化石，（4）：12.

彭文. 2018. "混元兽"改写有袋类哺乳动物起源. 百科知识，（15）：27.

彭奕欣. 1986. 生命的起源. 北京：民族出版社.

乔櫵. 2002. 意外的碎片和意外北票龙——偶然与必然，科学研究之路. 国土资源，（5）：54-55.

乔玉成. 2011. 进化·退化：人类体质的演变及其成因分析——体质人类学视角. 体育科学，31（6）：11.

秦泗河. 2007. 对生物进化与人类骨科疾病的探索. 中国矫形外科杂志，15（8）：5.

邱占祥，王伴月，颉光普. 2000. 甘肃和政地区麝牛亚科一新属的初步报道. 古脊椎动物学报，（2）：128-134，171.

裘锐，汪筱林. 2021. 热河生物群窃蛋龙类的发现及研究进展. 自然杂志，43（2）：119-126.

任东，洪友崇. 1998. 被子植物的起源——以喜花虻类化石为据. 动物分类学报，23（2）：212-221，225-226.

戎嘉余. 2006. 生物的起源、辐射与多样性演变——华夏化石记录的启示. 北京：科学出版社.

戎嘉余，周忠和. 2020. 演化的力量. 北京：科学普及出版社.

戎嘉余，冯伟民，傅强. 2016. 远古的辉煌：生物大辐射. 南京：江苏科学技术出版社.

塞尔维亚·厄尔勒，艾伦·普拉格尔. 2002. 海洋的故事. 王桂芝，刘建新，等译. 海口：海南出版社.

沙金庚. 2009. 世纪飞跃：辉煌的中国古生物学. 北京：科学出版社.

尚玉昌. 2008. 介绍单孔目和有袋目哺乳动物. 生物学通报，（5）：12-14.

沈光隆，谷祖刚，李克定. 1978. 生物史话. 兰州：甘肃人民出版社.

史勤勤，王世骐，陈少坤，等. 2016. 甘肃临夏盆地首次发现乌米兽（牛科，偶蹄类）头骨化石. 古脊椎动物学报，54（4）：319-331.

舒德干，韩健. 2020. 澄江动物群的核心价值：动物界成型和人类基础器官诞生. 地学前缘，27（6）：1-27，382-412.

舒德干团队. 2016. 寒武大爆发时的人类远祖. 西安：西北大学出版社.

舒良树. 2010. 普通地质学. 第三版·彩色版. 北京：地质出版社.

宋海军，童金南. 2016. 二叠纪—三叠纪之交生物大灭绝与残存. 地球科学，41（6）：901-918.

孙柏年，阎德飞，解三平，等. 2004. 兰州盆地古近系杨属叶化石及古气候指示意义. 科学通报，（13）：1283-1289.

孙柏年，闫德飞，吴靖宇. 2013. 地球历史及其生命进程. 北京：兵器工业出版社.

孙革. 2011. 30亿年来的辽宁古生物. 上海：上海科技教育出版社.

孙革，郑少林，孙春林，等. 2003. 古果属（*Archaefructus*）研究进展及其时代的讨论. 吉林大学学报（地球科学版），33（4）：393-398.

孙革，张洪钢，白冰，等. 2012. 辽宁古生物博物馆巡礼. 化石，154（4）：11-30.

陶红亮. 2017. 原始海洋. 北京：海洋出版社.

童金南，殷鸿福，等. 2007. 古生物学. 北京：高等教育出版社.

汪筱林，周忠和，张福成，等. 2002. 热河生物群发现带"毛"的翼龙化石. 科学通报，47（1）：54-58，83-84.

汪筱林，蒋顺兴，孟溪. 2009. 中国的翼龙化石研究的若干进展. 自然杂志，31（1）：12-15，63-64.

汪啸风. 2015. 世界上罕见的早始新世猴鸟鱼化石库. 古生物学报，54（4）：11.

王伴月，邱占祥. 2002. 铲齿象一新种在甘肃省党河地区下中新统的发现. 古脊椎动物学报，（4）：291-299.

王凡. 2012. 都是直立行走惹的祸？百科知识，23：2.

王孔江. 2006. 生命起源问题. 中国科学基金，20（4）：227-232.

王磊，解三平，刘珂男，等. 2012. 云南临沧晚中新世桦属翅果化石及其古植物地理学意义. 吉林大学学报
　　（地球科学版），12（S2）：331-342.

王强，唐功建，郝露露，等. 2020. 洋中脊或海岭俯冲与岩浆作用及金属成矿. 中国科学：地球科学，50（10）：
　　1401-1423.

王睿. 2014. 翼龙：飞行于恐龙时代. 文明，（12）：108-123，8.

王申娜，邢立达. 2011. 三叶虫的荷母史诗. 生命世界，260（6）：40-47.

王原，叶剑. 2020a. 中国的恐龙知识问答篇（上）. 化石，184（2）：2-7.

王原，叶剑. 2020b. 中国的恐龙知识问答篇（下）. 化石，185（3）：2-8.

王原，金海月，谢丹. 2019. 中国的恐龙——种数和产地篇. 化石，（3）：2-5.

王章俊. 2016. 热河生物群. 北京：地质出版社.

王章俊，王菡. 2017. 生命进化简史. 北京：地质出版社.

王章俊，刘凤山，等. 2014. 化石与生命：生命的进化. 北京：地质出版社.

温谦谦，张启跃，闵筱，等. 2022. 胡氏贵州龙新生个体形态学特征. 沉积与特提斯地质，42（4）：556-571.

吴福元. 1999. 大陆地壳的形成时间及增生机制//郑永飞. 化学地球动力学. 北京：科学出版社.

吴靖宇，孙柏年，解三平，等. 2008. 云南腾冲新近系樟科润楠属两种化石及其古环境意义. 高校地质学报，
　　14（1）：90-98.

吴泰然，何国琦，等. 2011. 普通地质学. 第2版. 北京：北京大学出版社.

吴向午. 1996. 新疆北部早、中侏罗世的几种苔类植物. 古生物学报，35（1）：60-71.

吴向午，厉宝贤. 1992. 河北蔚县中侏罗世苔藓植物. 古生物学报，31（3）：257-279.

吴肖春，李锦玲，汪筱林，等. 2017. 中国古脊椎动物志. 第2卷. 第4册. 北京：科学出版社.

吴秀杰. 2018. 中国古人类演化研究进展及相关热点问题探讨. 科学通报，63（21）：2148-2155.

吴秀杰，傅仁义，黄慰文. 2008. 辽宁海城小孤山新石器时代人类头骨研究. 第四纪研究，28（6）：9.

吴志. 2004. 生命是什么？ 北京：中国知识出版社.

西里尔·沃克，戴维·沃德. 1998. 化石. 谷祖纲，李小波译. 北京：中国友谊出版社.

徐桂荣，王永标，龚淑云，等. 2005. 生物与环境的协同进化. 武汉：中国地质大学出版社.

徐仁，陶君容，孙湘君. 1973. 希夏邦马峰高山栎化石层的发现及其在植物学和地质学上的意义. 植物学报，
　　（1）：103-119.

徐星，汪筱林. 2001. "带羽毛"的恐龙及鸟类起源. 中国科学院院刊，（1）：50-52.

徐星，郭昱. 2009. 从新的古生物学及今生物学资料看羽毛的起源与早期演化. 古脊椎动物学报，47（4），
　　311-329.

徐星，马檠宇，胡东宇. 2010. 早于始祖鸟的虚骨龙类及其对于鸟类起源研究的意义. 科学通报，55（32）：
　　3081-3088.

徐星，周忠和，王原，等. 2019. 热河生物群研究的回顾与展望. 中国科学：地球科学，49（10）：1491-1511.

薛进庄. 2017. 植物如何征服陆地？大自然，（2）：40-43.

杨晓清，汪筱林. 2006. 揭谜翼龙. 科学世界，（3）：40-50.

杨兴恺. 2010. 恐龙的牙齿. 化石，（1）：15-19.

杨杨. 2016. 恐龙简史. 北京：地质出版社.

杨永，傅德志，王祺. 2004. 被子植物花的起源：假说和证据. 西北植物学报，24（12）：2366-2380.

易杰雄，李国秀. 2016. 进化论之父：达尔文. 合肥：安徽人民出版社.

殷宗军，朱茂炎. 2008. 贵州埃迪卡拉纪瓮安生物群化石含量的统计分析. 古生物学报，47（4）：477-487.

尹怀勤. 2009. 地球生命来自太空？百科知识，（22）：9-10.

尹磊明，牛长泰，孔凡凡. 2018. 论元古宙有机壁微体化石 *Tappania* 的生物与地质意义. 古生物学报，57（2）：147-156.

于达勇，樊智丰，马长乐，等. 2022. 云南榾树群落种内与种间竞争研究. 西北林学院学报，7（1）：47-52.

俞允强. 1995. 大爆炸宇宙学. 北京：高等教育出版社.

袁崇喜，季强. 2008. 粗壮假碾磨齿兽的发现及其科学意义. 地质论评，（5）：679-682.

袁训来，王启飞，张昀. 1993. 贵州瓮安磷矿晚前寒武纪陡山沱期的藻类化石群. 微体古生物学报，（4）：409-420，485-489.

袁训来，陈哲，肖书海，等. 2012. 蓝田生物群：一个认识多细胞生物起源和早期演化的新窗口. 科学通报，57（34）：3219-3227.

约翰·D. 巴罗. 1995. 宇宙的起源. 卞毓麟译. 上海：上海科学技术出版社.

翟明国. 2010. 地球的陆壳是怎样形成的？——神秘而有趣的前寒武纪地质学. 自然杂志，32（3）：125-129.

张锋. 2020. 伟大的实践. 生物进化，（4）：44-47.

张和. 2007. 中国化石. 武汉：中国地质大学出版社.

张莉. 2014. 新发现的侏罗纪神兽、仙兽提供哺乳动物起源与早期演化新证据. 科学通报，59（Z2）：2888.

张弥曼. 2001. 热河生物群. 上海：上海科学技术出版社.

张鹏，渡边邦夫. 2009. 灵长类的社会进化. 广州：中山大学出版社.

张鑫俊，蒋顺兴，汪筱林. 2017. 翼龙蛋与胚胎化石的发现及研究进展. 自然杂志，39（3）：157-165.

张玉光. 2009. 始祖鸟与鸟类起源. 自然杂志，31（1）：20-26.

张昀. 生物进化. 1998. 北京：北京大学出版社.

张志飞，刘璠，梁悦，等. 2021. 寒武纪生命大爆发与地球生态系统起源演化. 西北大学学报（自然科学版），51（6）：1065-1106.

赵今瑄. 2014. 澳洲发现迄今最大的鸭嘴兽化石. 自然与科技，（1）：6.

赵喜进. 1974. 东北首次发现鹦鹉嘴龙. 化石，（1）：13.

赵玉芬. 2006. 生命起源的现代探讨. 科技导报，24（10）：1.

赵玉芬，赵国辉. 1999. 生命的起源与进化. 北京：科学技术文献出版社.

珍妮弗·阿克曼. 2008. 都是直立行走惹的祸. 环境，9：2.

甄朔南. 1997. 中国恐龙. 上海：上海科技教育出版社.

郑永飞，陈伊翔，陈仁旭，等. 2022. 汇聚板块边缘构造演化及其地质效应. 中国科学：地球科学，52（7）：1213-1242.

中国科学技术协会. 2010. 古生物学学科发展报告 2009-2010. 北京：中国科学技术出版社.

周长发. 2012. 进化论的产生与发展. 北京：科学出版社.

周俊. 1997. 关于生命起源研究的新问题. 化石，（3）：1-5.

周卫明. 2017. 内蒙古乌达煤田早二叠世"植物庞贝"的群落生态研究. 南京：南京大学.

周云龙. 2004. 植物生物学. 第 2 版. 北京：高等教育出版社.

周忠和. 2001. 早期鸟类化石的发现和鸟类飞行的起源. 中国科学院院刊,（1）：53-55.

周忠和，王原. 2010. 热河生物群脊椎动物生物多样性的分析以及与其他动物群的比较. 中国科学：地球科学, 40（9）：1250-1265.

朱炳泉. 1998. 地球科学中同位素体系理论与应用. 北京：科学出版社.

朱茂炎，赵方臣，殷宗军，等. 2019. 中国的寒武纪大爆发研究：进展与展望. 中国科学：地球科学, 49（10）：1455-1490.

朱敏. 1999. 4 亿多年前的斑鳞鱼化石. 化石,（2）：16-17.

朱敏，等. 2015. 中国古脊椎动物志. 第 1 卷. 第 1 册. 北京：科学出版社.

Abler W L. 1999. The teeth of the Tyrannosaurus. Scientific American, 281（3）：50-51.

Adolfssen J S, Ward D J. 2013. Neoselachians from the Danian (early Paleocene) of Denmark. Acta Palaeontologica Polonica, 60（2）：313-338.

Ahlberg P E, Clack J A, Blom H. 2005. The axial skeleton of the Devonian tetrapod *Ichthyostega*. Nature, 437（7055）：137-140.

Aiello L, Dean M. 1990. An introduction to human evolutionary anatomy. International Journal of Primatology, 12（5）：529-532.

Alexander D E, Gong E, Martin L D, et al. 2010. Model tests of gliding with different hindwing configurations in the four-winged dromaeosaurid *Microraptor gui*. Proceedings of the National Academy of Sciences, 107（7）：2972-2976.

Alonso P D, Milner A C, Ketcham R A, et al. 2004. The avian nature of the brain and inner ear of *Archaeopteryx*. Nature, 430（7000）：666.

Alpher R A, Bethe H, Gamow G. 1948. The origin of chemical elements. Physical Review, 73（7）：803.

Alvarez L W, Alvarez W, Asaro F, et al. 1980. Extraterrestrial cause for the Cretaceous-Tertiary extinction. Science, 208（4448）：1095-1108.

Antonio L, Stanley L M. 1996. The origin and early evolution review of life: prebiotic chemistry, the pre-RNA world, and time. Cell, 85（6）：793-798.

Ashwini K L. 2008. Origin of life. Astrophysics and Space Science, 317（3-4）：267-278.

Awramik S M, Schopf J W, Walter M R. 1983. Filamentous fossil bacteria from the Archean of Western Australia. Developments in Precambrian Geology, 7：249-266.

Bačić M, Librić L, Kaćunić D J, et al. 2020. The usefulness of seismic surveys for geotechnical engineering in karst: some practical examples. Geosciences, 10（10）：406.

Bambach R K. 2006. Phanerozoic biodiversity mass extinctions. Annual Review of Earth and Planetary Sciences, 34（1）：127-155.

Banks H P. 1968. The early history of land plants//Drake E T. Evolution and Environment: A Symposium Presented on the Occasion of the 100th Anniversary of the Foundation of Peabody Museum of Natural History at Yale University. New Haven, Conn: Yale University Press.

Baron M, Norman D, Barrett P. 2017. A new hypothesis of dinosaur relationships and early dinosaur evolution.

Nature，543：501-506.

Barsh G S. 2003. Correction：what controls variation in human skin color?. PLoS Biology，1（3）：e91.

Baumgartner R J，Van Kranendonk M J，Wacey D F，et al. 2019. Nano-porous pyrite and organic matter in 3.5-billion-year-old stromatolites record primordial life. Geology，47（11）：1039-1043.

Bazzana-Adams K D，Evans D C，Reisz R R. 2023. Neurosensory anatomy and function in *Dimetrodon*，the first terrestrial apex predator. Iscience，26（4）：106473.

Beard K C. 2002. Basal anthropoids//The Primate Fossil Record. Cambridge：Cambridge University Press.

Beard K C，Qi T，Dawson M R，et al. 1994. A diverse new primate fauna from middle Eocene fissure-fillings in southeastern China. Nature，368（6472）：604-609.

Beard K C，Tong Y，Dawson M R，et al. 1996. Earliest complete dentition of an anthropoid primate from the late middle Eocene of Shanxi Province，China. Science，272（5258）：82-85.

Béchard I，Arsenault F，Cloutier R，et al. 2014. The Devonian placoderm fish *Bothriolepis canadensis* revisited with three-dimensional digital imagery. Palaeontologia Electronica，17（1）：1-19.

Benison K C，Goldstein R H. 1999. Permian paleoclimate data from fluid inclusions in halite. Chemical Geology，154（1-4）：113-132.

Benton M J. 2014. Vertebrate Palaeontology，4th ed. New Jersey：Wiley Blackwell.

Benton M J，Harper D A T. 2009. Introduction to Paleobiology and the Fossil Record. New Jersey：Wiley Blackwell.

Bernardi M，Petti F M，Kustatscher E，et al. 2017. Late Permian（Lopingian）terrestrial ecosystems：a global comparison with new data from the low-latitude Bletterbach Biota. Earth-Science Reviews，175：18-43.

Bi S D，Wang Y Q，Guan J，et al. 2014. Three new Jurassic euharamiyidan species reinforce early divergence of mammals. Nature，514（7524）：579.

Bi S D，Zheng X T，Wang X L，et al. 2018. An Early Cretaceous eutherian and the placental–marsupial dichotomy. Nature，558（7710）：390-395.

Bloch J I，Gingerich D. 1998. *Carpolestes simpsoni*，new species（mammalia，proprimates）from the late paleocene of the clarks fork basin，wyoming. Contributions from the Museum of Paleontology the University of Michigan，30（4）：131-162.

Bloch J I，Boyer D M. 2002. Grasping primate origins. Science，298（5598）：1606-1610.

Bloch J I，Silcox M T. 2006. Cranial anatomy of the paleocene plesiadapiform *Carpolestes simpsoni*（mammalia，primates）using ultra high-resolution x-ray computed tomography，and the relationships of plesiadapiforms to euprimates. Journal of Human Evolution，50（1）：1-35.

Bock W J. 2013. The furcula and the evolution of avian flight. Paleontological Journal，47（11）：1236-1244.

Botha J，Smith R M H. 2007. *Lystrosaurus* species composition across the Permo–Triassic boundary in the Karoo Basin of South Africa. Lethaia，40（2）：125-137.

Broom R. 1913. On the South‐African Pseudosuchian *Euparkeria* and Allied Genera//Proceedings of the Zoological Society of London. Oxford，UK：Blackwell Publishing Ltd.

Browne M W. 1996-10-19. Feathery Fossil Hints Dinosaur-Bird Link. The New York Times，1.

Burgers P，Chiappe L M. 1999. The wing of *Archaeopteryx* as a primary thrust generator. Nature，399（6731）：

60.

Burrow C J, Rudkin D. 2014. Oldest near-complete acanthodian: the first vertebrate from the Silurian Bertie Formation Konservat-Lagerstätte, Ontario. PLoS One, 9 (8): e104171.

Carpenter K. 1998. Evidence of predatory behavior by carnivorous dinosaurs. GAIA: Revista de Geociências, (15): 135.

Carrano M T, Hutchinson J R. 2002. Pelvic and hindlimb musculature of *Tyrannosaurus rex* (Dinosauria: Theropoda). Journal of Morphology, 253 (3): 207-228.

Cau A, Brougham T, Naish D. 2015. The phylogenetic affinities of the bizarre Late Cretaceous Romanian theropod Balaur bondoc (Dinosauria, Maniraptora): dromaeosaurid or flightless bird?. PeerJ, 3: e1032.

Chaplin G. 2004. Geographic distribution of environmental factors influencing human skin coloration. American Journal of Physical Anthropology: the Official Publication of the American Association of Physical Anthropologists, 125 (3): 292-302.

Chapront J, Chapront-Touzé M, Francou G. 2002. A new determination of lunar orbital parameters, precession constant and tidal acceleration from LLR measurements. Astronomy & Astrophysics, 387 (2): 700-709.

Chen J Y. 2008. Early crest animals and the insight they provide into the evolutionary origin of craniates. Genesis, 46 (11): 623-639.

Chen J Y. 2011. The origins and key innovations of vertebrates and arthropods. Palaeoworld, 20 (4): 257-278.

Chen J Y, Li C W. 2000. Distant ancestor of mankind unearthed: 520 million year-old fish-like fossils reveal early history of vertebrates. Science Progress, 83 (2): 123-133.

Chen J Y, Ramsköld L, Zhou G. 1994. Evidence for monophyly and arthropod affinity of Cambrian giant predators. Science, 264 (5163): 1304-1308.

Chen J Y, Huang D Y, Li C W. 1999. An early Cambrian craniate-like chordate. Nature, 402 (6761): 518-522.

Chen J Y, Huang D Y, Peng Q Q, et al. 2003. The first tunicate from the Early Cambrian of South China. Proceedings of the National Academy of Sciences, 100 (14): 8314-8318.

Chen J Y, Bottjer D J, Li G, et al. 2009. Complex embryos displaying bilaterian characters from Precambrian Doushantuo phosphate deposits, Weng'an, Guizhou, China. Proceedings of the National Academy of Sciences, 106 (45): 19056-19060.

Chen P J, Dong Z M, Zhen S N. 1998. An exceptionally well-preserved theropod dinosaur from the Yixian Formation of China. Nature, 391 (6663): 147-152.

Chester S G B, Bloch J I, Boyer D M, et al. 2015. Oldest known euarchontan tarsals and affinities of paleocene purgatorius to primates. Proceedings of the National Academy of Sciences, 112 (5): 1487-1492.

Chiappe L M, Schmitt J G, Jackson F D, et al. 2004. Nest structure for sauropods: sedimentary criteria for recognition of dinosaur nesting traces. Palaios, 19 (1): 89-95.

Clarke J T, Warnock R C M, Donoghue P C J. 2011. Establishing a time - scale for plant evolution. New Phytologist, 192 (1): 266-301.

Cluver M A. 1978. Fossil reptiles of the South African Karoo. Cape Town: The South African Museum.

Cong P Y, Hou X G, Aldridge R J, et al. 2015. New data on the palaeobiology of the enigmatic yunnanozoans from the Chengjiang Biota, Lower Cambrian, China. Palaeontology, 58 (1): 45-70.

Conway Morris S. 1989. Burgess shale faunas and the Cambrian explosion. Science，246：339-346.

Coode M，Whitmore T C. 1981. Wallace's line and plate tectonics. Kew Bulletin，38（4）：688.

Cruzan M B. 2018. Evolutionary Biology：A Plant Perspective. Oxford：Oxford University Press.

Cui X H，Luo H，Aitchison J C，et al. 2021. Early Cretaceous radiolarians and chert geochemistry from western Yarlung Tsangpo suture zone in Jiangyema section，Purang county，SW Tibet. Cretaceous Research，（125）：104840.

Cupello C，Brito P M，Herbin M，et al. 2015. Allometric growth in the extant coelacanth lung during ontogenetic development. Nature Communications，6（1）：1-5.

Czaja A D，Beukes N J，Osterhout J T. 2016. Sulfur-oxidizing bacteria prior to the great oxidation event from the 2.52 Ga Gamohaan formation of South Africa. Geology，44（12）：983-986.

Czerkas S A，Ji Q. 2002. A new rhamphorhynchoid with a headcrest and complex integumentary structures. Feathered Dinosaurs and the Origin of Flight，1：15-41.

D'Ambrosia A R，Clyde W C，Fricke H C，et al. 2017. Repetitive mammalian dwarfing during ancient greenhouse warming events. Science Advances，3（3）：e1601430.

Dai X，Song H，Wignall P B，et al. 2018. Rapid biotic rebound during the late Griesbachian indicates heterogeneous recovery patterns after the Permian-Triassic mass extinction. GSA Bulletin，130（11-12）：2015-2030.

Darroch S A F，Smith E F，Laflamme M，et al. 2018. Ediacaran extinction and cambrian explosion. Trends in Ecology & Evolution，33（9）：653-663.

Dart R A，Salmons A. 1925. *Australopithecus africanus*：the man-ape of South Africa. Nature，115：195-199.

Darwin C. 2007. On the Origin of Species by Means of Natural Selection or the Preservation of Favoured Races in the Struggle for Life，2nd ed. California：Ezreads Publications ，LLC.

David E F，David B. 2009. Weishampel. Dinosaurs A Concise Natural History. Cambridge：Cambridge University Press.

Davies D R，Davies J H. 2009. Thermally-driven mantle plumes reconcile multiple hot-spot observations. Earth and Planetary Science Letters，278：50-54.

de la Torre I. 2011. The origins of stone tool technology in Africa：a historical perspective. Philosophical Transactions of the Royal Society B：Biological Sciences，366（1567）：1028-1037.

de la Torre I. 2016. The origins of the Acheulean：past and present perspectives on a major transition in human evolution. Philosophical Transactions of the Royal Society B：Biological Sciences，371（1698）：20150245.

Deng T. 2003. New material of *Hispanotherium matritense*（Rhinocerotidae，Perissodactyla）from Laogou of Hezheng County（Gansu，China），with special reference to the Chinese middle Miocene elasmotheres. Geobios，36（2）：141-150.

Deng T. 2006. Chinese Neogene mammal biochronology. Vertebrata Palasiatica，44（2）：143-163.

Deng T，Li Q，Tseng Z J，et al. 2012. Locomotive implication of a Pliocene three-toed horse skeleton from Tibet and its paleo-altimetry significance. Proceedings of the National Academy of Sciences，109（19）：7374-7378.

DeSalle R，Tattersall I. 2008. Human Origins：What Bones and Genomes Tell Us About Ourselves. Texas A&M University Anthropology Series. 13（1st ed.）. College Station，TX：Texas A&M University Press.

Dietz R S. 1961. Continent and Ocean Basin Evolution by Spreading of the Sea Floor. Nature, 190 (4779): 854-857.

Dietz R S, Holden J C. 1970. Reconstruction of Pangaea: breakup and dispersion of continents, permian to present. Journal of Geophysical Research, 75 (26): 4939-4956.

Dietz R S, Holden J C. 1971. Pre-Mesozoic oceanic crust in the eastern Indian Ocean (Wharton basin)? Nature, 229 (5283).

Dilcher D L, Sun G, Ji Q, et al. 2007. An early infructescence *Hyrcantha decussata* (comb. nov.) from the Yixian Formation in northeastern China. Proceedings of the National Academy of Sciences, 104 (22): 9370-9374.

Dodd M S, Papineau D, Grenne T, et al. 2017. Evidence for early life in Earth's oldest hydrothermal vent precipitates. Nature, 543 (7643): 60-64.

Dong L, Roček Z, Wang Y, et al. 2013. Anurans from the Lower Cretaceous Jehol Group of Western Liaoning, China. PLoS One, 8 (7): e69723.

Du B X, Zhang M Z, Sun B N, et al. 2021. An exceptionally well-preserved herbaceous eudicot from the Early Cretaceous (late Aptian-early Albian) of Northwest China. National Science Review, 8 (12): nwab084.

Ehrenfreund P, Irvine W, Becker L, et al. 2002. Astrophysical and astrochemical insights into the origin of life. Reports on Progress in Physics, 65 (10): 1427.

Ellis B, Douglas C J, Hickey L J, et al. 2009. Manual of leaf architecture. Ithaca: Cornell University Press.

Engelman R K. 2023. A Devonian fish tale: a new method of body length estimation suggests much smaller sizes for *Dunkleosteus terrelli* (Placodermi: Arthrodira). Diversity, 15 (3): 318.

Fabbri M, Wiemann J, Manucci F. et al. 2020. Three-dimensional soft tissue preservation revealed in the skin of a non-avian dinosaur. Palaeontology, 63: 185-193.

Fang J. 2010. Dinosaurs outgrow their baby feathers. https://doi.org/10.1038/news.2010.208 [2023-12-29].

Fedorchuk N D, Griffis N P, Isbell J L, et al. 2021. Provenance of late Paleozoic glacial/post-glacial deposits in the eastern Chaco-Paraná Basin, Uruguay and southernmost Paraná Basin, Brazil. Journal of South American Earth Sciences, 106: 102989.

Field D J, Leblanc A, Gau A, et al. 2015. Pelagic neonatal fossils support viviparity and precocial life history of Cretaceous mosasaurs. Palaeontology, 58 (3): 401-407.

Fleischaker G R. 1990. Origins of life: an operational definition. Origins of Life and Evolution of the Biosphere, 20 (2): 127-137.

Fortey R, Chatterton B. 2003. A Devonian trilobite with an eyeshade. Science, 301 (5640): 1689.

Franzen J L. 2009. Complete primate skeleton from the middle eocene of messel in germany: morphology and paleobiology. PLoS One, 4 (5): e5723.

Frederico D C D S B, Drexler J F, De Lima R S, et al. 2014. Theories about evolutionary origins of human hepatitis B virus in primates and humans. The Brazilian Journal of Infectious Diseases, 18 (5): 535-543.

Fricke H C, Hencecroth J, Hoerner M E. 2011. Lowland–upland migration of sauropod dinosaurs during the Late Jurassic epoch. Nature, 480 (7378): 513-515.

Friis E M, Crane P R, Pedersen K R. 2011. Early flowers and angiosperm evolution. Cambridge: Cambridge University Press.

Gai Z, Li Q, Ferrón HG, et al. 2022. Galeaspid anatomy and the origin of vertebrate paired appendages. Nature, 609: 959-963.

Gan T, Luo T, Pang K, et al. 2021. Cryptic terrestrial fungus-like fossils of the early Ediacaran Period. Nature Communications, 12: 641.

Gao X, Zhang S, Zhang Y, et al. 2017. Evidence of hominin use and maintenance of fire at Zhoukoudian. Current Anthropology, 58 (S16): S267-S277.

Garzione C N. 2008. Surface uplift of Tibet and Cenozoic global cooling. Geology, 36 (12): 1003-1004.

Gheerbrant E. 2009. Paleocene emergence of elephant relatives and the rapid radiation of African ungulates. Proceedings of the National Academy of Sciences, 106 (26): 10717-10721.

Gheerbrant E, Sudre J, Cappetta H. 1996. A Palaeocene proboscidean from Morocco. Nature, 383 (6595): 68-70.

Gibbons A. 1998. Solving the brain's energy crisis. Science, 280 (5368): 1345-1347.

Giles S, Friedman M, Brazeau M D. 2015. Osteichthyan-like cranial conditions in an Early Devonian stem gnathostome. Nature, 520 (7545): 82-85.

Gill P G, Purnell M A, Crumpton N, et al. 2014. Dietary specializations and diversity in feeding ecology of the earliest stem mammals. Nature, 512 (7514): 303.

Gong E, Martin L D, Burnham D A, et al. 2010. The birdlike raptor *Sinornithosaurus* was venomous. Proceedings of the National Academy of Sciences, 107 (2): 766-768.

Gonzalez V H, Engel M S. 2011. A new species of the bee genus *Ctenoplectrella* in middle Eocene Baltic amber (Hymenoptera, Megachilidae). ZooKeys, (111): 41.

Gramsch B, Beran J, Hanik S, et al. 2013. A Palaeolithic fishhook made of ivory and the earliest fishhook tradition in Europe. Journal of Archaeological Science, 40 (5): 2458-2463.

Grimaldi D, Engel M. 2005. Evolution of the Insect. Cambridge: Cambridge University Press.

Guo C Q, Edwards D, Wu P C, et al. 2012. *Riccardiothallus devonicus* gen. et sp. nov. the earliest simple thalloid liverwort from the Lower Devonian of Yunnan, China. Review of Palaeobotany and Palynology, 176-177: 35-40.

Haile-Selassie Y. 2010. Phylogeny of early *Australopithecus*: new fossil evidence from the Woranso-Mille (central Afar, Ethiopia). Philosophical Transactions of the Royal Society B: Biological Sciences, 365 (1556): 3323-3331.

Han F, Wang Q, Wang H, et al. 2022. Low dinosaur biodiversity in central China 2 million years prior to the end-Cretaceous mass extinction. Proceedings of the National Academy of Sciences, 119 (39): e2211234119.

Han G, Chiappe L M, Ji S A, et al. 2014. A new raptorial dinosaur with exceptionally long feathering provides insights into dromaeosaurid flight performance. Nature Communications, 5: 4382.

Harari Y N, Sapiens A. 2014. A brief history of humankind. Jerusalem and Scottsdale: the Deborah Harris Agency and the Grayhawk Agency.

Harper D A T. 2006. The Ordovician biodiversification: setting an agenda for marine life. Palaeogeography, Palaeoclimatology, Palaeoecology, 232 (2-4): 148-166.

Hatala K G, Demes B, Richmond B G. 2016. Laetoli footprints reveal bipedal gait biomechanics different from those of modern humans and chimpanzees. Proceedings of the Royal Society B: Biological Sciences, 283 (1836):

20160235.

Hedrick B P, Chunling G, Omar G I, et al. 2014. The osteology and taphonomy of a *Psittacosaurus* bonebed assemblage of the Yixian Formation(Lower Cretaceous), Liaoning, China. Cretaceous Research, 51: 321-340.

Hen P J, Dong Z M, Zhen S N. 1998. An exceptionally well-preserved theropod dinosaur from the Yixian Formation of China. Nature, 391 (6663): 147-152.

Hernick L V, Landing E, Bartowski K E. 2008. Earth's oldest liverworts-*Metzgeriothallus sharonae* sp. nov. from the Middle Devonian (Givetian) of eastern New York, USA. Review of Palaeobotany and Palynology, 148: 154-162.

Herries A I R, Martin J M, Leece A B, et al. 2020. Contemporaneity of *Australopithecus*, Paranthropus, and early homo erectus in South Africa. Science, 368 (6486): eaaw7293.

Hess H H. 1960. Preprints of the 1st International Oceanographic Congress(New York, August 31-September 12, 1959). Washington: American Association for the Advancement of Science.

Hess H H.1962. History of ocean basins. Boulder: Geological Society of America.

Hohl S V, Viehmann S. 2021. Stromatolites as geochemical archives to reconstruct microbial habitats through deep time: potential and pitfalls of novel radiogenic and stable isotope systems. Earth-Science Reviews, 218 (1): 103683.

Holland T. 2018. The mandible of *Kronosaurus Queenslandicus* Longman, 1924 (Pliosauridae, Brachaucheniinae), from the lower cretaceous of Northwest Queensland, Australia. Journal of Vertebrate Paleontology, 38 (5): e1511569.

Horner J R, Goodwin M B, Myhrvold N. 2011. Dinosaur census reveals abundant *tyrannosaurus* and rare ontogenetic stages in the upper cretaceous hell creek formation (Maastrichtian), Montana, USA. PLoS One, 6 (2): e16574.

Hu D, Hou L, Zhang L, et al. 2009. A pre-*Archaeopteryx* troodontid theropod from China with long feathers on the metatarsus. Nature, 461 (7264): 640-643.

Huang H, Jin X C, Shi Y K. 2015. A Verbeekina assemblage (Permian fusulinid) from the Baoshan Block in western Yunnan, China. Journal of Paleontology, 89 (2): 269-280.

Huang X S. 1986. Fossil leporids from the middle Oligocene of Ulantatal, Nei Mongol. Vertebrata PalAsiatica, 24 (4): 274.

Hubble E. 1929. A relation between distance and radial velocity among extra-galactic nebulae. Proceedings of the National Academy of Sciences, 15 (3): 168-173.

Huber M. 2009. Snakes tell a torrid tale. Nature, 457 (7230): 669-671.

Huber M, Caballero R. 2011. The early Eocene equable climate problem revisited. Climate of the Past, 7 (2): 603-633.

Hunt K D. 1996. The postural feeding hypothesis: an ecological model for the evolution of bipedalism. South African Journal of Science, 92 (2): 77-90.

Hutchinson J R, Garcia M. 2002. *Tyrannosaurus* was not a fast runner. Nature, 415 (6875): 1018-1021.

Itano W M. 2014. How did Edestus feed? New evidence from tooth wear. Wyoming: Prehistoric Predators, Program of 20th Annual Tate Conference.

Jakub C J, Koepke J, Henry J B, et al. 2015. Mantle rock exposures at oceanic core complexes along mid-ocean ridges. Geologos, 21 (4): 207-231.

Janis C M, Buttrill K, Figueirido B. 2014. Locomotion in extinct giant kangaroos: were sthenurines hop-less monsters? PLoS One, 9 (10) : e109888.

Janvier P. 1999. Catching the first fish. Nature, 402 (6757): 21-22.

Ji Q, Ji S A. 1996. On the discovery of the earliest fossil bird in China (*Sinosauropteryx* gen. nov.) and the origin of birds. Chinese Geology, 233 (3): 1-4.

Ji Q, Currie P J, Norell M A, et al. 1998. Two feathered dinosaurs from northeastern China. Nature, 393 (6687): 753-761.

Ji Q, Luo Z X, Ji S A. 1999. A Chinese triconodont mammal and mosaic evolution of the mammalian skeleton. Nature, 398 (6725): 326-330.

Ji Q, Ji S A, You H, et al. 2002a. Discovery of an Avialae bird from China, *Shenzhouraptor sinensis* gen. et sp. nov. Geological Bulletin of China, 21 (7): 363-369.

Ji Q, Luo Z X, Yuan C X, et al. 2002b. The earliest known eutherian mammal. Nature, 416 (6883): 816-822.

Ji Q, Luo Z X, Yuan C X, et al. 2006. A swimming mammaliaform from the middle jurassic and ecomorphological diversification of early mammals. Science, 311 (5764): 1123-1127.

Ji S A, Gao C L, Liu J Y, et al. 2007a. New material of *sinosauropteryx* (theropoda: compsognathidae) from Western Liaoning, China. Acta Geologica Sinica (English Edition), 81 (2): 177-182.

Ji S A, Ji Q, Lu J C, et al. 2007b. A new giant compsognathid dinosaur with long filamentous integuments from lower cretaceous of Northeastern China. Acta Geologica Sinica, 81 (1): 8-15.

Jiang Z K, Wang Y D, Philippe M, et al. 2016. A Jurassic wood providing insights into the earliest step in *Ginkgo* wood evolution. Scientific Reports, 6 (1): 38191.

Jin M, Wang Y, Li C. 2011. Transitional mammalian middle ear from a new Cretaceous Jehol eutriconodont. Nature, 472 (7342): 181-185.

Johanson D, Edey M. 1990. Lucy: the beginnings of humankind. New York: Warner Books.

Kidston R, Lang W H. 1917. On Old Red Sandstone plants showing structure from the Rhynie chert bed, Aberdeenshire. Part I. Rhynia gwynne-vaughanii, Kidston and Lang. Transactions of the Royal Society of Edinburgh, 5 (3): 761-784.

Kious W J, Tilling R I. 1996. This dynamic Earth: the story of plate Tectonics. Commonwealth of Virginia: United States Geological Survey.

Ko K H. 2016. Origins of human intelligence: the chain of tool-making and brain evolution. Anthropological Notebooks, 22 (1): 5-22.

Koken E. 1885. Ueber fossile Säugethiere aus China: nach den Sammlungen des Herrn Ferdinand Freiherrn von Richthofen (Vol. 2) . Berlin: Reimer.

Kondō S. 1985. Primate morphophysiology, locomotor analyses, and human bipedalism. Tokyo: University of Tokyo Press.

Krassilov V A, Shilin P V, Vachrameev V A. 1983. Cretaceous flowers from Kazakhstan. Review of Palaeobotany and Palynology, 40 (1-2): 91-113.

Kuhne W G. 1949. On a triconodont tooth of a new pattern from a fissure-filling in South Glamorgan. Proceedings of the Zoological Society of London, 119: 345-350.

Kvenvolden K, Lawless J, Pering K, et al. 1970. Evidence for extraterrestrial amino-acids and hydrocarbons in the Murchison meteorite. Nature, 228 (5275): 923-926.

Le Pichon X. 1968. Sea‐floor spreading and continental drift. Journal of Geophysical Research, 73 (12): 3661-3697.

Le Pichon X, Francheteau J, Bonnin J. 2013. Plate Tectonics (revised ed.) . Amsterdam: Elsevier.

Lee M S, Worthy T H. 2012. Likelihood reinstates *Archaeopteryx* as a primitive bird. Biology Letters, 8 (2): 299-303.

Lekic V, Cottaar S, Dziewonski A, et al. 2012. Cluster analysis of global lower mantle tomography: a new class of structure and implications for chemical heterogeneity. Earth and Planetary Science Letters, 357: 68-77.

Levinton J S, Ebrary I. 2001. Genetics, Paleontology, and Macroevolution. Cambridge: Cambridge University Press.

Li C W, Chen J Y, Hua T E. 1998. Precambrian sponges with cellular structures. Science, 279: 879-882.

Li P P, Gao K Q, Hou L H, et al. 2007. A gliding lizard from the Early Cretaceous of China. Proceedings of the National Academy of Sciences, 104 (13): 5507-5509.

Li Q, Gao K Q, Vinther J, et al. 2010. Plumage color patterns of an extinct dinosaur. Science, 327 (5971): 1369-1372.

Licht A, Van Cappelle M, Abels H A, et al. 2014. Asian monsoons in a late Eocene greenhouse world. Nature, 513 (7519): 501-506.

Limarino C O, Marenssi S A, Cesari S N, et al. 2021. Late Paleozoic coal beds and coaly mudstones in northwestern basins of Argentina: paleoenvironmental context and paleoclimatic significance. Journal of South American Earth Sciences, 106: 102898.

Lin X D, Labandeira C C, Shih C, et al. 2019. Life habits and evolutionary biology of new two-winged long-proboscid scorpionflies from mid-Cretaceous Myanmar amber. Nature Communications, 10 (1): 1235.

Lingham-Soliar T, Wang F X. 2007. A new Chinese specimen indicates that 'protofeathers' in the Early Cretaceous theropod dinosaur *Sinosauropteryx* are degraded collagen fibres. Proceedings of the Royal Society B: Biological Sciences, 274 (1620): 1823-1829.

Liu Y, Li Y, Huang J, et al. 2019. Attribution of the Tibetan Plateau to northern drought. National Science Review, 7: 489-492.

Liu Z J, Wang X. 2016a. A perfect flower from the Jurassic of China. Historical Biology, 28 (5): 707-719.

Liu Z J, Wang X. 2016b. *Yuhania*: a unique angiosperm from the Middle Jurassic of Inner Mongolia, China. Historical Biology, 28 (5): 707-719.

Lü J C, Kobayashi Y, Deeming D C, et al. 2015. Post-natal parental care in a Cretaceous diapsid from northeastern China. Geosciences Journal, 19: 273-280.

Luo Z X, Ji Q, Yuan C X. 2007. Convergent dental adaptations in pseudo-tribosphenic and tribosphenic mammals. Nature, 450 (7166): 93-97.

Luo Z X, Yuan C X, Meng Q J, et al. 2011. A Jurassic eutherian mammal and divergence of marsupials and placentals. Nature, 476 (7361): 442-445.

Mallatt J, Chen J Y. 2003. Fossil sister group of craniates: predicted and found. Journal of Morphology, 258 (1): 1-31.

Manhes G, Allègre C J, Dupré B, et al. 1980. Lead isotope study of basic-ultrabasic layered complexes: speculations about the age of the earth and primitive mantle characteristics. Earth and Planetary Science Letters, 47 (3): 370-382.

Manuel W, Alex M, Natasha P, et al. 2015. Implications of nubian-like core reduction systems in southern africa for the identification of early modern human dispersals. PLoS One, 10 (6): e0131824.

Mark P W. 2013. Pterosaurs: Natural History, Evolution, Anatomy. Princeton: Princeton University Press.

Marsh O C. 1876. Notice of new Tertiary mammals, V. American Journal of Science, 3 (71): 401-404.

Marsh O C. 1880. Odontornithes: a monograph on the extinct toothed birds of North America (vol. 1). Washington: United States Government Printing Office.

Masao F T, Ichumbaki E B, Cherin M, et al. 2016. New footprints from Laetoli (Tanzania) provide evidence for marked body size variation in early hominins. Elife, 5: e19568.

M'charek A. 2005. The human genome diversity project: an ethnography of scientific practice. Cambridge: Cambridge University Press.

McHenry H M. 1991. Femoral lengths and stature in Plio-Pleistocene hominids. American Journal of Physical Anthropology, 85 (2): 149-158.

Mckellar R C, Chatterton B D E, Wolfe A P, et al. 2011. A diverse assemblage of Late Cretaceous Dinosaur and bird feathers from Canadian amber. Science, 333 (6049): 1619-1622.

McLain M A, Nelsen D, Snyder K, et al. 2018. Tyrannosaur cannibalism: a case of a tooth-traced tyrannosaurid bone in the Lance Formation (Maastrichtian), Wyoming. Palaios, 33 (4): 164-173.

Meng Q, Liu J, Varricchio D, et al. 2004. Parental care in an ornithischian dinosaur. Nature, 431: 145-146.

Miller S A, Tupper T A. 2019. Zoology (Eleventh Edition). Columbus: McGraw-Hill Education.

Miller S L. 1953. A production of amino acids under possible primitive earth conditions. Science, 117 (3046): 528-529.

Miller S L, Orgel L E. 1974. The Origins of Life on the Earth. New Jersy: Englewood Cliffs.

Mitchell R N, Kilian T M, Evans D A D. 2012. Supercontinent cycles and the calculation of absolute palaeolongitude in deep time. Nature, 482: 208-211.

Moraes C. 2019. Reconstruindo Faces e Vidas. Sinop-MT: Cicero Andre da Costa Moraes.

Morais M H M, Morbidelli A. 2002. The population of near-Earth asteroids in coorbital motion with the Earth. Icarus, 160 (1): 1-9.

Morell V. 1997. The origin of birds: the dinosaur debate. Audubon Magazine, 99 (2): 36-45.

Morgan W J. 1971. Convection plumes in the lower mantle. Nature, 230 (5288): 42-43.

Motani R, Manabe M, Dong Z M. 1999. The status of Himalayasaurus tibetensis (Ichthyopterygia). Paludicola, 2 (2): 174-181.

Mulch A, Chamberlain C P. 2006. The rise and growth of Tibet. Nature, 439 (7077): 670-671.

Nedin C. 1999. *Anomalocaris* predation on nonmineralized and mineralized trilobites. Geology, 27 (11):

987-990.

Ni X, Gebo D L, Dagosto M, et al. 2013. The oldest known primate skeleton and early haplorhine evolution. Nature, 498 (7452): 60-64.

Nuñez Demarco P, Meneghel M, Laurin M, et al. 2018. Was *Mesosaurus* a fully aquatic reptile? Frontiers in Ecology and Evolution, 6: 109.

O'Connor J, Zheng X, Dong L, et al. 2019. Microraptor with Ingested Lizard Suggests Non-specialized Digestive Function. Current Biology, 29 (14): 2423-2429.

Orgel L E. 1998. The origin of life-a review of facts and speculations. Trends in Biochemical Sciences, 23 (12): 491-495.

Osborn H F, Kaisen P C, Olsen G. 1924. Three new theropoda, protoceratops zone, central Mongolia. American Museum Novitates, 144: 1-12.

Ostrom J H. 1970. *Archaeopteryx*: notice of a "new" specimen. Science, 170 (3957): 537-538.

Owen R. 1841. Description of a Tooth and Part of the Skeleton of the— VI. Transactions, 2 (6): 81-106.

Pan Y, Zheng W, Sawyer R H, et al. 2019. The molecular evolution of feathers with direct evidence from fossils. Proceedings of the National Academy of Sciences, 116 (8): 3018-3023.

Pang K, Wu C, Sun Y, et al. 2021. New Ediacara-type fossils and late Ediacaran stratigraphy from the northern Qaidam Basin (China): Paleogeographic implications. Geology, 49 (10): 1160-1164.

Patterson B R Y A N, Olson E C. 1961. A triconodontid mammal from the Triassic of Yunnan. International Colloquium on the Evolution of Lower and non-specialized Mammals.

Perkins S. 2015. Tyrannosaurus were probably cannibals. https: //www.science.org/doi/10.1126/science.aad6142 [2024-01-09].

Peter A. 2003. The Beginning. Beijing: Joint Publishing Company.

Pian R, Archer M, Hand S J. 2013. A new, giant platypus, *Obdurodon tharalkooschild*, sp. nov. (Monotremata, Ornithorhynchidae), from the Riversleigh World Heritage Area, Australia. Journal of Vertebrate Paleontology, 33 (6): 1255-1259.

Piñeiro G, Ramos A, Goso C, et al. 2011. Unusual environmental conditions preserve a Permian mesosaur-bearing Konservat-Lagerstätte from Uruguay. Acta Palaeontologica Polonica, 57 (2): 299-318.

Plummer T. 2004. Flaked stones and old bones: biological and cultural evolution at the dawn of technology. American Journal of Physical Anthropology, 125 (S39): 118-164.

Pol D, Mancuso A C, Smith R M H, et al. 2021. Earliest evidence of herd-living and age segregation amongst dinosaurs. Scientific Reports, 11 (1): 20023.

Pole M, Wang Y, Bugdaeva E V, et al. 2016. The rise and demise of *Podozamites* in east Asia—An extinct conifer life style. Palaeogeography, Palaeoclimatology, Palaeoecology, 464: 97-109.

Pradel A, Maisey J G, Tafforeau P, et al. 2014. A Palaeozoic shark with osteichthyan-like branchial arches. Nature, 509 (7502): 608-611.

Purves W K, Sadava D E, Orians G H, et al. 2003. Life: The Science of Biology (Seventh Edition). Orians Publisher.

Qiu R, Wang X, Wang Q, et al. 2019. A new caudipterid from the Lower Cretaceous of China with information on the evolution of the manus of Oviraptorosauria. Scientific Reports, 9 (1): 6431.

Qiu Y L, Cho Y, Cox J C, et al. 1998. The gain of three mitochondrial introns identifies liverworts as the earliest land plant. Nature, 394 (6694): 671-674.

Qiu Y L, Li L B, Wang B, et al. 2006. The deepest divergences in land plants inferred from phylogenomic evidence. Proceedings of the National Academy of Sciences, 103 (42): 15511-15516.

Rabinovich R, Gaudzinski-Windheuser S, Kindler L, et al. 2012. Systematic paleontology// The Acheulian Site of Gesher Benot Ya'aqov Volume III. Springer Nature.

Rao A R. 1971. New mammals from Murree (Kalakot Zone) of the Himalayan Foot Hills near Kalakot, Jammu & Kashmir State, India. Geological Society of India, 12 (2): 125-134.

Rauhut O W M, Foth C, Tischlinger H. 2018. The oldest *Archaeopteryx* (Theropoda: Avialiae): a new specimen from the Kimmeridgian/Tithonian boundary of Schamhaupten, Bavaria. Peer J, 6: e4191.

Raup D M, Sepkoski Jr J J. 1982. Mass extinctions in the marine fossil record. Science, 215 (4539): 1501-1503.

Renner S S. 2011. Living fossil younger than thought. Science, 334 (6057): 766-767.

Riabinin A N. 1930. *Mandschurosaurus amurensis* nov. gen. nov. sp., a hadrosaurian dinosaur from the Upper Cretaceous of Amur River. Mémoires de la Société paléontologique de Russie, 2: 1-36.

Richter D, Grün R, Joannes-Boyau R, et al. 2017. The age of the hominin fossils from Jebel Irhoud, Morocco, and the origins of the Middle Stone Age. Nature, 546 (7657): 293-296.

Riederer M, Mller C. 2006. Biology of the plant cuticle. New Jersey: Wiley-Blackwell.

Riesselman C R, Dunbar R B, Mucciarone D A, et al. 2007. High resolution stable isotope and carbonate variability during the early Oligocene climate transition: Walvis Ridge (ODP Site 1263) // Cooper A K, Raymond C R. The 10th ISAES Editorial Team. Antarctica: A Keystone in a Changing World-Online Proceedings of the 10th ISAES. Commonwealth of Virginia: United States Geological Survey.

Rightmire G P. 1998. Human evolution in the Middle Pleistocene: the role of Homo heidelbergensis. Evolutionary Anthropology: Issues, News, and Reviews, 6 (6): 218-227.

Rigney H W. 1963. A specimen of *Morganucodon* from Yunnan. Nature, 197: 1122-1123.

Rothwell G W. 1993. *Cordaixylon dumusum* (Cordaitales). II. Reproductive Biology, Phenology, and Growth Ecology. International Journal of Plant Sciences, 154 (4): 572-586.

Rubinstein C V, Gerrienne P, de la Puente G S, et al. 2010. Early Middle Ordovician evidence for land plants in Argentina (eastern Gondwana). New Phytologist, 188 (2): 365-369.

Ruff C B. 2006. The latent strength in our slender bones teaches lessons about human lives, current and past. American Scientist, 94.

Runcorn S K. 2013. Continental Drift. Amsterdam: Elsevier.

Russel W A. 2010. The Malay Archipelago. Geographical Journal, 20 (4): 442-444.

Rydin C, Friis E M. 2010. A new Early Cretaceous relative of Gnetales: *Siphonospermum simplex* gen. et sp. nov. from the Yixian Formation of Northeast China. BMC Evolutionary Biology, 10 (1): 1-6.

Sallan L. 2016. Fish 'tails' result from outgrowth and reduction of two separate ancestral tails. Current Biology, 26 (23): R1224-R1225.

Schlosser M. 1903. Die fossilen Säugethiere Chinas nebst einer Odontographie der recenten Antilopen.

Abhandlungen der Koniglichen Bayerischen Akademie der Wissenschaften, 22: 1-221.

Schoenemann B, Clarkson E N K, Bartels C, et al. 2021. A 390 million-year-old hyper-compound eye in Devonian phacopid trilobites. Scientific Reports, 11 (1): 19505.

Schopf J W. 1993. Microfossils of the early archean apex chert: new evidence of the antiquity of life. Science, 260 (5108): 640-646.

Schopf J W. 2006. Fossil evidence of Archaean life. Philosophical Transactions of the Royal Society B: Biological Sciences, 361 (1470): 869-885.

Schopf J W, Kudryavtsev A B, Czaja A D, et al. 2007. Evidence of Archean life: stromatolites and microfossils. Precambrian Research, 158 (3-4): 141-155.

Scott C S, Fox R C, Redman C M. 2016. A new species of the basal plesiadapiform *Purgatorius* (Mammalia, Primates) from the early Paleocene Ravenscrag Formation, Cypress Hills, southwest Saskatchewan, Canada: further taxonomic and dietary diversity in the earliest primates. Canadian Journal of Earth Sciences, 53 (4): 343-354.

Shi G L, Herrera F, Herendeen P S, et al. 2021. Mesozoic cupules and the origin of the angiosperm second integument. Nature, 594 (7862): 223-226.

Shu D G. 2003. A paleontological perspective of vertebrate origin. Chinese Science Bulletin, 48: 725-735.

Shu D G. 2008. Cambrian explosion: birth of tree of animals. Gondwana Research, 14 (1-2): 219-240.

Shu D G, Zhang X L, Chen L. 1996a. Reinterpretation of Yunnanozoon as the earliest known hemichordate. Nature, 380 (6573): 428-430.

Shu D G, Morris S C, Zhang X L. 1996b. A Pikaia-like chordate from the Lower Cambrian of China. Nature, 384 (6605): 157-158.

Shu D G, Luo H L, Conway M S, et al. 1999. Lower Cambrian vertebrates from South China. Nature, 402 (6757): 42-46.

Shu D G, Morris S C, Zhang Z F, et al. 2003a. A new species of yunnanozoon with implications for deuterostome evolution. Science, 299 (5611): 1380-1384.

Shu D G, Morris S C, Han J, et al. 2003b. Head and backbone of the Early Cambrian vertebrate *Haikouichthys*. Nature, 421 (6922): 526-529.

Shu D G, Morris S C, Han J, et al. 2004. Ancestral echinoderms from the Chengjiang deposits of China. Nature, 430 (6998): 422-428.

Shu D G, Conway Morris S, Zhang Z F, et al. 2009. The earliest history of the deuterostomes: the importance of the Chengjiang Fossil-Lagerstätte. Proceedings of the Royal Society B: Biological Sciences, 277 (1679): 165-174.

Silcox M T, López-Torres S. 2017. Major questions in the study of primate origins. Annual Review of Earth and Planetary Sciences, 45: 113-137.

Silcox M T, Bloch J I, Boyer D M, et al. 2017. The evolutionary radiation of plesiadapiforms. Evolutionary Anthropology: Issues, News, and Reviews, 26 (2): 74-94.

Silverstein A, Silverstein V, Silverstein L. 2009. Plate Tectonics (Science Concepts, Second Series). Minneapolis, USA: Twenty-First Century Books.

Simkin T, Tilling R I, Taggart J N, et al. 2006. This dynamic planet: a world map of volcanoes, earthquakes, and plate tectonics. U.S. Geological Survey Geologic Investigations Series Map.

Smithwick F M, Nicholls R, Cuthill I C, et al. 2017. Countershading and stripes in the theropod dinosaur *Sinosauropteryx* reveal heterogeneous habitats in the Early Cretaceous Jehol Biota. Current Biology, 27 (21): 3337-3343.

Snively E, Russell A P. 2007. Functional variation of neck muscles and their relation to feeding style in Tyrannosauridae and other large theropod dinosaurs. The Anatomical Record: Advances in Integrative Anatomy and Evolutionary Biology, 290 (8): 934-957.

Sockol M D, Raichlen D A, Pontzer H. 2007. Chimpanzee locomotor energetics and the origin of human bipedalism. Proceedings of the National Academy of Sciences, 104 (30): 12265-12269.

Song H, Wignall P B, Dunhill A M. 2018. Decoupled taxonomic and ecological recoveries from the Permo-Triassic extinction. Science Advances, 4 (10): eaat5091.

Srivastava R P. 2009. Morphology of the Primates and Human Evolution. New Delhi: PHI Learning Private Limited.

Stanford C, Allen J S, Antón S C. 2013. Biological Anthropology. 3rd ed. Boston, MA: Pearson.

Stanley C, Donna W. 2007. Geology: An introduction to physical geology. London: Pearson Education Ltd.

Steemans P, Hérissé A L, Melvin J, et al. 2009. Origin and radiation of the earliest vascular land plants. Science, 324 (5925): 353-353.

Stephen L B. 2012. Dinosaur Paleobiology. New Jersey: Wiley-Blackwell.

Stock A. 2010. The Handy Dinosaur Answer Book, 2nd ed. Arlington, Virginia: NSTA.

Su T, Wilf P, Huang Y, et al. 2015. Peaches Preceded Humans: fossil evidence from SW China. Scientific Reports, 5: 16794.

Su T, Farnsworth A, Spicer R A, et al. 2019a. No high Tibetan plateau until the Neogene. Science Advances, 5 (3): eaav2189.

Su T, Spicer R A, Li S H, et al. 2019b. Uplift, climate and biotic changes at the Eocene-Oligocene transition in south-eastern Tibet. National Science Review, 6 (3): 495-504.

Sun B, Wang Y F, Li C S, et al. 2015. Early Miocene elevation in northern Tibet estimated by palaeobotanical evidence. Scientific Reports, 5: 10379.

Sun B N, Yan D F, Xie S P, et al. 2004. Palaeogene fossil *Populus* leaves from Lanzhou Basin and their palaeoclimatic significance. Chinese Science Bulletin, 49 (14): 1494-1501.

Sun G. 2002. Archaefructaceae, a new basal angiosperm family. Science, 296 (5569): 899-904.

Sun G, Dilcher D L, Zheng S L, et al. 1998. In search of the first flower: a Jurassic angiosperm, *Archaefructus*, from northeast China. Science, 282 (5394): 1692-1695.

Sun G, Ji Q, Dilcher D L, et al. 2002. Archaefructaceae, a new basal angiosperm family. Science, 296 (5569): 899-904.

Sun G, Dilcher D L, Wang H, et al. 2011. A eudicot from the Early Cretaceous of China. Nature, 471 (7340): 625-628.

Surkov M V, Kalandadze N N, Benton M J. 2005. *Lystrosaurus georgi*, a dicynodont from the Lower Triassic of

Russia. Journal of Vertebrate Paleontology，25（2）：402-413.

Sykes L R. 2017. Silencing the Bomb：One Scientist's Quest to Halt Nuclear Testing. New York：Columbia University Press.

Takai M，Sein C，Tsubamoto T，et al. 2005. A new eosimiid from the latest middle Eocene in Pondaung，central Myanmar. Anthropological Science，113（1）：17-25.

Taylor T N，Taylor E L. 1993. The biology and evolution of fossil plants. Englewood Cliffs：Prentice Hall.

Taylor T N，Taylor E L，Krings M. 2009. Paleobotany：the biology and evolution of fossil plants. Second edition. Philadelphia：Elsevier.

Tewari R，Chatterjee S，Agnihotri D，et al. 2015. *Glossopteris* flora in the Permian Weller Formation of Allan Hills，South Victoria Land，Antarctica：implications for paleogeography，paleoclimatology，and biostratigraphic correlation. Gondwana Research，28（3）：905-932.

Thewissen J G，Hussain S T，Arif M. 1994. Fossil evidence for the origin of aquatic locomotion in archaeocete whales. Science，263（5144），210-212.

Thewissen J G，Williams E M，Roe L J，et al. 2001. Skeletons of terrestrial cetaceans and the relationship of whales to artiodactyls. Nature，413（6853）：277-281.

Thom H. 2008a. The Prehistoric Earth：The First Vertebrates：March Onto Land. NewYork：Chelsea House Publishers.

Thom H. 2008b. The Prehistoric Earth：The Rise of Mammals. The Prehistoric Earth：The First Vertebrates：March Onto Land. New York：Chelsea House Publishers.

Thom H. 2008c. The Prehistoric Earth：Dawn of the Dinosaur Age：The Late Triassic & Early Jurassic Epochs. New York：Chelsea House Publishers.

Thom H. 2008d. The Prehistoric Earth：The Rise of Mammals：The Paleocene & Eocene Epochs. New York：Chelsea House Publishers.

Touma J，Wisdom J. 1994. Evolution of the Earth-Moon system. The Astronomical Journal，108：1943-1961.

Trent R J. 2005. Molecular Medicine：An Introductory Text（3rd ed.）. Burlington，MA：Elsevier Academic Press.

Videan E N，McGrew W C. 2002. Bipedality in chimpanzee（Pan troglodytes）and bonobo（Pan paniscus）：testing hypotheses on the evolution of bipedalism. American Journal of Physical Anthropology：The Official Publication of the American Association of Physical Anthropologists，118（2）：184-190.

Vine F J，Matthews D H. 1963. Magnetic anomalies over oceanic ridges. Nature，199（4897）：947-949.

Vinther J，Briggs D E G，Prum R O，et al. 2008. The colour of fossil feathers. Biology Letters，4（5）：522-525.

Vinther J，Nicholls R，Lautenschlager S，et al. 2016. 3D camouflage in an ornithischian dinosaur. Current Biology，26（18）：2456-2462.

Vitt L J，Caldwell J P. 2009. Evolution of ancient and modern amphibians and reptiles. Amsterdam：Elsevier.

Wacey D，Kilburn M R，Saunders M，et al. 2011. Microfossils of sulphur-metabolizing cells in 3.4-billion-year-old rocks of Western Australia. Nature Geoscience，4（10）：698-702.

Walsh M M，Lowe D R. 1985. Filamentous microfossils from the 3，500-Myr-old Onverwacht Group，Barberton Mountain Land，South Africa. Nature，314（6011）：530-532.

Wan X. 2010. The Dawn Angiosperms. Berlin Heidelberg：Springer.

Wan Z, Algeo T J, Gensel P G, et al. 2019. Environmental influences on the stable carbon isotopic composition of Devonian and Early Carboniferous land plants. Palaeogeography, Palaeoclimatology, Palaeoecology, 531: 109100.

Wang J, Pfefferkorn H W, Zhang Y, et al. 2012a. Permian vegetational Pompeii from Inner Mongolia and its implications for landscape paleoecology and paleobiogeography of Cathaysia. PNAS, 109 (13): 4927-4932.

Wang X, Zhou Z. 2004. Pterosaur embryo from the Early Cretaceous. Nature, 429 (6992): 621.

Wang X, Wang S. 2010. *Xingxueanthus*: An enigmatic Jurassic seed plant and its implications for the origin of angiospermy. Acta Geologica Sinica - English Edition, 84 (1): 47-55.

Wang X L. 1998. Stratigraphic sequence and vertebrate-bearing beds of the lower part of the Yixian Formation in Sihetun and neighboring area, western Liaoning, China.Vertebrata Palasiatica, 36 (2): 81-101.

Wang X L, Zhou Z H, Zhang F C, et al. 2002. A nearly completely articulated rhamphorhynchoid pterosaur with exceptionally well-preserved wing membranes and "hairs" from Inner Mongolia, northeast China. Chinese Science Bulletin, 47: 226-230.

Wang X L, Kellner A W A, Zhou Z H, et al. 2007. A new pterosaur(Ctenochasmatidae, Archaeopterodactyloidea) from the lower Cretaceous Yixian Formation of China. Cretaceous Research, 28 (2): 245-260.

Wang Y, Xu H H, Wang Y, et al. 2018. A further study of *Zosterophyllum sinense* Li and Cai (Zosterophyllopsida) based on the type and the new specimens from the Lower Devonian of Guangxi, southwestern China. Review of Palaeobotany and Palynology, 258: 112-122.

Wang Y J, Labandeira C C, Shih C K, et al. 2012b. Jurassic mimicry between a hangingfly and a ginkgo from China. Proceedings of the National Academy of Sciences, 109 (50): 20514-20519.

Warmuth V, Eriksson A, Bower M A, et al. 2012. Reconstructing the origin and spread of horse domestication in the Eurasian steppe. Proceedings of the National Academy of Sciences, 109 (21): 8202-8206.

Watson T. 2017. Beasts from the deep. Nature, 543: 603-607.

Wegner N C, Snodgrass O E, Dewar H, et al. 2015. Whole-body endothermy in a mesopelagic fish, the opah, Lampris guttatus. Science, 348 (6236): 786-789.

Wellman C H. 2010. The invasion of the land by plants: when and where? New Phytologist, 188: 306-309.

Wellman C H, Osterloff P L, Mohiuddin U. 2003. Fragments of the earliest land plants. Nature, 425: 282-285.

Wellnhofer P. 1988. A New Specimen of *Archaeopteryx*. Science, 240.

Wellnhofer P, Roeper M. 2005. The Ninth Specimen of *Archaeopteryx* from Solnhofen. Archaeopteryx (Eichstätt), 23: 3-21.

Wells J W. 1963. Coral growth and geochronometry. Nature, 197: 948-950.

Wicander R, Monroe J S. 2004. Historical Geology: Evolution of Earth and Life Through Time. Belmont, CA: Thomson-Brooks/Cole.

Wicander R, Monroe J S. 2021. Geology: Earth in perspective. 3rd ed. Boston: Cengage.

Wiens J J. 2015. Explaining large-scale patterns of vertebrate diversity. Biology Letters, 11 (7): 20150506.

Wignall P B, Twitchett R J. 2002. Permian-Triassic sedimentology of Jameson Land, East Greenland: incised submarine channels in an anoxic basin. Journal of the Geological Society, 159 (6): 691-703.

Wilde S A, Valley J W, Peck W H, et al. 2001. Evidence from detrital zircons for the existence of continental crust and oceans on the Earth 4.4Gyr ago. Nature，409：175-178.

Wilson J T. 1965. A new class of faults and their bearing on continental drift. Nature，207（4995）：343-347.

Wilson Mantilla G P，Chester S G B，Clemens W A，et al. 2021. Earliest Palaeocene purgatoriids and the initial radiation of stem primates. Royal Society Open Science，8（2）：210050.

Wong J T F. 2009. Prebiotic Evolution and Astrobiology. Boca Raton，Florida：CRC Press.

Wood B. 2011. Did early *Homo* migrate "out of" or "in to" Africa?. Proceedings of the National Academy of Sciences，108（26）：10375-10376.

Woodburne M O，Zinsmeister W J. 1982. Fossil land mammal from Antarctica. Science，218（4569）：284-286.

Wu F，Chang M M，Janvier P. 2021. A new look at the Cretaceous Lamprey *Mesomyzon* Chang，Zhang & Miao，2006 from the Jehol Biota. Geodiversitas，43（23）：1293-1307.

Xia X M，Yang M Q，Li C L，et al. 2022. Spatiotemporal evolution of the global species diversity of Rhododendron. Molecular Biology and Evolution，39（1）：msab314.

Xiao S H，Zhang Y，Knoll A H. 1998. Three-dimensional preservation of algae and animal embryos in a Neoproterozoic phosphorite. Nature，391：553-558.

Xu X，Norell M A. 2006. Non‐avian dinosaur fossils from the Lower Cretaceous Jehol Group of western Liaoning，China. Geological Journal，41（3-4）：419-437.

Xu X，Pol D. 2014. *Archaeopteryx*，paravian phylogenetic analyses，and the use of probability-based methods for palaeontological datasets. Journal of Systematic Palaeontology，12（3）：323-334.

Xu X，Chen P. 2018. Institute of Vertebrate Paleontology and Paleoanthropology：revealing the origin and evolutionary trace of human and other species. National Science Review，5（1）：108-118.

Xu X，Tang Z，Wang X. 1999a. A therizinosauroid dinosaur with integumentary structures from China. Nature，399（6734）：350-354.

Xu X，Wang X L，Wu X C. 1999b. A dromaeosaurid dinosaur with a filamentous integument from the Yixian Formation of China. Nature，401（6750）：262-266.

Xu X，Zhou Z，Wang X，et al. 2003. Four-winged dinosaurs from China. Nature，421（6921）：335-340.

Xu X，Zhao Q，Norell M，et al. 2009a. A new feathered maniraptoran dinosaur fossil that fills a morphological gap in avian origin. Chinese Science Bulletin，54（3）：430-435.

Xu X，Zheng X，You H. 2009b. A new feather type in a nonavian theropod and the early evolution of feathers. Proceedings of the National Academy of Sciences，106（3）：832-834.

Xu X，You H，Du K，et al. 2011. An *Archaeopteryx*-like theropod from china and the origin of avialae. Nature，475（7357）：465-470.

Yen H. 2014. Evolutionary Asiacentrism，Peking Man，and the Origins of Sinocentric Ethno-Nationalism. Journal of the History of Biology，47：585-625.

Yin Z，Zhu M，Davidson E H，et al. 2015. Sponge grade body fossil with cellular resolution dating 60 Myr before the Cambrian. Proceedings of the National Academy of Sciences，112（12）：E1453-E1460.

Young C C. 1936. A Miocene fossil frog from Shantung. Bulletin of the Geological Society of China，15：189-193.

Young C C. 1947. Mammal-like Reptiles from Lufeng，Yunnan，China. Proceedings of the Zoological Society of

London, 117 (2-3): 537-597.

Young C C. 1964. On a new pterosaurian from Sinkiang, China. Vertebrata Palasiatica, 8: 221.

Young C C. 1973. Reports of paleonotogical expedition to Sinkiang (II). Pterosaurian fauna from Wuerho, Sinkiang. Memoir of the Institute of Vertebrate Palaeontology and Paleoanthropology, Academica Sinica, 11: 18-35.

Young G C. 2010. Placoderms (armored fish): dominant vertebrates of the Devonian period. Annual Review of Earth and Planetary Sciences, 38: 523-550.

Yuan C X, Ji Q, Meng Q J, et al. 2013. Earliest evolution of multituberculate mammals revealed by a new Jurassic fossil. Science, 341 (6147): 779-783.

Yuryev K B. 1954. Kratkiy obzor nakhodok dinozavrov na territori SSSR (A brief reivew of dinosaur finds in the USSR). Seriya Biologicheskikh Nauk, 181 (38): 183-197.

Zanazzi A, Kohn M J, MacFadden B J, et al. 2007. Large temperature drop across the Eocene–Oligocene transition in central North America. Nature, 445 (7128): 639-642.

Zhang F, Zhou Z. 2004. Palaeontology: leg feathers in an Early Cretaceous bird. Nature, 431 (7011): 925.

Zhang F C, Kearns S L, Orr P J, et al. 2010. Fossilized melanosomes and the colour of cretaceous dinosaurs and birds rid a-5639-2008. Nature, 463 (7284): 1075-1078.

Zhang H, Zhang F, Chen J, et al. 2021. Felsic volcanism as a factor driving the end-Permian mass extinction. Science Advances, 7 (47): eabh1390.

Zhang X G, Hou X G. 2004. Evidence for a single median fin - fold and tail in the Lower Cambrian vertebrate, *Haikouichthys ercaicunensis*. Journal of Evolutionary Biology, 17 (5): 1162-1166.

Zhao F, Caron J B, Bottjer D J, et al. 2014. Diversity and species abundance patterns of the early Cambrian (Series 2, Stage 3) Chengjiang Biota from China. Paleobiology, 40 (1): 50-69.

Zhao Q I, Barrett P M, Eberth D A. 2010. Social behaviour and mass mortality in the basal ceratopsian dinosaur *Psittacosaurus* (Early Cretaceous, People's Republic of China). Palaeontology, 50 (5): 1023-1029.

Zhao X, Wang B, Bashkuev A S, et al. 2020. Mouthpart homologies and life habits of Mesozoic long-proboscid scorpionflies. Science Advances, 6 (10): eaay1259.

Zheng X T, You H L, Xu X, et al. 2009. An Early Cretaceous heterodontosaurid dinosaur with filamentous integumentary structures. Nature, 458 (7236): 333-336.

Zheng X, Bi S, Wang X, et al. 2013. A new arboreal haramiyid shows the diversity of crown mammals in the Jurassic period. Nature, 500 (7461): 199-202.

Zhong M, Shi C, Gao X, et al. 2014. On the possible use of fire by Homo erectus at Zhoukoudian, China. Chinese Science Bulletin, 59 (3): 335-343.

Zhou C F, Wu S, Martin T, et al. 2013. A Jurassic mammaliaform and the earliest mammalian evolutionary adaptations. Nature, 500 (7461): 163-167.

Zhou W, Shi G, Zhou Z, et al. 2017. Roof shale flora of Coal Seam 6 from the Asselian (lower Permian) Taiyuan Formation of the Wuda Coalfield, Inner Mongolia and its ecostratigraphic significance. Acta Geologica Sinica-English Edition, 91 (1): 22-38.

Zhou Z H. 2006. Evolutionary radiation of the Jehol Biota: chronological and ecological perspectives.Geological

Journal，41（3-4）：377-393.

Zhou Z K，Yang Q S，Xia K. 2007. Fossils of *Quercus* sect. *Heterobalanus* can help explain the uplift of the Himalayas. Chinese Science Bulletin，52（2）：238-247.

Zhou Z Y，Zheng S L. 2003. The missing link in Ginkgo evolution. Nature，423：821-822.

Zhu M，Zhao W，Jia L，et al. 2009. The oldest articulated osteichthyan reveals mosaic gnathostome characters. Nature，458（7237）：469-474.

Zhu M，Yu X，Choo B，et al. 2012. Fossil fishes from China provide first evidence of dermal pelvic girdles in osteichthyans. PLoS One，7（4）：e35103.

Zhu Y A，Li Q，Lu J，et al. 2022. The oldest complete jawed vertebrates from the early Silurian of China. Nature，609：954-958.

Zimmer C，Emlen D J. 2015. Evolution Making Sense of Life（Second Edition）. Greenwood Village ，CO：Roberts and Company Publishers.